# 电力电子电路故障诊断与预测技术研究

潘启勇　著

🐉 吉林大学出版社

· 长春 ·

**图书在版编目（CIP）数据**

电力电子电路故障诊断与预测技术研究 / 潘启勇著. —
长春：吉林大学出版社，2020.3
ISBN 978-7-5692-6155-4

Ⅰ．①电… Ⅱ．①潘… Ⅲ．①电力电子电路—故障诊
断—预测技术—研究 Ⅳ．① TM13

中国版本图书馆 CIP 数据核字（2020）第 032738 号

书　　　名：电力电子电路故障诊断与预测技术研究
　　　　　　DIANLI DIANZI DIANLU GUZHANG ZHENDUAN YU YUCE JISHU YANJIU

作　　　者：潘启勇　著
策划编辑：邵宇彤
责任编辑：刘守秀
责任校对：张文涛
装帧设计：优盛文化
出版发行：吉林大学出版社
社　　　址：长春市人民大街 4059 号
邮政编码：130021
发行电话：0431-89580028/29/21
网　　　址：http://www.jlup.com.cn
电子邮箱：jdcbs@jlu.edu.cn
印　　　刷：三河市华晨印务有限公司
成品尺寸：170mm×240mm　　16 开
印　　　张：13.75
字　　　数：255 千字
版　　　次：2020 年 3 月第 1 版
印　　　次：2020 年 3 月第 1 次
书　　　号：ISBN 978-7-5692-6155-4
定　　　价：56.00 元

# 前　言

新型电力电子产品的不断呈现以及对系统各类品质要求的日益增加，使得电力电子电路的故障诊断成为一个亟须解决的问题。此外，研究电力电子电路的故障诊断技术不但可以提高检测人员的工作效率，还能缩短故障维修时间。目前大量的电力电子设备和装置已被广泛应用到通信、航空航天、电力和交通工程等领域中，并担负着供电等重要任务。当电力电子设备或装置中任何组成部分的元器件出现异常时，都会导致设备或装置无法正常工作，直接影响整个系统运行的稳定性和供电可靠性。当系统出现故障时，其输出端波形就会发生畸变，输出非正弦波形并向电网注入谐波电流，严重影响其他电气设备的正常工作，如增加系统中旋转电机及其他电气设备的发热并附加谐波损耗、引起谐振过电压、出现错误信号干扰，造成继电保护装置误动作，严重时还将损坏电气设备、缩短设备的使用寿命等。因此，根据电力电子电路工作机理和故障特点，研究电力电子设备故障诊断方法，合理地设计电力电子电路故障在线诊断系统和方案，对故障进行早期预报，快速准确地判断出发生故障的性质和故障所在的位置并及时排除故障，避免因故障造成事故和经济损失具有重要的意义。

电力电子电路故障诊断在方法上有所不同。电力电子电路故障输出具有较强的非线性特征，电路故障时在可测试点的测量值呈现区间模糊性。因此，电力电子电路故障诊断一般先获取输出信号的特征值，然后应用人工智能算法进行故障分类和识别。为此，本书将 BP 神经网络、主成分分析 HOC 与 FDA、键合图、混杂系统模型和容差网络特征参数的电力电子电路故障预测方法分别应用到电力电子电路的故障诊断中，并分析了它们的优缺点。电路故障诊断通常先建立故障诊断方程，然后借助可测试点测量值求解方程未知量，最后进行故障定位。但随着电路规模的日益扩大，诊断方程未知量必将增大，此外可测试点测量值的可信性直接关系到故障诊断方程的可靠性。

本书中对所涉及的较为繁杂的诊断理论和计算过程都一一进行了简化并运用流程图做了定性描述，每一种类型的诊断方法后面都附有实际应用示例和诊断结果分析，旨在构筑一个理论与应用相结合的平台，使读者在学习过程中对电力电子电路故障诊断理论和方法有更为深刻的理解。

由于电力电子电路故障诊断所涉及的知识面较广，限于作者水平，书中难免出现遗漏、错误之处，恳请读者批评指正。

常熟理工学院：潘启勇

2019 年 4 月

# 目 录

# 第1章 绪 论

## 1.1 研究背景及意义

电力电子技术已经成为现代社会工业系统里必不可少的关键技术，它在电力、化工、机械和轻纺等传统产业的改造，航天、通信和机器人等高新技术产业的发展以及能源的高效利用中都占有极其重要的地位。为了满足这些领域用户的需求，对电力电子设备的自动化、综合化以及智能化水平的要求越来越高，其结构也更加复杂，这使得设备发生的故障带有非线性、并发性和不确定性等性质。因此，与系统有关的可靠性、故障诊断与维修保障等问题也得到了人们越来越多的重视。同时在整个系统中电力电子装置作为电机的驱动器或者励磁装置，极大地影响着整个系统的可靠性。电力电子设备发生严重故障时将面临整个系统的瘫痪，导致巨大的亏损，由此可见，对电力电子电路实施故障诊断和故障预测的措施具有重大的现实意义和经济意义。

电力电子电路故障诊断技术的一个意义在于减少由于故障造成的设备停机时间。如果只是靠维修人员去查寻故障的类型和故障发生的地方，会因为没有详细的故障信息而使想要准确和快速地进行故障诊断产生困难。由于这完全依赖于人们的经验，所以会造成效率较低和停机时间的延长。而故障诊断技术在故障发生后不久就可以给维修人员提供设备的故障信息，准确可靠地定位故障，将在很大程度上缩短停机时间，从而能够提升工作的效率。诊断技术的另一个重要意义是可以降低故障率，以此来提升可靠性。电力电子设备是很多行业生产程序中的关键设备，因此对电力电子设备的可靠性要求特别高，否则一旦发生故障，将造成巨大的经济损失。可是整个装置中电力电子器件的可靠性又比较薄弱，只能经由自动故障诊断技术解决，应用诊断结果来进行容错控制和冗余设计，来达到降低系统故障率、提升可靠性的目的。

对电力电子电路执行故障预测的意义是在系统产生故障之前对它的故障或者故障的趋势进行预测，实现预先维护，减小故障率的目的，避免因电力电子设备的故障导致重大经济损失。故障预测技术还可以在器件失去效用之前提供报警信号和故障的相关信息。通过这些信息，相关人员可以在考虑故障的缓急后，使用合理的方法来缩小故障产生的影响范围，避免发生二次故障和故障的扩大，或者在发生故障前及时启用备用系统，使系统的可靠性及安全性得到提升。另一个意义在于能够推进故障预测与健康管理技术（prognostics and health management, PHM）的发展。PHM 技术利用采样得到的各类信息，根据不同的推理算法来推断系统本身的状况，在还没有发生故障时对其进行监测并预测其故障或者故障的趋势，与各种信息资源结合提供维修保障措施。故障预测是 PHM 技术的基本组成部分，而电力电子设备的故障预测技术还处于起步阶段，因此电力电子电路作为电子设备中的重要部分，对其进行预测对完善 PHM 系统和发展 PHM 技术有着重要的理论意义。

综上所述，对电力电子电路的故障诊断方法及预测方法进行研究是一项很有意义的工作。

## 1.2 研究现状

### 1.2.1 电力电子电路故障诊断的研究现状

1980 年美国西屋公司投放了一个电机的小型诊断系统，然后在 1981 年对电力电子设备中使用的关于人工智能故障诊断的专家系统进行研究。美国的电力研究所于 1982 年 8 月开始研究早期故障检测在电力电子设备中的应用。我国对于电子电路故障诊断的研究始于 20 世纪 70 年代末，基本是将国外的先进技术引入以后再进行消化吸收，然后发展而来的。第一个时期是起步阶段，以 1979 年为起点，大概有 10 年的时间。这个阶段以快速 FFT（傅里叶变换法）、信号的处理和谱分析等相关技术作为基础，将设备状态的检测作为目标。第二个时期是发展阶段，在这个阶段，诊断技术得到了飞速发展。以模式识别、故障分类、智能化专家系统和计算（神经网络计算、故障数计算等）为基础，对设备的故障诊断进行了全方位研究，从理论与生产的应用上产生了具有我国特色的故障诊断方法。

电力电子电路的故障诊断方法不同于数字电路、模拟电路的诊断方法，原因为它是典型的开关型强非线性电路，并且自身功率高以及在线诊断性要求高等。电力电子电路通常情况下是以工作电源作为输入激励，并且测试点大部分情况下都选在输出端，测试量为输出电压。所以研究重点一般都放在新的故障信息测试技术、故障特征提取和故障辨识这几个方面。

（1）故障信息测试方法

对电压进行监测，获取故障信息是电力电子电路在实现诊断时常用的测试方法，同时对电流监测也有一定的应用，但是近几年还出现了利用红外、磁信号等新的检测方法。

（2）故障特征提取

特征提取是从信号中获取信息的过程，是电力电子电路故障诊断的关键内容，现在使用得比较多的数据特征的提取方法有：归一化、FFT、粗糙集、小波变换、主成分分析、独立成分分析和数据聚类等技术。除了单独使用这些技术外，还可以多种方法同时使用来获取最优的故障特征集合。将分数阶傅立叶变换用于故障特征的提取，利用类内与类间距离作为判据，找到最优数据特征，然后进行故障辨识，以无刷直流逆变器为例，验证了该方法可行。先利用小波变换对高频能量特征进行提取，再利用主成分分析压缩特征，简化了后续分类器的设计，提高了诊断率。在小波变换提取特征的基础上，利用粗糙集将数据的挖掘能力除去冗余，进行故障诊断，实例验证了该方法的有效性。

（3）故障辨识的研究

故障辨识方法是电力电子电路故障诊断过程中的核心内容，根据电路是否建立了对其功能进行模拟的数学模型可以分为基于模型与非模型的技术方法；按照故障诊断的要求，又可以将它分为两类，即故障的隔离和参数的辨析。比较常见的故障辨识法种类有很多，例如：测量法、信息融合法、支持向量机法、混杂系统法和多 Agent 法等。对于传统的故障辨识方法如故障字典、专家系统等方法的研究一般是与其他的方法进行结合使用，如专家系统和神经网络的结合。其中具体有以下几种。

①故障树法

故障树法是一种图形演绎法，需要分析系统故障的各种情况，建立逻辑故障树，由故障树顶端开始查询，找到系统失效的原因，用规定的逻辑符号分析系统故障与元件可能发生的故障之间的逻辑关系。诊断结果直观、适用性强，但是建立树的过程烦琐，工作量大。

②参数模型法

状态估计法与参数估计法是利用参数模型进行故障诊断的两种方法。前者是构建系统的解析模型，根据此模型和测量信号将一些可测的变量重建，利用实际的测量值与估计值间的残差检测和分析系统故障。该方法的输入量少并且判据比较简单，特别适用于对复杂的电力电子电路进行故障诊断，对于有精确的数学模型的系统，状态估计法不仅是最有效且直接的方法，而且具有诊断速度快、计算量小的优点。缺点是对模型精度的要求高，扰动与噪声都会增加复杂度，制约了它的使用。需要估计的参数的正常值，由于已经知道需要估计的参数的正常值，因此它的任务是比较正常值与采集的实时数据以得到偏差，实现参数辨识。缺点是要求的数据量大，采集点多，难以保证数据量充足。

③神经网络法

神经网络是一类很有效的分类识别技术，实质上是一种映射。在对神经网络进行训练时，需要对其中各节点之间连接的权值进行调整和修正，以此来免除复杂数学模型的构造。将量子计算与神经网络相结合，利用其固有的模糊性将不确定性数据合理地进行分配，以双桥 12 相脉波整流电路为例进行诊断，该方法性能强、鲁棒性好。将电压基准变化率选作故障特征参数，利用 BP 神经网络进行故障辨识，以 BOOST 电路为例验证了该方法的有效性。

④人工智能方法

人工智能方法主要有模式识别、ANN（人工神经网络）和专家系统等方法。此类方法不仅要求对研究对象建立高精确的数学模型，同时还要具有鲁棒性好的优点，可以对故障执行在线的自动诊断。以三相桥式整流电路为例，讲解了如何将模式识别运用于电力电子电路的诊断当中，需要建立一个标准类型，并将处理得到的特征与标准类型进行匹配，由此识别故障，误检率低。首先利用分形理论处理故障信息，并构建了三层的 BP 神经网络去确定不同的故障类别，判据简单，诊断结果明显。

## 1.2.2 电力电子电路故障预测的研究现状

在进行电路故障诊断研究的同时，也希望可以在电路产生故障不能使用之前就可以及时发现问题，这样电路的故障预测就产生了。根据系统已知的工作状态来推测未来系统状态的发展趋势就是预测的基本思想，包括对测试系统或者相关部件的剩余有用寿命或能正常工作的时长进行确定。故障预测的方法具有实用性，与故障后再采取维修或者定时进行维修这种一贯的做法相比较，更加有益于节省维修的费用，实现以较少的维修投入来降低灾难性故障发生的概率，提高系统的可靠性。目前，对于故障预测方法的类型，各组织与研究机构的表示方法不完全相同，大致可以分为三种：基于模型的（model-driven）故障预测方法、基于数据驱动的（data-driven）故障预测方法和基于统计可靠性的（Reliability and Statistics Based）故障预测方法。

（1）基于模型的故障预测

基于模型的故障预测技术是在认识系统结构和原理的基础上，使用动态的模型或过程对系统的机能进行模拟，然后对未来的演变过程执行预测。这种方法在使用时，通常已知系统的模型，然后在工作条件下根据计算系统性能的损伤来估计重要元件的损耗情况，以及可以在使用过程中对元件的故障累积效应进行评价与估计，剩余有用寿命的分布可以根据物理模型和随机过程建模来进行估计。该方法的优点是可以运用对象的本质并且达到对系统进行实时故障预测的目的。选择物理模型来执行故障预测时，预测模型的框架是通过研究对象在线的测试信息构造的，系统的模型参数可以随着研究的进行逐渐地修正和调节，由于这些参数与故障特征关系密切，因此参数的调整可以提高预测的准确度。但是此方法要求搭建的数学模型十分精准，这对于结构复杂的动态系统来说是很难实现的。当电子系统的结构变得复杂时，其故障类型以及失效的机理也就变得比较复杂，因此关于它的故障预测模型的研究是相对落后的。

（2）基于数据驱动的故障预测

当对象系统结构较为复杂时，搭建相应的物理或数学模型是难以做到的，有时模型参数太复杂也难以识别，这时利用传感器历史数据就变为表征系统退化的主要途径，因此基于历史数据的数据驱动方法就得到了发展。通过将历史的测试数据或者传感器的数据转换为可以表征电路健康状态的相关信息或者行为模型来执行预测的方法称为数据驱动的故障预测技术，其中比较典型的方法有：时间序列预测法、粗糙集预测、支持向量机、灰色模型人工神经网络，以及其他的智能计算方法。此方法以测试获得的数据作为基础，不需要建立研究对象的数学模型或专家经验，它需要利用各种处理方法对数据进行分析，捕捉数据间的内在关系或者隐含的信息并执行预测，这是一种较为实用的预测技术。然而在实际应用中收集某些关键设备的工作历史数据、仿真实验数据等具有代表性的数据的代价非常高昂，并且这些数据通常情况下不确定性及不完整性很强，又由于本方法需要许多完整的数据用来训练，因此这些问题会降低预测的精确度。

（3）基于统计可靠性的故障预测

基于统计可靠性的故障预测方法是基于概率的预测方法，一般是从系统过去故障时历史数据的统计特性角度去执行故障的预测。它所需的信息存在于各种不同的概率密度函数中，不要求以动态微分方程的形式展现，比起基于模型的方法，它减少了细节信息的需求量。优点是通过分析统计数据就可以获得需要用到的概率密度函数，典型的方法有贝叶斯方法、模糊逻辑和 D-S 理论等。虽然预测结果会在一定程度上受到历史工作的变化、设备相关的生产特性，以及寿命结束前的性能退化等原因的影响，但是由于此方法获得的预测结果是包含有置信度的，因此预测结果的准确率可以很好地进行表示。本方法得到的是统计平均值，对于大批量的工程产品的寿命估算或者设备的寿命预测是十分适用的，而将其应用于具体设备时，它的预测结果可能会存在偏差。

### 1.2.3 电力电子电路故障诊断与预测方法的难点和发展趋势

电力电子电路的非线性、容差和多故障等特点会给诊断和预测增加一定的难度。诊断时还存在在线诊断要求高、测试激励不好选用等特殊性。其诊断与预测存在的主要难点有以下几个。

（1）失效机理的研究

电路的组成包含元器件，因而它的失效必然会导致电路产生故障。对器件失效机理的研究是故障预测和分析可靠性的困难之处，因为即使是相同的器件在环境应力和工作状态变化时，它的性能退化状态、对应的模型参数和规律也是不同的，含有许多的不确定因素。因此，这既是难点也是学者们的研究重点。

（2）特征参数的选取及故障评估

特征参数是指能够表征故障程度，并且设备当前的状态可以根据此参数由某些智能算法计算得出。但是不同电路所选取的特征参数是不一样的，同时不同的电路或者相同电路在不同条件下，其失效判据也是不一样的。因此，用于监测系统状态的特征参数以及评估失效的判据既是研究难点也是热点。

（3）故障诊断与预测的实时性、准确性

在故障诊断与预测的研究中，它们的准确性在极大程度上决定了设备的可靠性。这就需要对诊断和预测的方法进行选择或者改进，各种方法又有其不同的优缺点，因此应针对不同目标选择合适的方法。为了避免和减少故障与停机检查造成的不便与损失，诊断与预测的实时性同样很重要。

根据上述诊断与预测的难点，以后的相关研究的发展趋势有以下几个方面。

（1）特征参数选取

找到有效的特征参数提取方法，能够表征不同的故障，并且各故障之间相互区别，对电力电子电路的故障诊断的实现是很关键的。使用不同方法构建或者提取能够表达电路的运行状态的特征参数对电路的故障预测十分重要。因此，这是其必然的发展方向。

（2）故障预测的统一判据

由于电力电子电路的预测方法起步比较晚，缺乏完整的故障判据体系，而且特征的提取与评估标准都没有统一的规范与衡量标准。因此统一的判据是未来的研究重点。

（3）数据的融合

单一的数据可能无法完整地反映电路的相关信息，因此如果能够综合多元的信息，融合成有用的故障特征数据或者反映系统健康状态的知识，肯定会提高故障诊断或者预测的精度。因此，信息融合是提高诊断和预测性能的必经之路。

（4）算法融合

对于电力电子电路故障诊断和故障预测来说，由于单一的方法可能并不能达到很好的效果，而将多种算法进行融合，既能获得各算法的优点也能让它们互相补充各自的缺漏。将多个算法有机结合，可以提高故障诊断或者故障预测系统的综合性能。

# 1.3　故障诊断常用方法

时至今日，电力电子电路的故障诊断方法已经有很多（见图1-1），下面介绍几种经常使用的电力电子电路的故障诊断方法。

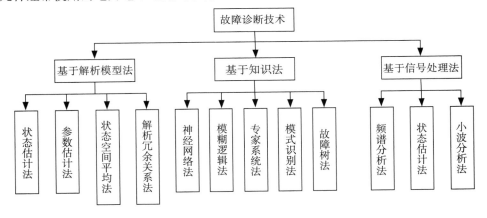

图 1-1　故障诊断技术

## 1.3.1 基于解析模型的电力电子电路故障诊断法

（1）状态估计诊断法

应用状态估计故障诊断法对电力电子电路进行故障诊断时，通常采用卡尔曼滤波器或者状态观测器构造被诊断电路的状态变量，从而计算状态变量的值并与实际输出组成残差序列，然后应用数理统计法从残差序列中获取故障信息完成电路故障诊断。状态估计法故障的诊断流程如图 1-2 所示。

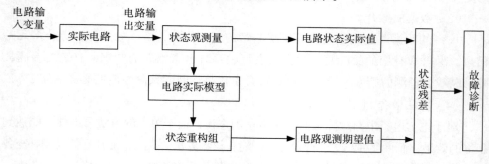

图 1-2　状态估计法的故障诊断流程

（2）参数估计法

应用参数估计法对电路进行故障诊断时，电路原理图中元器件的参数必须是已知的，而故障诊断的主要任务是，根据这些元器件参数的实际值与正常值存在的偏差是否满足在规定的容差界限之内来判断电路是否存在故障。这种诊断方法首先是建立待诊断电路的故障诊断方程，然后将电路的测量值代入诊断方程进行参数辨识，把辨识结果与实际测量值进行比较，最后诊断出电路是否存在故障。基于参数的电力电子故障诊断流程如图 1-3 所示。

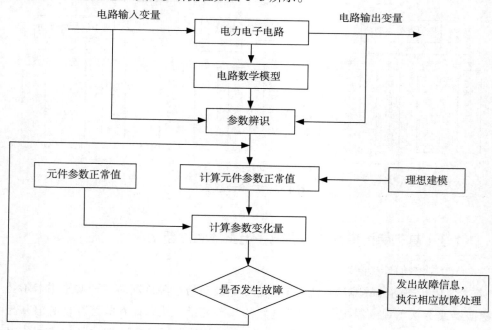

图 1-3　参数估计法的故障诊断流程

### 1.3.2 基于知识的电力电子电路故障诊断

（1）专家诊断系统的故障诊断法

应用专家诊断系统对电力电子电路实施故障判断的具体步骤分为两步：一是确定被诊断系统的测量值；二是利用仿真软件建立推理规则的树状知识库。在实际故障诊断应用时，主要通过对系统的工作状态进行实时检测，以便获取系统工作时的特征信息，之后应用专家诊断知识库进行逻辑推理，从而判断出系统所处的工作状态及故障类型。一旦被诊断系统的特征信息不在知识库里，那么专家系统将无法判断出系统故障。

（2）模糊逻辑推理的故障诊断法

将模糊理论与频谱分析应用于电力电子电路的故障诊断中的具体做法如下。

①采集数据，即收集电路的输出电压，并对其进行频谱分析，从而获得各种状态下的频谱特征值。

②利用各种故障的模糊隶属度确定故障种类。

③运用实验仿真证明该方法的适用性。

由于该方法在神经网络学习的基础上引入了模糊规则，故而在一定程度上提高了诊断率。

（3）模式识别法

模式识别法在电力电子电路故障判断中的基本方法是：将待诊断的对象逐个与标准模式或类型进行比较，从中选出与之相近的对象。应用模式识别法完成故障判断时，其具体步骤为：首先，模拟该系统所有的情况与类型；其次，经过实验获取电路在相应模式下的输出波形，作为标准化的特征量；最后，将电路在运行过程中的输出波形与标准化的特征量进行比较，从而判断系统此刻处在哪种状态。基于模式识别的电力电子电路故障诊断流程如图1-4所示。

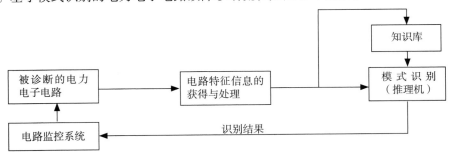

图1-4 模式识别的电力电子电路故障诊断流程

（4）人工神经网络的故障诊断法

运用神经网络判断电力电子电路故障时，需要先设计出神经网络模型；然后根据实际输入样本数决定输入层的神经元个数以及输出层的个数。将各种故障样本的波形经过傅里叶变换后得到的频谱分量作为神经元的输入，当输出满足误差要求或达到最大学习步数后停止训练。一旦网络训练成熟，其输出的就是系统的故障代码。

（5）支持向量机的故障诊断法

目前，将支持向量机应用于故障诊断中已经拥有了一定的成果。如若应用一对一的 SVM 对电力电子电路进行故障诊断，在对小样本诊断时就不再存在限制性。因此，该方法在三相整流电路中已经获得了普遍应用。

该故障诊断法可以产生较为复杂的分类界面，在类别多且结构复杂的时候仍具有较高的分辨率，其解决思路如图 1-5 所示。

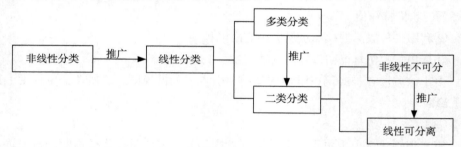

图 1-5　SVM 分类问题解决思路

（6）交叉融合故障诊断法

人工智能诊断法不仅包含上述方法，还包括模糊算法、遗传算法等一些混合改进的算法。近年来，它与其他智能算法相结合的应用也与日俱增，特别是神经网络，将这些相融合的算法用于电力电子故障诊断也是具有很大的实用价值的。

将粗糙集理论（rough set theory，RST）与 BP 神经网络相融合的电力电子电路故障诊断法的基本思路为：首先，应用粗糙集理论的知识简约法对样本集实施预处理；其次，经过简化构成故障规则，从而完成故障分类；最后，把结果当作神经网络的输入，定位故障元器件的具体位置。

鉴于神经网络具有良好的容错性和扩展性，以粗糙集理论作为预处理系统来去除冗余后，再由神经网络来学习和保存故障信息与关系，即可实现实时在线故障诊断。应用粗糙集理论与神经网络相融合的方法，不仅可以提高诊断速度，还在一定程度上优化了神经网络的结构。

将遗传算法与神经网络相融合的故障辨别方法的基本思路为：首先依据电力电子电路的输入和输出建立 BP 网络，一般为包含一个隐含层的三层 BP 神经网络；然后用遗传算法改进 BP 神经网络的权值和阈值；最后再通过反向传播 BP 神经网络对权值实施调整，从而完成故障辨别。

除了将遗传算法与神经网络相融合外，还有将粒子群优化算法与神经网络相融合的故障诊断方法。其一般思路为：首先将粒子群与神经网络的算法进行理论上的相应结合，其次将其应用到电力电子电路中。经实验表明，将此种算法应用到故障诊断中，具有收敛速率快与诊断准确度高的特性。

除了在算法上进行改进外，在故障特征提取和识别等方面的研究也对完善和发展电力电子电路的故障辨别有着重要的作用。例如，小波包能量特征的获取方法，对完成带有偏差单元的递归网络分类器的设计有着重要价值。

将小波变换的时域局限性和神经网络的非线性与学习推断的特点相融合，创建新的小波神经网络可以解决电力电子电路非线性所带来的问题。首先，需要确定电路可能发生的故障类型；其次应用仿真软件 MATLAB 模拟故障时的特征，通过小波神经网络的学习，保存故障信息与故障种类间的关系；最后，应用存储在小波神经网络中的映射关系实现故障辨别。

利用自回归滑动平均模型（ARMA）双谱分析与离散隐马尔科夫模型（DHMM）相结合的算法实现电力电子电路故障辨别。首先对故障数据进行零均值处理；之后通过高阶积累量建立 ARMA 参数并进行双谱分析，通过对双谱矩阵进行矩阵变换提取故障信息量；然后再对故障数据进行矢量量化处理；最后根据 DHMM 实现对电力电子电路故障辨别分类器的设计，诊断流程如图 1-6 所示。

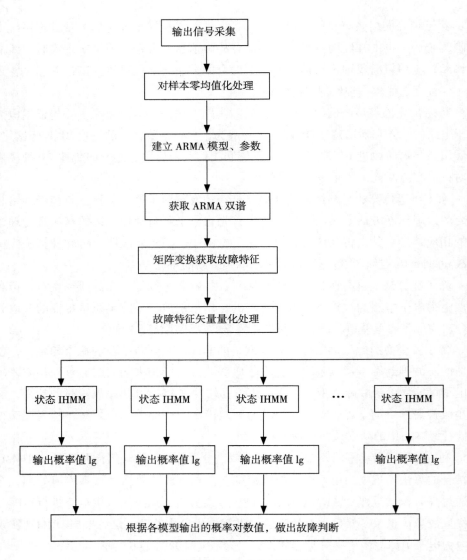

**图 1-6 ARMA 与 DHMM 故障诊断流程**

综上可知，电力电子故障诊断法是一个融合多方面的综合技术应用。电力电子电路的故障辨别过程如图 1-7 所示。通过将设备的状态传送给传感装置，传感装置先进行特征提取，然后依据故障特征进行状态识别，通过状态识别，可以对设备状态趋势进行分析，最终形成决策。而在下一环节时，由决策影响设备状态，以此进行循环。

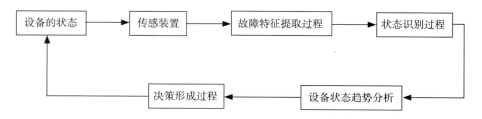

图 1-7　电力电子电路故障诊断简图

### 1.3.3 基于信号处理的电力电子电路故障诊断

（1）傅里叶变换法

傅里叶变换法的实现过程，是在电路故障模型根基上先完成故障的分类工作，之后利用傅里叶函数对电路的输出电压波形提取特征量，如直流分量、基波幅值、二次谐波幅值和三次谐波幅值 4 个频谱特征值以及基波相位角、二次谐波相位角两个相位频谱特征值。通过对这 4 个幅度特征值的分析能够判断出电路的故障种类，然后再应用另外两个相位特征值就能确定故障元器件的位置。这种诊断方法不但简单直接，而且具有相当高的可靠性。而如果用离散傅里叶变换（DFT）对三相整流电路进行故障判断，首先，需要对电力电子整流装置的各种电路状态的输出电压进行归纳与分类，然后用 DFT 变换后的直流分量、一次谐波幅值和相位定位元器件。这种方法不仅可以在仿真实验中实现，而且可以方便地应用于 DSP 中。

对三相整流电路实施故障判断还可以运用基于波形分析与神经网络相结合的办法。首先，对整流电路的输出波形进行实时采样，然后建立 BP 神经网络输出与故障元器件之间的对应关系，从而实现智能识别功能。

除了上述诊断方法外，还可以运用一种基于 AR（auto-regressive）模型与DHMM（discrete hidden markov model）的电力电子电路的故障诊断方法。首先对电路的采样数据应用零均值完成处理工作，之后借鉴 AR 模型来代表电路的运行情况，得到电路的故障信息特性，再用 DHMM 完成故障模式的训练并设计出故障辨认器。

（2）沃尔什变换

应用沃尔什变换方法完成电力电子电路故障诊断的基本思路为：首先运用沃尔什变换获取特征值；然后应用 4 个幅度频谱特征值判断出三相整流电路的故障种类；最后再应用 4 个相位频谱特征值来确定具体的故障元器件位置。由此可以看出，基于沃尔什变换方法的诊断方法与基于傅里叶变换方法的诊断方法十分相似，然而应用沃尔什变换的诊断方法算法易懂，而且运行速度较快。

（3）Park 变换

Park 变换首先广泛应用于三相不对称电路的故障诊断中，目前由于 Park 变换也可以用于三相输出信号的分析，故也在三相整流电路中得到广泛应用。

其中，将 Park 变换应用于三相整流电路的具体过程为：首先获取三相整流电路系统正常工作状态下的三相输入电流，经过 Park 后得到标准轨迹图；之后检测输入电流并获取 Park 变换后的相应轨迹图；最后将得到的轨迹图与标准轨迹图进行对比，只要与标准轨迹图不符就证明出现故障，其中，不同的故障会产生不同的轨迹图。

（4）小波分析

应用小波分析检测对电力电子电路实施故障诊断的具体做法为：首先模拟三相桥式整流电路可能发生的各种故障波形；之后用相关维数法算出各个情况下的相关维数；最后，经过实验仿真完成对故障的实验证明。

无论采用 FFT 还是沃尔什，都要求信号为周期性的。然而，大多数的电力电子电路的输出信号都是非周期性的，除此之外，还有一些周期信号的周期也是在不断变换的，这均给信号处理带来很多不便。不过，基于小波分析的诊断方法则没那么严格，故是一种应用较为普遍的方法。

## 1.4 工作原理及仿真电路故障模型类型

电力电子技术的主要目的是完成各种电能形式的转换，按照电能输入 / 输出变换的形式分类，电力电子技术主要包括以下四种基本变换。

（1）交流 - 直流（AC-DC）变换。这种变换一般称为整流，其电力电子装置称之为整流器（Rectifier）。整流变换一般用于直流电动机调速、蓄电池充电、电镀、电解和直流电源等。

（2）交流 - 交流（AC-AC）变换。这种变换主要应用于交流调压和交 - 交变频，其中交流调压是保持频率不变，只调节交流电压，应用于调光、调温和交流电动机的调压调速等场合；交—交变频是电压和频率都可调节，此种电力电子设备也称为周波变换器，交—交变频应用于大功率交流变频调速场合。

（3）直流 - 交流（DC-AC）变换。这种变换一般称为变流，其与整流是相反的变换形式，完成这种变换的电力电子装置称为逆变器（inverter）。根据逆变器的交流输出端是否与电源相连，分为有源逆变和无源逆变，有源逆变本质是整流的逆运行状态，主要用于交、直流调速运行中电能回馈和太阳能、风能等其他新能源的并网发电等；无源逆变主要应用在交流调速、不间断供电、中频感应加热和恒频恒压逆变等电源设备。

（4）直流－直流（AC-AC）变换。这种变换主要应用于直流电压幅值和极性调节变换，一般有升压、降压和升－降压变换等。利用脉宽调制（PWM）技术完成直流－直流变换的电力电子设备称为斩波器（chopper）。直流－直流变换技术主要应用于开关电源、电池管理和升降压直流变换器等。

# 第 2 章　基于神经网络的电力电子电路故障诊断方法

本书采用三种方法来对故障进行诊断，它们分别是基于 BP 神经网络的故障诊断方法、基于 RBF 函数网络的故障诊断方法和基于层次聚类神经网络的故障诊断方法，相对于常用的故障诊断方法，本书的三种方法存在以下优点。

（1）BP 神经网络，又称为误差反向传播神经网络。该方法实质上实现了一个从输入到输出的映射功能，它在训练时，能够通过学习自动提取输入和输出数据间的"合理规则"，并自适应地将学习内容记忆于网络的权值中；BP 神经网络具有泛化能力，所谓泛化能力，是指在设计模式分类器时，既要考虑网络能够对所需对象进行正确分类，还要关心网络在经过训练后能否对未见过的模式或有噪声污染的模式进行正确分类，除此之外，BP 神经网络还具有一定的容错能力，BP 神经网络在其局部神经元受到破坏后对全局的训练结果不会造成很大的影响，也就是说，即使系统在受到局部损伤时还是可以正常工作的。

（2）径向基函数方法，其实就是某种沿径向对称的标量函数。该方法具有很多优势：具有唯一最佳逼近的特性，且无局部极小问题存在；具有较强的输入和输出映射功能，实践证明，在前向网络中 RBF 网络是完成映射功能的最优网络；网络连接权值与输出呈线性关系；分类能力好；学习过程收敛速度快；RBF 神经网络除了具有一般神经网络的优点，如多维非线性映射能力、泛化能力和并行信息处理能力等，还具有很强的聚类分析能力，学习算法简单方便。

（3）层次聚类，就是通过对数据集按照某种方法进行层次分解，直到满足某种条件为止。层次聚类包含以下特性：距离和规则的相似度容易定义，限制少；不需要预先制定聚类数；可以发现类的层次关系；可以聚类成其他形状。

# 2.1 基于 BP 神经网络的故障诊断

1986 年 D.E.Rumelhart 和 J.L.McClelland 提出了一个应用误差反向传播训练算法的神经网络，简称 BP（back propagation）网络。目前 BP 网络是用来计算处理误差的最广泛的网络模型。

BP 神经网络是一种能将输入变量映射到输出变量上的非线性映射。BP 神经网络的具体特征如下。

（1）没有反馈；

（2）同一层的节点间没有耦合；

（3）每一层的节点只影响下一层节点的输入；

（4）作用函数为 sigmoid 函数。

## 2.1.1 模型建立

（1）故障模型

电力电子电路的故障类型分为硬故障和软故障两类。其中，对人们工作与生活影响较大的是硬故障。其原因主要如下。

①硬故障的表现形式比较明显，一旦发生硬故障，电器便不能正常使用了，有时甚至产生一些严重后果，如火灾、整个电力系统瘫痪等；

②软故障在运行过程中不易察觉，且一般不严重的软故障均能在较短时间内自我修复；

③软故障一旦发生频率变高或表现较为严重时，就丧失了自我修复的能力，最终都将转变为硬故障。

现以三相桥式整流电路（见图 2-1）为例对故障诊断进行研究，用 MATLAB 软件建立仿真图，如图 2-2 所示。由于三相整流电路在任意时刻都有两只晶闸管一起导通，组成电流回路。其中每 $\pi/3$ 换相一回，而换相工作总是在共阴极和共阳极组间轮番完成，晶闸管的导通顺序是 $VT_1$—$VT_2$—$VT_3$—$VT_4$—$VT_5$—$VT_6$。整流桥输出端电压 $u_d$ 是一个非常重要的测试点，可以反映电路的工作情况。此外，电流电压测试比较容易。因此，本书将 $u_d$ 作为主要的分析处理对象。

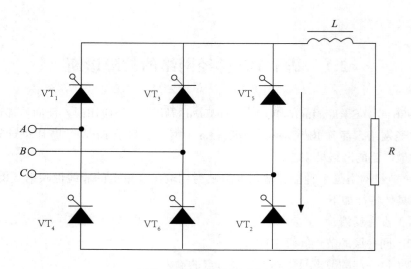

图 2-1　三相整流桥式电路

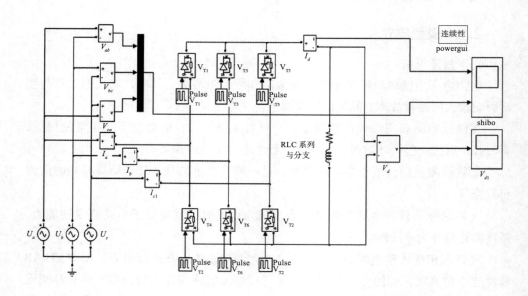

图 2-2　仿真图

（2）故障模型分析

经前面的分析可知，电力电子电路的实际运行故障多为硬故障，即在进行故障诊断时，只需要考虑硬故障。而在整流电路的实际运行中，大多硬故障均表现在晶闸管损坏上，故而本书就以晶闸管的故障进行电力电子电路的研究，同时为了简化分析程序，做出如下两点假设。

①以晶闸管断路为例进行分析，后文均统称为晶闸管故障；

②最多有两个晶闸管一起不工作，也可以是一个晶闸管不能工作或者都在正常工作。

依据上述假设，可以先将故障做一下分类处理，具体分类情况如下。

故障1：各个晶闸管均正常工作，即正常工作。

故障2：只有一个晶闸管故障，即 $VT_1$、$VT_2$、$VT_3$、$VT_4$、$VT_5$ 和 $VT_6$ 中有一个故障。

故障3：同相上的两个晶闸管故障，即 $VT_1$ 和 $VT_4$、$VT_2$ 和 $VT_5$、$VT_3$ 和 $VT_6$ 两个同时故障。

故障4：同一半桥上的两个晶闸管故障，即 $VT_1$ 和 $VT_3$、$VT_3$ 和 $VT_5$、$VT_1$ 和 $VT_5$、$VT_2$ 和 $VT_4$、$VT_4$ 和 $VT_6$、$VT_2$ 和 $VT_6$ 两个同时故障。

故障5：不同相不同半桥的两个晶闸管故障，即 $VT_1$ 和 $VT_2$、$VT_1$ 和 $VT_6$、$VT_2$ 和 $VT_3$、$VT_3$ 和 $VT_4$、$VT_4$ 和 $VT_5$、$VT_5$ 和 $VT_6$ 两个同时故障。

依据上述分析可知，故障1即正常工作的情况，将其命名为故障1，只是为了便于后续工作的进行；故障2为只有一个晶闸管故障，故包含6种状态，也就6种类型；故障3是同相的晶闸管同时故障，故有3种状态，也就是3种类型；故障4是同一半桥上的两个晶闸管同时故障的情况，以此进行分类，共有6种状态，即6种类型；故障5为不同相、不同半桥的情况，同样有6种小状态，即6种类型。通过以上分析可知，可以将这些故障状态分为5个大故障，而其中每一大类中还有几个分类，一共有22种小型故障。

## 2.1.2 基于 BP 神经网络的故障诊断

由于神经网络的迅猛发展，使其在故障诊断中获得了举足轻重的地位。由于电力电子电路拥有较强的非线性，所以要从故障数据与故障类型之间通过线性和非线性来区分故障是有很大难度的。而如果利用神经网络的学习，将样本数据与类型之间的联系存储在网络组织中，之后用学习好的网络结构来诊断数据，那么就能通过输入样本数据获得相应的故障类型。

在本节提出了应用 BP 网络方法进行电力电子电路的故障检测，介绍目前在电力系统中广泛应用的神经网络模型——BP 神经网络。下面以三相整流电路为模型，进行故障电力电子电路的故障诊断，合理地选择样本完成训练与实验验证。

### 2.1.2.1 BP 神经网络

由于 BP 网络拥有隐含层结构，致使它与别的神经网络的主要区别在于激活函数，而对于有多个隐含层结构的网络来说，激活函数一般是由有二次性质的函数组合起来的。因为这种模型很平稳，所以 BP 网络的鲁棒性更好。再者由于激活函数是连续可微的，可用梯度法进行严格运算得到其重量修正分析公式，并用反向传播法进行校验。具体网络结构图如图 2-3 所示。

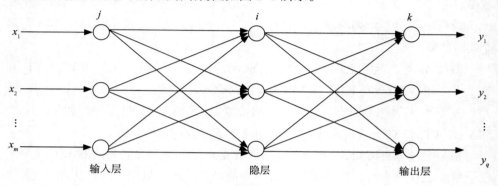

图 2-3　BP 神经网络结构图

BP 神经网络包括正向与反向两个方面。

（1）正向传播。数据从输入层经过各层处理后，最终到达输出层，每一层神经元的情况只对下一层神经元情况有作用。

（2）反向传播。当在输出层得不到理想的输出时，网络将会从输出层出发反方向逐层修改各层的连接权值。

应该根据实际情况合理选择学习方法以达到最佳学习效果。将 BP 算法流程进行归纳总结，流程图如图 2-4 所示。

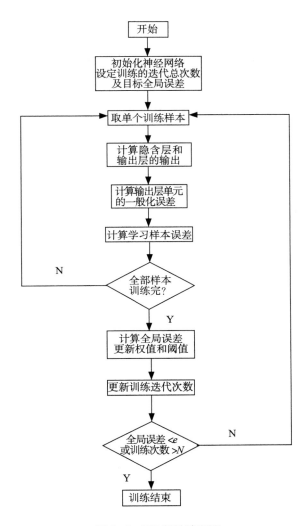

图 2-4　BP 算法流程图

### 2.1.2.2 基于 BP 神经网络的故障诊断

应用 BP 神经网络进行诊断电力电子电路时，首先需要建立电路的故障信息与故障元器件之间的联系，之后对诊断模型进行学习训练。应用 BP 神经网络算法诊断电力电子电路故障的具体做法和操作步骤如下。

①确定故障信息数据（如电路的输出电压）与神经网络输入样本的相应联系；确定故障源编码与神经网络输出值之间的关联情况，从而确定神经网络的结构与规模。

②将故障数据样本输入神经网络，然后按照神经网络的学习规则完成学习和

训练，直至收敛。当收敛结束后，BP 神经网络各层关联权值和阈值中储存了电力电子电路的故障信息数据和故障元器件间的对应关系，也即故障电路的输出电压和电流的信息与对应故障元器件之间的关系被保存在了权值与阈值中。

③将当前电路的输出电压或电流波形的采样值输入学习训练结束的神经网络进行分析，BP 神经网络通过一次向前计算得出出现故障的元器件和类型，从而实现故障的诊断。

如图 2-5 所示为神经网络在电力电子电路故障诊断中的流程。

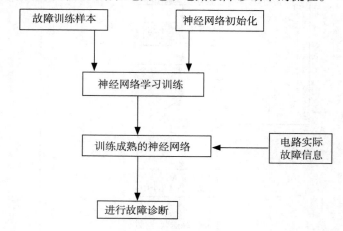

图 2-5　神经网络故障诊断流程

利用 MATLAB/Simulink 软件对三相整流电路进行建模仿真，通过建模仿真，可以在示波器中得到正常状态下和故障情况下的各种电压与电流。通过观察电压与电流，可以较为直观地得到电压波形，各种故障状态下的输出电压的波形如图 2-6 至图 2-10 所示。

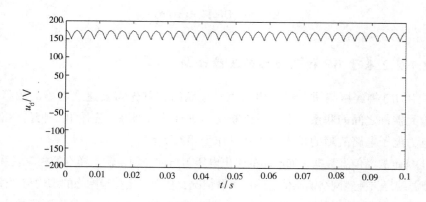

图 2-6　故障 1 整流电路输出

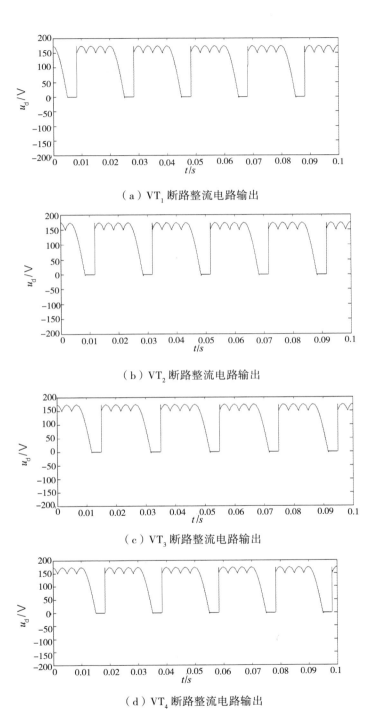

（a）VT$_1$断路整流电路输出

（b）VT$_2$断路整流电路输出

（c）VT$_3$断路整流电路输出

（d）VT$_4$断路整流电路输出

**图 2-7　故障 2 整流电路输出**

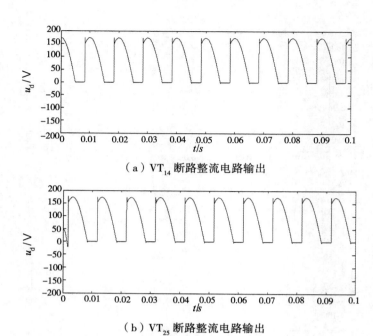

（a）VT$_{14}$ 断路整流电路输出

（b）VT$_{25}$ 断路整流电路输出

图 2-8　故障 3 整流电路输出

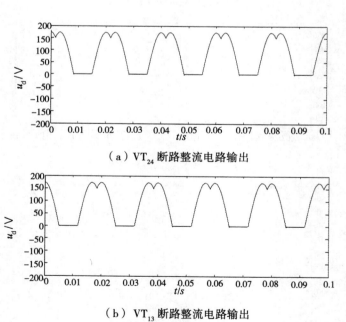

（a）VT$_{24}$ 断路整流电路输出

（b）VT$_{13}$ 断路整流电路输出

图 2-9　故障 4 整流电路输出

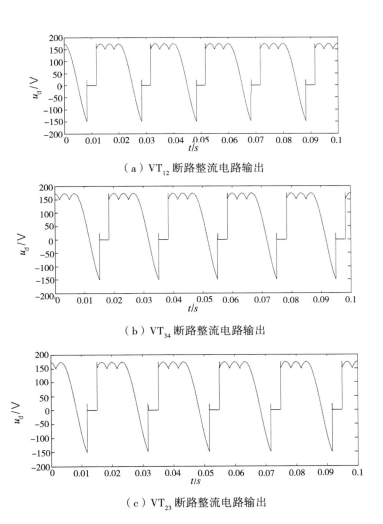

（a）VT$_{12}$断路整流电路输出

（b）VT$_{34}$断路整流电路输出

（c）VT$_{23}$断路整流电路输出

**图 2-10　故障 5 整流电路输出**

　　通过图 2-6 所示的波形图可以看出这是一个 $\alpha=0°$ 时的整流电路，即证明该电路参数选择的准确性。图 2-7（故障 2）中一共有 6 种分类，基于篇幅原因，此处选择其中 4 个作为对比，不难看出这 4 个波形的形状基本一致，只是在相位上有些许不同；从故障 3 和故障 4 中都选择了两种情况进行比较，其结果依然是波形的形状差不多；由于故障 5 中包含了 6 种分类，故多选择几组作为比较以检验其仿真结果的普遍性，在这里选取 VT$_{12}$、VT$_{34}$、VT$_{32}$ 断路的情况进行验证，可以看出，其波形形状依旧相同。故可以总结如下：当触发角 $\alpha$ 相同时，同一故障集中的分类只是 $u_{d}$ 波形在时间轴上的平移。不过，当触发角 $\alpha$ 变化时，波形形状也会相应变化。

### 2.1.3 实验验证

为了检验故障诊断方法是否适用，故要选取样本数据进行测试。根据经验来说，一般电力电子电路的特征信号选择输出电压、电流。不过，在三相整流电路中一共有 6 个电压和电流信号，如果将这些信号都作为特征信号，那么构成的神经网络结构会比较复杂；此外三相整流电路的六路电压与电流信号所包含的信息有所冗余；而且分析故障信息表明，选取一路的电压就可以完成各种电路故障的诊断。故应用 FFT 选用 $u_d$ 的直流分量（$\alpha_0$），基波幅值（$A_1$），二次谐波幅值（$A_2$），三次谐波幅值（$A_3$）当作特征信号，输入到神经网络输入层。现选用 $\alpha=0°$、$\alpha=30°$，$\alpha=60°$ 的数据构成训练样本集（见表 2-1）。经过分析得知，在众多故障数据中 $u_d$ 信号的前三次谐波包含了能进行故障识别的各种信息。其中，为了减少计算量，需要将其先进行归一化，即样本数据应用标幺值。

表2-1　BP神经网络训练数据

| 序号 | 大类 | 小类 | 故障管 | 输入 | | | | 输出（位） | | | | | |
|---|---|---|---|---|---|---|---|---|---|---|---|---|---|
| | | | | $\alpha_0$ | $A_1$ | $A_2$ | $A_3$ | 6 | 5 | 4 | 3 | 2 | 1 |
| 1 | 1 | 1 | 无 | 1.0000 | −1.0000 | −1.0000 | −1.0000 | 0 | 0 | 1 | 0 | 0 | 1 |
| 2 | 2 | 1 | VT$_1$ | 1.0000 | −0.0050 | −0.4804 | −1.0000 | 0 | 1 | 0 | 0 | 0 | 1 |
| 3 | 2 | 2 | VT$_2$ | 1.0000 | 0.0070 | −0.4754 | −1.0000 | 0 | 1 | 0 | 0 | 1 | 0 |
| 4 | 2 | 3 | VT$_3$ | 1.0000 | 0.0059 | −0.4761 | −1.0000 | 0 | 1 | 0 | 0 | 1 | 1 |
| 5 | 2 | 4 | VT$_4$ | 1.0000 | 0.0050 | −0.4759 | −1.0000 | 0 | 1 | 0 | 1 | 0 | 0 |
| 6 | 2 | 5 | VT$_5$ | 1.0000 | 0.0069 | −0.4755 | −1.0000 | 0 | 1 | 0 | 1 | 0 | 1 |
| 7 | 2 | 6 | VT$_6$ | 1.0000 | −0.0059 | −0.4760 | −1.0000 | 0 | 1 | 0 | 1 | 1 | 0 |
| 8 | 2 | 1 | VT$_{14}$ | 0.3190 | 1.0000 | −0.2513 | −1.0000 | 0 | 1 | 1 | 0 | 0 | 1 |
| 9 | 3 | 2 | VT$_{25}$ | 0.3144 | 1.0000 | −0.2407 | −1.0000 | 0 | 1 | 1 | 0 | 1 | 0 |
| 10 | 3 | 3 | VT$_{36}$ | 0.3125 | 1.0000 | −0.2411 | −1.0000 | 0 | 1 | 1 | 0 | 1 | 1 |
| 11 | 3 | 1 | VT$_{13}$ | 0.7356 | −1.0000 | 1.0000 | −1.0000 | 1 | 0 | 0 | 0 | 0 | 1 |
| 12 | 4 | 2 | VT$_{35}$ | 0.3167 | 1.0000 | −0.2382 | −1.0000 | 1 | 0 | 0 | 0 | 1 | 0 |
| 13 | 4 | 3 | VT$_{15}$ | 0.7314 | −1.0000 | 1.0000 | −1.0000 | 1 | 0 | 0 | 0 | 1 | 1 |

| 序号 | 大类 | 小类 | 故障管 | 输入 | | | | 输出（位） | | | | | |
|---|---|---|---|---|---|---|---|---|---|---|---|---|---|
| | | | | $\alpha_0$ | $A_1$ | $A_2$ | $A_3$ | 6 | 5 | 4 | 3 | 2 | 1 |
| 14 | 4 | 4 | $VT_{24}$ | 0.3125 | 1.0000 | −0.2411 | −1.0000 | 1 | 0 | 0 | 1 | 0 | 0 |
| 15 | 4 | 5 | $VT_{46}$ | 0.3143 | 1.0000 | −0.9994 | −1.0000 | 1 | 0 | 0 | 1 | 0 | 1 |
| 16 | 4 | 6 | $VT_{26}$ | 0.7306 | −1.0000 | 1.0000 | −1.0000 | 1 | 0 | 0 | 1 | 1 | 0 |
| 17 | 5 | 1 | $VT_{12}$ | 0.6537 | 1.0000 | −1.0000 | −0.5856 | 1 | 0 | 1 | 0 | 0 | 1 |
| 18 | 5 | 2 | $VT_{16}$ | 0.6537 | 1.0000 | −1.0000 | −0.5858 | 1 | 0 | 1 | 0 | 1 | 0 |
| 19 | 5 | 3 | $VT_{23}$ | 0.6537 | 1.0000 | −1.0000 | −0.5856 | 1 | 0 | 1 | 0 | 1 | 1 |
| 20 | 5 | 4 | $VT_{34}$ | 0.6537 | 1.0000 | −1.0000 | −0.5857 | 1 | 0 | 1 | 1 | 0 | 0 |
| 21 | 5 | 5 | $VT_{45}$ | 0.6543 | 1.0000 | −1.0000 | −0.5856 | 1 | 0 | 1 | 1 | 0 | 1 |
| 22 | 5 | 6 | $VT_{56}$ | 0.6564 | 1.0000 | −1.0000 | −0.5858 | 1 | 0 | 1 | 1 | 1 | 0 |
| 23 | 1 | 1 | 无 | 1.0000 | −1.0000 | −0.9860 | −1.0000 | 0 | 0 | 1 | 0 | 0 | 1 |
| 24 | 2 | 1 | $VT_1$ | 1.0000 | −0.0038 | −0.4197 | −1.0000 | 0 | 1 | 0 | 0 | 0 | 1 |
| 25 | 2 | 2 | $VT_2$ | 1.0000 | 0.0097 | −0.4466 | −1.0000 | 0 | 1 | 0 | 0 | 1 | 0 |
| 26 | 2 | 3 | $VT_3$ | 1.0000 | 0.0155 | −0.3613 | −1.0000 | 0 | 1 | 0 | 0 | 1 | 1 |
| 27 | 2 | 4 | $VT_4$ | 1.0000 | 0.0072 | −0.4198 | −1.0000 | 0 | 1 | 0 | 0 | 0 | 0 |
| 28 | 2 | 5 | $VT_5$ | 1.0000 | 0.0126 | −0.4465 | −1.0000 | 0 | 1 | 0 | 1 | 0 | 1 |
| 29 | 2 | 6 | $VT_6$ | 1.0000 | −0.1052 | −0.3614 | −1.0000 | 0 | 1 | 0 | 1 | 1 | 0 |
| 30 | 3 | 1 | $VT_{14}$ | 0.3297 | 1.0000 | −0.3210 | −1.0000 | 0 | 1 | 1 | 0 | 0 | 1 |
| 31 | 3 | 2 | $VT_{25}$ | 0.3310 | 1.0000 | −0.3225 | −1.0000 | 0 | 1 | 1 | 0 | 1 | 0 |
| 32 | 3 | 3 | $VT_{36}$ | 0.3297 | 1.0000 | −0.3457 | −1.0000 | 0 | 1 | 1 | 0 | 1 | 1 |
| 33 | 4 | 1 | $VT_{13}$ | 1.0000 | −1.0000 | 0.6134 | 0.9999 | 1 | 0 | 0 | 0 | 0 | 1 |
| 34 | 4 | 2 | $VT_{35}$ | 0.3310 | 1.0000 | −0.3225 | −1.0000 | 1 | 0 | 0 | 0 | 1 | 0 |
| 35 | 4 | 3 | $VT_{15}$ | 0.8144 | −1.0000 | 1.0000 | 0.9097 | 1 | 0 | 0 | 0 | 1 | 1 |
| 36 | 4 | 4 | $VT_{24}$ | 0.3297 | 1.0000 | −0.3457 | −1.0000 | 1 | 0 | 0 | 1 | 0 | 0 |
| 37 | 4 | 5 | $VT_{46}$ | 0.3296 | 1.0000 | −0.8209 | −1.0000 | 1 | 0 | 0 | 1 | 1 | 0 |

| 序号 | 大类 | 小类 | 故障管 | 输入 | | | | 输出（位） | | | | | |
|---|---|---|---|---|---|---|---|---|---|---|---|---|---|
| | | | | $\alpha_0$ | $A_1$ | $A_2$ | $A_3$ | 6 | 5 | 4 | 3 | 2 | 1 |
| 38 | 4 | 6 | $VT_{26}$ | 0.8057 | −1.0000 | 1.0000 | −1.0000 | 1 | 0 | 1 | 0 | 0 | 1 |
| 39 | 5 | 1 | $VT_{12}$ | 0.7261 | 1.0000 | −1.0000 | −0.5919 | 1 | 0 | 1 | 0 | 0 | 1 |
| 40 | 5 | 2 | $VT_{16}$ | 0.4263 | 1.0000 | −1.0000 | −0.4919 | 1 | 0 | 1 | 0 | 1 | 0 |
| 41 | 5 | 3 | $VT_{23}$ | 0.6364 | 1.0000 | −1.0000 | −0.5866 | 1 | 0 | 1 | 0 | 1 | 1 |
| 42 | 5 | 4 | $VT_{34}$ | 0.6261 | 1.0000 | −1.0000 | −0.5917 | 1 | 0 | 1 | 1 | 0 | 0 |
| 43 | 5 | 5 | $VT_{56}$ | 0.6366 | 1.0000 | −1.0000 | −0.4866 | 1 | 0 | 1 | 1 | 0 | 1 |
| 44 | 5 | 6 | $VT_{56}$ | 0.6260 | 1.0000 | −1.0000 | −0.5920 | 1 | 0 | 1 | 1 | 1 | 0 |
| 45 | 1 | 1 | 无 | 1.0000 | −1.0000 | −0.9962 | −1.0000 | 0 | 0 | 1 | 0 | 0 | 1 |
| 46 | 2 | 1 | $VT_1$ | 0.9849 | 0.9849 | −0.4324 | −1.0000 | 0 | 1 | 0 | 0 | 0 | 1 |
| 47 | 2 | 2 | $VT_2$ | 0.9060 | 0.9060 | −0.4430 | −1.0000 | 0 | 1 | 0 | 0 | 1 | 0 |
| 48 | 2 | 3 | $VT_3$ | 0.9925 | 0.0075 | −0.4612 | −1.0000 | 0 | 1 | 0 | 0 | 1 | 1 |
| 49 | 2 | 43 | $VT_4$ | 0.9089 | 0.0109 | −0.5066 | −1.0000 | 0 | 1 | 0 | 1 | 0 | 0 |
| 50 | 2 | 5 | $VT_5$ | 0.8969 | 0.0089 | −0.4428 | −1.0000 | 0 | 1 | 0 | 1 | 0 | 1 |
| 51 | 2 | 6 | $VT_6$ | 0.9993 | −0.0097 | −0.4581 | −1.0000 | 0 | 1 | 0 | 1 | 1 | 0 |
| 52 | 3 | 1 | $VT_{14}$ | 0.3245 | 1.0000 | −0.3296 | −0.9233 | 0 | 1 | 1 | 0 | 0 | 1 |
| 53 | 3 | 2 | $VT_{25}$ | 0.4300 | 1.0000 | −0.3003 | −0.9806 | 0 | 1 | 1 | 0 | 1 | 0 |
| 54 | 3 | 3 | $VT_{36}$ | 0.3286 | 1.0000 | −0.3122 | −0.9370 | 0 | 1 | 1 | 0 | 1 | 1 |
| 55 | 4 | 1 | $VT_{13}$ | 0.8846 | 1.0000 | 1.0000 | −0.9889 | 1 | 0 | 0 | 0 | 0 | 1 |
| 56 | 4 | 2 | $VT_{35}$ | 0.3321 | 1.0000 | −0.2078 | −0.8366 | 1 | 0 | 0 | 0 | 1 | 0 |
| 57 | 4 | 3 | $VT_{15}$ | 0.8904 | −0.9938 | 1.0000 | −1.0000 | 1 | 0 | 0 | 0 | 1 | 1 |
| 58 | 4 | 4 | $VT_{24}$ | 0.3762 | 1.0000 | −0.3945 | −0.8452 | 1 | 0 | 0 | 1 | 0 | 0 |
| 59 | 4 | 5 | $VT_{46}$ | 0.3421 | 1.0000 | −0.9344 | −0.9246 | 1 | 0 | 0 | 1 | 0 | 1 |
| 60 | 4 | 6 | $VT_{26}$ | 0.8852 | −1.0000 | 1.0000 | −0.9991 | 1 | 0 | 0 | 1 | 1 | 0 |

| 序号 | 大类 | 小类 | 故障管 | 输入 | | | | 输出（位） | | | | | |
|---|---|---|---|---|---|---|---|---|---|---|---|---|---|
| | | | | $\alpha_0$ | $A_1$ | $A_2$ | $A_3$ | 6 | 5 | 4 | 3 | 2 | 1 |
| 61 | 5 | 1 | $VT_{12}$ | 0.6705 | 1.0000 | −1.0000 | −0.5932 | 1 | 0 | 1 | 0 | 0 | 1 |
| 62 | 5 | 2 | $VT_{16}$ | 0.6775 | 1.0000 | −1.0000 | −0.5841 | 1 | 0 | 1 | 0 | 1 | 0 |
| 63 | 5 | 3 | $VT_{23}$ | 0.6566 | 1.0000 | −1.0000 | −0.5850 | 1 | 0 | 1 | 0 | 1 | 1 |
| 64 | 5 | 4 | $VT_{34}$ | 0.6547 | 1.0000 | −1.0000 | −0.5852 | 1 | 0 | 1 | 1 | 0 | 0 |
| 65 | 5 | 5 | $VT_{45}$ | 0.6740 | 1.0000 | −1.0000 | −0.5935 | 1 | 0 | 1 | 1 | 0 | 1 |
| 66 | 5 | 6 | $VT_{56}$ | 0.6735 | 1.0000 | −1.0000 | −0.5942 | 1 | 0 | 1 | 1 | 1 | 0 |
| 67 | 1 | 1 | 无 | 1.0000 | −1.0000 | −0.8718 | −1.0000 | 0 | 0 | 1 | 0 | 0 | 1 |
| 68 | 2 | 1 | $VT_1$ | 1.0000 | −0.0076 | −0.5181 | −0.9541 | 0 | 1 | 0 | 0 | 0 | 1 |
| 69 | 2 | 2 | $VT_2$ | 1.0000 | 0.0129 | −0.4114 | −0.9589 | 0 | 1 | 0 | 0 | 1 | 0 |
| 70 | 2 | 3 | $VT_3$ | 1.0000 | 0.0087 | −0.4704 | −0.9751 | 0 | 1 | 0 | 0 | 1 | 1 |
| 71 | 2 | 4 | $VT_4$ | 1.0000 | 0.0065 | −0.5209 | −0.9860 | 0 | 1 | 0 | 1 | 0 | 0 |
| 72 | 2 | 5 | $VT_5$ | 1.0000 | 0.0209 | −0.4592 | −0.9882 | 0 | 1 | 0 | 1 | 0 | 1 |
| 73 | 2 | 6 | $VT_6$ | 1.0000 | −0.0129 | −0.4754 | −0.9686 | 0 | 1 | 0 | 1 | 1 | 0 |
| 74 | 3 | 1 | $VT_{14}$ | 0.4003 | 0.9270 | −0.2177 | −1.0000 | 0 | 1 | 1 | 0 | 0 | 1 |
| 75 | 3 | 2 | $VT_{25}$ | 0.3783 | 0.9092 | −0.2325 | −1.0000 | 0 | 1 | 1 | 0 | 1 | 0 |
| 76 | 3 | 3 | $VT_{36}$ | 0.3214 | 0.9963 | −0.1979 | −1.0000 | 0 | 1 | 1 | 0 | 1 | 1 |
| 77 | 4 | 1 | $VT_{13}$ | 0.8951 | −1.0000 | 1.0000 | −0.9765 | 1 | 0 | 0 | 0 | 0 | 1 |
| 78 | 4 | 2 | $VT_{35}$ | 0.3214 | 0.9189 | −0.2352 | −1.0000 | 1 | 0 | 0 | 0 | 1 | 0 |

由于隐层节点数没有固定的规律可循，故只能经过调节隐层节点数量进行不断尝试以寻求最佳结构。表 2-2 是表 2-1 中的数据在不同数量的隐含层的情况下的情况。

表2-2　隐含层数目不同的神经网络训练情况

| 编号 | 隐层数目 | 步数 |
|---|---|---|
| 1 | 10 | 25 342 |
| 2 | 12 | 18 539 |
| 3 | 14 | 33 042 |
| 4 | 16 | 19 362 |

由表 2-2 不难看出，从网络训练时间和复杂度的角度来看，$N=12$ 的隐含层数量是较为合理的，故选用 $N=12$ 的网络结构进行训练与验证。对样本进行训练的训练误差图如图 2-11 所示。

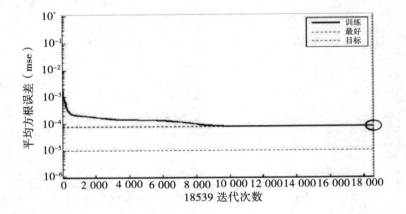

图 2-11　训练误差图

将神经网络训练完后，就将其权值与阈值存储在网络结构里。之后，便要对已经训练好的神经网络进行实验测试，其测试数据选取 $\alpha=90°$ 时的部分没参加训练的数据，其具体测试情况如表 2-3 所示，具体测试数据输入如表 2-4 所示，测试数据输出如表 2-5 所示。

表2-3　测试数据

| 序号 | 大类 | 小类 | 故障管 | $\alpha_0$ | $A_1$ | $A_2$ | $A_3$ |
|---|---|---|---|---|---|---|---|
| 1 | 5 | 3 | $VT_{15}$ | 0.8760 | −0.9906 | 1.0000 | −1.0000 |
| 2 | 5 | 4 | $VT_{24}$ | 0.3321 | 0.9928 | −0.2540 | −1.0000 |

| 序号 | 大类 | 小类 | 故障管 | $\alpha_0$ | $A_1$ | $A_2$ | $A_3$ |
|---|---|---|---|---|---|---|---|
| 3 | 5 | 5 | $VT_{46}$ | 0.3421 | 0.9322 | −0.9215 | −1.0000 |
| 4 | 5 | 6 | $VT_{26}$ | 0.8936 | −0.9924 | 1.0000 | −1.0000 |
| 5 | 5 | 1 | $VT_{12}$ | 0.7102 | 0.9219 | −1.0000 | −0.5822 |
| 6 | 5 | 2 | $VT_{16}$ | 0.6782 | 0.9920 | −1.0000 | −0.5200 |
| 7 | 5 | 3 | $VT_{23}$ | 0.6872 | 0.9049 | −1.0000 | −0.6203 |
| 8 | 5 | 4 | $VT_{34}$ | 0.6872 | 0.9514 | −1.0000 | −0.4433 |
| 9 | 5 | 5 | $VT_{45}$ | 0.7129 | 0.9966 | −1.0000 | −0.4569 |
| 10 | 5 | 6 | $VT_{56}$ | 0.7213 | 1.0000 | −0.9854 | −0.5151 |

表2-4　验证数据的输入

| 序号 | 输入 | | | |
|---|---|---|---|---|
| | $\alpha_0$ | $A_1$ | $A_2$ | $A_3$ |
| 1 | −0.8760 | −0.9906 | 1.0000 | −1.0000 |
| 2 | −1.0000 | 0.9928 | −0.2540 | 1.0000 |
| 3 | −1.0000 | 0.5322 | −0.5215 | 1.0000 |
| 4 | −0.8936 | −0.9924 | 1.0000 | −1.0000 |
| 5 | −1.0000 | −0.6219 | 1.0000 | −0.5122 |
| 6 | −1.0000 | 0.5920 | 1.0000 | −0.4200 |
| 7 | −1.0000 | 0.6049 | 1.0000 | −0.4203 |
| 8 | −1.0000 | 0.6514 | 1.0000 | −0.4433 |
| 9 | −1.0000 | 0.5966 | 1.0000 | −0.4569 |
| 10 | −1.0000 | 0.6121 | 1.0000 | −0.5151 |

表2-5　验证数据的输出

| 序号 | 输出（位） | | | | | |
|---|---|---|---|---|---|---|
| | 6 | 5 | 4 | 3 | 2 | 1 |
| 1 | 0.8795 | 0.0037 | 0.2314 | 0.2156 | 0.8569 | 0.8972 |
| 2 | 0.7986 | 0.0983 | 0.1925 | 0.9542 | 0.1928 | 0.2851 |
| 3 | 0.9079 | 0.0093 | 0.2806 | 0.8859 | 0.3008 | 0,7095 |
| 4 | 0.9587 | 0.2908 | 0.1978 | 0.7769 | 0.9063 | 0,3219 |
| 5 | 0.9945 | 0.0808 | 0.8967 | 0.2514 | 0.1408 | 0.9075 |
| 6 | 0.8995 | 0.1034 | 0.8962 | 0.1782 | 0.9072 | 0.1782 |
| 7 | 0.8972 | 0.0184 | 0.8179 | 0.1598 | 0.8792 | 0,7928 |
| 8 | 0.8905 | 0.1208 | 0.8809 | 0.8975 | 0.0985 | 0.1983 |
| 9 | 0.8904 | 0.0296 | 0.8806 | 0.9916 | 0.0072 | 0.7895 |
| 10 | 0.8903 | 0.0908 | 0.7907 | 0.8903 | 0.9572 | 0.0952 |

通过仿真数据能够清晰地看到，诊断结果与预期结果基本吻合，实验表明，BP 网络具有不错的诊断能力。

## 2.2　基于 RBF 函数网络的故障诊断

目前神经网络种类数目繁杂，故而有效地进行分类能使人们很好地区分其特点。依据网络结构可划分为前馈型和反馈型神经网络；依据功能可划分为全局逼近和局部逼近神经网络。其中，BP 神经网络是最典型的全局逼近网络，尽管 BP 网络被广泛使用，但它的网络学习速率较慢，而且也许会陷入局部极小值中。为了弥补 BP 网络的不足，局部逼近型函数——RBF 得到了发展。相较于 BP 神经网络，它的函数逼近能力、分类能力以及学习速率都更为合适。

### 2.2.1 故障模型及分析

（1）应用 RBF 网络实现对三相整流电路的故障诊断，而故障模型依然采用2.1.2 节模型，那么故障编码方式也可选用2.1.2 节形式。不过，经过实验表明：

如果继续采用 2.1.2 节所示的编码方式，诊断结果不具有良好的泛化能力，故提出了一种新的编码方式，如表 2-6 所示。

表2-6　RBF编码方式

| 序号 | 大类 | 小类 | 编码 |
|---|---|---|---|
| 1 | 有一个晶闸管故障 | 无 | 0000000000000000000001 |
| 2 | 有一个晶闸管故障 | $VT_1$ | 0000000000000000000010 |
| 3 | 有一个晶闸管故障 | $VT_2$ | 0000000000000000000100 |
| 4 | 有一个晶闸管故障 | $VT_3$ | 0000000000000000001000 |
| 5 | 有一个晶闸管故障 | $VT_4$ | 0000000000000000010000 |
| 6 | 有一个晶闸管故障 | $VT_5$ | 0000000000000000100000 |
| 7 | 有一个晶闸管故障 | $VT_6$ | 0000000000000001000000 |
| 8 | 相同两个晶闸管故障 | $VT_{14}$ | 0000000000000010000000 |
| 9 | 相同两个晶闸管故障 | $VT_{36}$ | 0000000000000100000000 |
| 10 | 相同两个晶闸管故障 | $VT_{25}$ | 0000000000001000000000 |
| 11 | 交叉两个晶闸管故障 | $VT_{16}$ | 0000000000010000000000 |
| 12 | 交叉两个晶闸管故障 | $VT_{12}$ | 0000000000100000000000 |
| 13 | 交叉两个晶闸管故障 | $VT_{23}$ | 0000000001000000000000 |
| 14 | 交叉两个晶闸管故障 | $VT_{34}$ | 0000000010000000000000 |
| 15 | 交叉两个晶闸管故障 | $VT_{56}$ | 0000000100000000000000 |
| 16 | 交叉两个晶闸管故障 | $VT_{45}$ | 0000001000000000000000 |
| 17 | 同一上（下）桥两个晶闸管故障 | $VT_{13}$ | 0000010000000000000000 |
| 18 | 同一上（下）桥两个晶闸管故障 | $VT_{15}$ | 0000100000000000000000 |
| 19 | 同一上（下）桥两个晶闸管故障 | $VT_{35}$ | 0001000000000000000000 |
| 20 | 同一上（下）桥两个晶闸管故障 | $VT_{46}$ | 0010000000000000000000 |
| 21 | 同一上（下）桥两个晶闸管故障 | $VT_{24}$ | 0100000000000000000000 |
| 22 | 同一上（下）桥两个晶闸管故障 | $VT_{26}$ | 1000000000000000000000 |

其主要思想是将编码的位数与种类数保持一致，那么编码的形式就会比较清晰，并且便于理解与掌握。在新的编码方式下，将基于 RBF 神经网络的三相整流电路的故障诊断再进行编码，将拥有良好的泛化能力。

（2）径向基网络的学习过程

假设有 $N$ 个样本，则 $N$ 个样本的总误差函数为

$$J = \sum_{p=1}^{N} J_p = \frac{1}{2} \sum_{p=1}^{N} \sum_{k=1}^{L} \left( t_k^p - y_k^p \right)^2 = \frac{1}{2} \sum_{p=1}^{N} \sum_{k=1}^{L} e_k^2 \tag{2-1}$$

其中，$N$ 为样本的对数；$L$ 为输出节点数；$t_k^p$ 代表在 $p$ 影响下的第 $k$ 个神经元的预期结果；$y_k^p$ 代表在 $p$ 影响下的第 $k$ 个神经元的真实结果。

RBF 网络的学习过程一般分为两个阶段，分别为无教师学习和有教师学习。

①无教师学习阶段

无教师学习又称为非监督学习，先聚类全部的输入数据，之后求出各层 RBF 的中心 $C_i$。此处用 K– 均值聚类算法进行修整，其详细步骤如下。

a. 赋初值，即给定各隐层节点的初始中心 $C_i$（0）（$i=1,2，\cdots，q$），学习速率 $\beta$（0）[0<$\beta$（0）<1] 和判定停止计算的阈值 $\varepsilon$。

b. 求出欧式距离和距离最小的节点：

$$\begin{aligned} d_i(k) &= \left\| x(k) - C_i(k-1) \right\|, 1 \leqslant i \leqslant q \\ d_{\min}(k) &= \min d(k) = d_r(k) \end{aligned} \tag{2-2}$$

其中，$k$ 为样本号；$r$ 为 $C_i$（$k$–1）与输入 $x$（$k$）距离最近的隐节点号。

c. 调整中心：

$$\begin{aligned} C_i(k) &= C_i(k-1), 1 \leqslant i \leqslant q, i \neq r \\ C_r(k) &= C_r(k-1) + \beta(k) \left[ x(k) - C_r(k-1) \right] \end{aligned} \tag{2-3}$$

其中，$\beta$（$k$）为学习速率；$\beta$（$k$）$=\beta$（$k$–1）$/$（1+int（$k/q$））$^{1/2}$；int（ ）表示对（ ）取整。

d. 判定聚类质量，对于所有样本 $k$（$k$=1，2，$\cdots$，$N$）重复操作上述 b、c 步，直到符合公式（2-4）的条件时完成。

$$j_e = \sum_{i=1}^{q} \left\| x(k) - C_i(k) \right\|^2 \leqslant \varepsilon \tag{2-4}$$

②有教师学习阶段

有教师学习又称监督式学习。当 $C_i$ 明确后，训练由 RBF 层到输出层的权值，就是线性优化问题。所以，仅仅有一个确定的解，不会有 BP 网络中的局部极小值

的烦恼。与线性网络相似，RBF 网络的 RBF 层至输出层的权值 $w_{ki}$（$k$=1,2，$\cdots$，$L$；$i$=1,2，$\cdots$，$q$）学习算法为

$$w_{ki}(k+1) = w_{ki}(k) + \eta(t_k - y_k)u_i(x) / \boldsymbol{u}^{\mathrm{T}}\boldsymbol{u} \qquad (2\text{-}5)$$

其中，$\boldsymbol{u}=\left[u_1(x), u_2(x), \cdots, u_o(x)\right]^{\mathrm{T}}$；$u_i(x)$ 为高斯函数；$\eta$ 为学习速率。

理论表明，当 $0<\eta<2$ 时，可确保该方法收敛，而在使用中，$0<\eta<1$。$t_k$ 和 $y_k$ 分别代表第 $k$ 个输出量的预期值和真实值。鉴于 $\boldsymbol{u}$ 中仅有少数元素为 1，大多数均为零，所以仅有少数的连接权有修整的必要。也正因为这一点，RBF 神经网络才有相对较快的学习速度。

## 2.2.2 基于 RBF 网络的故障诊断

在上一节已经对 BP 神经网络进行了详细介绍，BP 网络也能满足一定的训练要求，但由于 BP 神经网络存在局部极小值问题，故可用 RBF 进行改进。

### 2.2.2.1 RBF 网络模型

RBF 网络由两层构成（见图 2-12），输入层节点仅仅把信号传送到隐含层，隐含层节点一般由辐射状的函数组成，而输出层一般是线性函数。

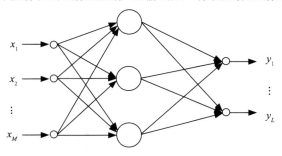

图 2-12　RBF 网络的结构

隐含层中的作用函数对输入信号的影响是小部分的，和 BP 网络有所不同，只有当输入信号与核心区域接触时，才会产生巨大的影响。可见 RBF 网络拥有局部逼近的本领，因此 RBF 网络函数也为局部感知场网络。

### 2.2.2.2 神经网络函数学习

现应用 RBF 网络结构实现三相整流电路的故障诊断，其主要思想是如果编码的位数和种类数一致，那么编码的形式就比较清晰，并且便于理解与掌握。在新

的编码方式下，将基于 RBF 神经网络的三相整流电路的故障诊断采用表 2-6 所示的编码方式。在表 2-6 中列出了所有的故障类型以及一一对应的故障编码方式。而 RBF 网络的学习训练样本依然采用表 2-1 中的数据，即用 BP 神经网络的训练样本进行学习，而测试样本也与上一节相同，即用表 2-3 中的数据进行网络测试。

如果用软件编程的方法来完成 RBF 神经网络，将会是一件有一定难度的事情。其中求解马氏距离矩阵就不是一件易事，而且实现 K- 聚类算法也是相当困难的。随着 MATLAB 的不断发展与进步，在 MATLAB 5.3 之后就增加了 NERUAL NETWORK BLOCKSET 子模块，运用丰富的神经网络库函数将能任意编程组合所需的各种功能，这样既能节约时间，又为用户提供了修改的方便。

MATLAB 中提供了神经网络函数中 RBF 的几个重要函数，如表 2-7 所示。

表2-7　RBF神经网络函数的基本功能

| 函数名 | 功能 |
| --- | --- |
| dist() | 计算向量间的距离函数 |
| radbas() | 径向基传输函数 |
| solver() | 设计一个径向基神经网络图 |
| solverbe() | 设计一个精准径向基神经网络图 |
| simurb() | 径向基神经网络图仿真函数 |
| newrb() | 新建一个径向基神经网络 |
| newrbe() | 新建一个严格的径向基神经网络 |
| newrgrnn() | 新建一个广义回归径向基神经网络 |
| ind2vec() | 将数据索引向量变换成向量组 |
| vec2ind() | 将向量组变换成数据索引向量 |
| newpnn() | 新建一个概率径向基神经网络 |

其中，dist() 是一个欧氏距离权值函数，将输入量加权后作为输入。通常两个量 $x$ 和 $y$ 之间的欧氏距离定义为 $D = \text{sun}((x-y)^2)^{\frac{1}{2}}$。而 dist() 的具体调用形式为

$$D = \text{dist}(W, X)$$

其中，$W$ 为 $S \times R$ 的矩阵；$X$ 为 $R \times Q$ 的输入矩阵；$D$ 为 $S \times Q$ 的输出矩阵，包含 $W$ 的行向量和 $X$ 的列向量。

而 RBF 的输入与一般的神经网络有所不同，其输入为向量 $W$ 和向量 $X$ 的距离与偏值 $b$ 的乘积，即 d= radbas（dist（$W$，$X$）·$b$），其调用格式为

$a$= radbas（$N$）或 $a$= radbas（$Z$，$b$）

函数 $a$= radbas（$N$）将 RBF 传输函数施加给矩阵 $N$ 的每一个元素，再返回到输出矩阵 $a$；函数 $a$= radbas（$Z$，$b$）适合于批量处理且有偏差的数据，这时偏差 $b$ 与权值输入矩阵 $Z$ 是单独进行的，$b$ 与 $Z$ 里的每一个元素相乘后，构成输入矩阵，而函数会对输入矩阵的每一个元素进行处理。

函数 newrb () 是用于新建一个 RBF 神经网络的函数，其具体调用格式为

[net,tr]= newrb（$X$,$T$,GOAL,SPREAD,MN,DF）

其中，$X$ 为 $Q$ 组的输入向量；$T$ 为 $Q$ 组的目标向量；GOAL 为均方误差，默认为 0；SPREAD 为拓展速率，默认为 1；MN 为最大的神经元数目，默认为 $Q$；DF 为相隔显示间多的神经元数，默认为 25。通过 newrb () 建立的 RBF 神经网络不需要训练就可以直接运用。

而 solverbe 函数用于设计 RBF 神经网络能够实现零误差的要求，其具体使用方式为

[$w_1$ ,$b_1$ ,$w_2$,$b_2$]= solverbe（$X$,$T$,SC）

式中：$X$ 为输入向量；$T$ 为目标向量；SC 是 RBF 网络函数的宽度，即从函数顶点 1 ~ 0.5 的距离，默认值为 1；$w_1$ 和 $b_1$ 为网络的 RBF 神经元隐含层的权值和偏值；$w_2$ 和 $b_2$ 为网络的输出层的权值和偏值。

solverbe () 是一种高性能 RBF 网络的设计函数，一次只能产生一个神经元，故需要重复操作才能增多神经元的数量，直到达到最大训练步骤或误差指标时停止。具体使用方法为

[$w_1$，$b_1$，$w_2$，$b_2$，nr，dr]= solverbe（$X$，$T$，dp）

dp =[ disp –FREQ,max–NEURON,error–GOAL,SPREAD]

其中，nr 和 dr 分别为最终网络函数的神经元个数和误差；$X$ 和 $T$ 分别为输入向量，即学习样本和输出目标向量，也即故障类型编码；dp 中的 disp –freq 为训练过程的数据频率，max–NEURON 为最大的神经元数，error–GOAL 为误差指标，而 SPREAD 为扩展常数。

在完成对 RBF 的设计和训练后，就应该对网络进行仿真，其具体格式为

y= simurb（$X$，$w_1$，$b_1$，$w_2$，$b_2$）

其中，$X$ 为输入向量；$w_1$ 和 $b_1$ 分别为隐含层的权值和偏值；$w_2$ 和 $b_2$ 是输出层的权值和偏值；y 为输出。

在本实验中，RBF 神经网络的训练函数选择 solverbe ()。其中，误差指标设

为 0.01，扩展常数设置为 1，学习样本选表 2-2 中的样本数据，目标矢量采用表 2-6 编码形式，RBF 神经网络的误差曲线如图 2-13 所示。由图 2-13 可以看出：RBF 训练步数少，收敛速度快。

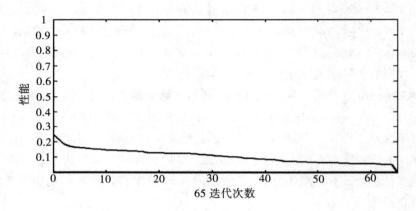

图 2-13　RBF 神经网络误差曲线

### 2.2.3 仿真验证

采用表 2-4 中的数据进行仿真验证，仿真实验结果如表 2-8 所示。

表2-8　RBF仿真验证输出结果

| 1 | 2 | 3 | 4 | 5 | 6 | 7 | 8 | 9 | 10 |
|---|---|---|---|---|---|---|---|---|---|
| 0.0862 | 0.3421 | 0.2090 | 0.9091 | 0.1239 | 0.0089 | 0.0020 | 0.2092 | 0.0108 | 0.1095 |
| 0.2543 | 0.9997 | 0.2301 | 0.2010 | 0.0829 | 0.1542 | 0.2109 | 0.1803 | 0.0192 | 0.0893 |
| 0.4109 | 0.0032 | 0.7983 | 0.0923 | 0.2410 | 0.3201 | 0.2019 | 0.2910 | 0.2875 | 0.3908 |
| 0.0089 | 0.3019 | 0.3109 | 0.1509 | 0.2090 | 0.1092 | 0.1902 | 0.2005 | 0.1874 | 0.1983 |
| 0.8765 | 0.2901 | 0.2905 | 0.3310 | 0.3209 | 0.0904 | 0.0932 | 0.1092 | 0.0765 | 0.2901 |
| 0.4092 | 0.2454 | 0.3102 | 0.2209 | 0.1090 | 0.2109 | 0.1902 | 0.1853 | 0.0754 | 0.0829 |
| 0.2091 | 0.2314 | 0.0893 | 0.0199 | 0.1090 | 0.2419 | 0.2109 | 0.0983 | 0.8795 | 0.0091 |
| 0.1984 | 0.1012 | 0.1109 | 0.1090 | 0.3109 | 0.2987 | 0.1092 | 0.2574 | 0.1859 | 0.9093 |
| 0.3310 | 0.0904 | 0.0984 | 0.2090 | 0.2998 | 0.2983 | 0.2091 | 0.9198 | 0.0985 | 0.1904 |

| 1 | 2 | 3 | 4 | 5 | 6 | 7 | 8 | 9 | 10 |
|---|---|---|---|---|---|---|---|---|---|
| 0.0083 | 0.0083 | 0.0762 | 0.1098 | 0.2131 | 0.3310 | 0.8782 | 0.2893 | 0.2091 | 0.2091 |
| 0.3210 | 0.1290 | 0.1503 | 0.0298 | 0.8998 | 0.1219 | 0.1902 | 0.0976 | 0.1859 | 0.0780 |
| 0.1029 | 0.2100 | 0.2608 | 0.1209 | 0.2087 | 0.9093 | 0.0082 | 0.2901 | 0.2108 | 0.2901 |
| 0.2103 | 0.0914 | 0.1082 | 0.1309 | 0.3124 | 0.4201 | 0.2109 | 0.1987 | 0.2983 | 0.0589 |
| 0.1893 | 0.1409 | 0.0019 | 0.2090 | 0.2996 | 0.1103 | 0.3570 | 0.0857 | 0.1080 | 0.2967 |
| 0.1102 | 0.3091 | 0.2190 | 0.2109 | 0.0087 | 0.0092 | 0.1095 | 0.2875 | 0.2918 | 0.0764 |
| 0.0009 | 0.2098 | 0.2901 | 0.2278 | 0.4310 | 0.2109 | 0.0762 | 0.3902 | 0.0074 | 0.1985 |
| 0.0291 | 0.3340 | 0.3321 | 0.3421 | 0.0783 | 0.2901 | 0.2094 | 0.0894 | 0.0729 | 0.2791 |
| 0.3092 | 0.3321 | 0.2109 | 0.2143 | 0.0019 | 0.2993 | 0.2908 | 0.0678 | 0.0958 | 0.0789 |
| 0.3409 | 0.2901 | 0.0908 | 0.0897 | 0.2901 | 0.1872 | 0.1872 | 0.1095 | 0.1984 | 0.2986 |
| 0.4090 | 0.3908 | 0.0672 | 0.2905 | 0.0019 | 0.1949 | 0.1972 | 0.1194 | 0.2907 | 0.2289 |
| 0.2091 | 0.3862 | 0.1254 | 0.3109 | 0.2094 | 0.0720 | 0.0763 | 0.1597 | 0.0697 | 0.0079 |
| 0.4209 | 0.2209 | 0.2541 | 0.2500 | 0.0008 | 0.2020 | 0.2397 | 0.0857 | 0.2984 | 0.1095 |

将表 2-8 中的 10 组数据进行相应的四舍五入，并与表 2-6 的编码方式进行对照，可得这 10 组数据的相应故障分别为：$VT_{15}$、$VT_{24}$、$VT_{46}$、$VT_{26}$、$VT_{12}$、$VT_{16}$、$VT_{23}$、$VT_{34}$、$VT_{45}$、$VT_{56}$。通过与表 2-4 中的测试数据进行对比可知，其诊断结果与采用 BP 神经网络的诊断结果相吻合，故具有一定的实用性与有效性。

## 2.3　基于层次聚类神经网络故障诊断

随着电力电子应用技术的不断进步，其故障种类也在不断增加，如在大功率的整流系统中电力元器件多达上百个，而如果电路中有 3 个器件同时故障，那故障种类就会多达上百种。因此，研究出一个能判断大规模电力电子电路故障诊断的手段就显得尤为重要。尽管 2.1 节介绍的 BP 神经网络已经能解决大多数的电力电子电路的故障诊断，但由于一个训练好的神经网络只能诊断一个故障模式，故而 BP 网络面对多类型的故障时具有一定的局限性。为了解决这一问题，同时提高速率与精度，这里提出了基于层次聚类神经网络的电力电子电路故障诊断方法，用来改善一般的神经网络方法只能诊断一种故障模式的问题。

### 2.3.1 层次聚类神经网络方法

基于层次聚类神经网络的诊断方法的主要思想是经过对训练样本聚类而完成对故障模式的分类，并为每一个小类训练出相应的 BP 神经网络。在故障诊断时，先算出故障信号与各个聚类中心的欧氏距离，选择隶属度最大的聚类网络进行故障诊断。

对信息进行预先处理是聚类的首要任务。经过聚类分析，能够提升神经网络的泛化能力。在这里，假设一共有 $n$ 个聚类，则具体结构如图 2-14 所示，通过图 2-14 所示可以直观看出诊断思想，是先将样本进行分类，然后训练相应的网络。而对信息预处理方法包含小波与小波包变换、主成分分析和聚类等。

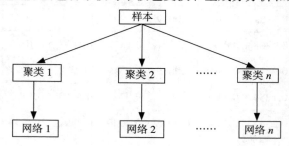

图 2-14　聚类分析结构

#### 2.3.1.1 小波及小波包变换

经研究与实践表明：傅里叶变换在信号分析和处理中有着举足轻重的地位，但由于傅里叶变换的主要对象是平稳的随机信号和已知的确定信号，而实时信号通常为非平稳的或是实时变换的。因此傅里叶变换不具备满足实际性的要求。

针对这一问题，小波变换应运而生。与傅立叶变换不同的是，小波变换不但拥有时域的分辨本领，而且还可以在频域里工作；此外，小波变换能够在低频和高频部分一起完成工作，自适应地判断信号的分辨率。所以将小波变换用于电路故障诊断中会得到更佳的效果。

小波分解法的主要思路是采用一组基函数来逼近故障信号，这组基函数名为小波基 $\Psi_{a,b}(t)$。它是由小波函数 $\Psi(t)$ 伸展或收缩 $a$ 和平行移动 $b$ 后而得到的，详细定义如下。

假设小波函数 $\Psi(t) \in L^2(R)$，如果

$$\int_{-\infty}^{+\infty} \frac{1}{|\omega|}|\varphi(\omega)|\mathrm{d}\omega < +\infty \qquad (2-6)$$

于是称 $\Psi(t)$ 是一个小波母函数。那么令

$$\Psi_{a,b}(t) = \frac{1}{\sqrt{|a|}} \Psi\left(\frac{t-a}{a}\right) \qquad (2-7)$$

则称 $\Psi_{a,b}(t)$ 为由母函数 $\Psi(t)$ 形成的小波。其中，$a$ 为尺度因子；$b$ 为平移因子。小波变换与傅里叶变换最基本的区别在于：傅里叶变换的基函数为固定的三角函数，而小波变换的母函数可以任意选择。由于母小波函数 $\Psi(t)$ 的不同，即使同一函数经过小波变换后得到的函数也不同。目前就如何选择母小波函数还没有具体的理论依据，但通过总结经验得到如下依据。

①变换后的小波系数说明了母小波函数和被处理信息间的相似程度。如果系数大，则表明相似程度大；如果系数小，则相似程度小。

②小波变换标准的大小可依据目的来选择。如果只需反映整体特性，则选用大尺度即可；反之，如果想获取信号的细节特性，则需要选择小尺度进行处理。

③在现实运用过程中，经常要考虑小波函数的很多性能。其中，Gauss 小波多用于函数估计；Morlet 小波通常应用在图像识别等领域；Harr 小波用于信号处理方面；而 Marr 小波用于系统辨识方向比较好。

了解基本信息后，介绍一下小波分解图，如图 2-15 所示。

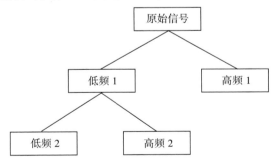

图 2-15 小波分解示意图

由于小波分析只能实现对低频信号部分的分解，高频部分不变，所以小波分析法对高频的辨别率较低。为了改善这种缺点，产生了小波包分析法。小波包分析不但能处理低频部分，还可以处理高频部分。小波包分解示意图如图 2-16 所示。

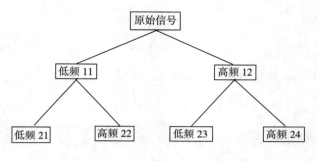

图 2-16　小波包分解示意图

### 2.3.1.2 主成分分析方法

主成分分析（principol component analysis，PCA）方法是多元统计理论中的一种线性变换方法，其主要思想是将原有的相关性数据通过线性变换转换为数量相对少一些的不相关数据，以达到降低样本维数的目的。主成分分析由英国的 Pearson 率先于 1901 年引入，Hotelling 在 1933 年将其扩展和完善并应用到随机变量中，慢慢地成为现在应用广泛的方法。通过主成分分析方法，不仅提高诊断速度与精度，而且不会改变样本原有的分布特性。

主成分分析的过程如下。

给定一个矩阵，其中有 $n$ 个样本、$p$ 个变量：

$$X = \begin{bmatrix} x_{11} & x_{12} & \cdots & x_{1p} \\ x_{21} & x_{22} & \cdots & x_{2p} \\ \vdots & \vdots & & \vdots \\ x_{n1} & x_{n2} & \cdots & x_{np} \end{bmatrix} \tag{2-8}$$

主成分分析法主要思想就是用一个量 $y_1$ 来代表 $x_1$，$x_2$，$\cdots$，$x_p$ 的 $p$ 个量，即将主成分换种表达方法为 $y_1=\omega_{11}{}^*x_1+\omega_{12}{}^*x_2+\omega_{2p}{}^*x_p$。

对于第二个主成分 $y_2=\omega_{21}{}^*x_1+\omega_{22}{}^*x_2+\omega_{1p}{}^*x_p$，以此类推。其中，应满足 $\omega_1\omega_1=1$，$\omega_2\omega_2=1$，后面的以此类推。此外，要使第一个主成分涵盖尽量多的信息量，应使 $\omega$ 取符合条件的最大值。

简要介绍主成分分析法后，接下来便是确定主元模型了。在明确主元模型之前，首先要明确主元数目，而主元数目一般要思考两方面的条件，既要尽可能降低维数，又要保持原有样本的完整性。目前广泛应用的确定方法有平均特征值方法、平行分析法、残差百分数测试法、主元贡献率法和重构故障偏差准则等。尽管方法很多，但也没有一种方法可以解决所有的情况。其中主元贡献率法因为有着简单、方便的特点，故被广泛应用。现结合主元贡献法简要说明主元数的选择。主元贡献率的定义如下：

$$\text{Contr}(y_k) = \frac{\lambda_k}{\sum_{i=1}^{m} \lambda_i} \tag{2-9}$$

其中，$\text{Contr}(y_k)$ 为第 $k$ 个主元的贡献值，即第 $k$ 个主元中的信息占全部信息的比重。实际应用中，为了满足降维后不影响原有数据的信息完整性，规定一个主元的贡献率和必须大于某一个值，即

$$\sum_{k=1}^{l} \text{Contr}(y_k) = \frac{\sum_{k=1}^{l} \lambda_k}{\sum_{i=1}^{nl} \lambda_i} \geqslant \text{CL} \tag{2-10}$$

其中，CL 为控制限，一般取值为 85%。

最后简要介绍一下主成分分析法中主特征的特点。

①由正交性表明：任何模式均有唯一的相对应的特征矢量，说明经过主成分分析法并没有将原有的信息丢失。

②主特征具有一定的稳定性。换言之，如果输入变量有稍许变动，与之对应的主特征一般不会发生变动或只能产生一些很微小的变动。

③通过主成分分析法后，由于维数减少，模式之间的距离也减小，从而使分类变得更为简单。

④主成分分析法处理后，在很大程度上提高了系统的精确率。

## 2.3.2 基于层次聚类神经网络故障诊断

选取三相整流电路作为诊断模型，其中故障分类采用 2.1.1 节中的方式。样本选择依据为：以 A 相电压为例，选取控制角从 0°~120° 之间的输出电压 $u_d$ 作为训练样本，其中每隔 7.5° 进行一次取样，故共有 22×17=374 个训练样本。同理，选取控制角从 5.4°~113.4° 之间每隔 10.8° 进行取样，将这些作为测试样本进行测试。现对实验的结果进行对比具体如下。

### 2.3.2.1 小波包变换与主成分分析

通过理论分析可知：经过小波变换可以提取信号奇异点，从而能更好地确定

故障信息。由图 2-6 至图 2-10 中可以看出，当电路发生故障时，电压波形发生突变，而且包含不同的高频成分，故在故障时刻可以由小波变换对高频部分的模极大值进行相应求解。

在 MATLAB 中一般利用低通与高通分解滤波器对信号进行卷积，然后将所得的偶数下标系数保存（二抽取），最后获得低频逼近系数与高频逼近系数。其具体过程如图 2-17 所示。

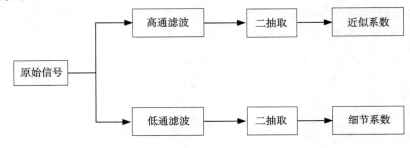

图 2-17　第一层离散小波变换

假设滤波器的长度为 $2N$，原始信号的长度为 $n$，根据公式

$$\text{floor}\left(\frac{n-1}{2}\right)+N \qquad (2-11)$$

可以计算出细节系数，其中 floor() 是 MATLAB 中的常用函数。而突变点下标可以由式（2-12）与式（2-13）求取。

$$[Y,I]=\max\left(\text{abs}\left(\text{CD}_I\right)\right) \qquad (2-12)$$

$$n_1=2\times I \qquad (2-13)$$

其中，$\text{CD}_I$ 为细节系数；$Y$ 为模极大值；$I$ 为极大值下标；$n_1$ 为突变点下标。

在这里，设用小波系数模极大值求出的定位点相位为 $\beta$，则将 $\alpha$ 不同时的定位点相位用 $\gamma$ 表示。经过计算处理，不同类故障在 $\alpha$ 不同时的关系如表 2-9 所示。

表2-9　故障定位特征向量

| 故障类 | 特征向量 | |
|---|---|---|
| 第一类故障 | 0 | 0 |
| 第二类故障<br>（5 种类型） | $\gamma=(\beta-\alpha)/360°$，$\beta-\alpha\geqslant 0$<br>$\gamma=(360°-\beta-\alpha)/360°$，$\beta-\alpha<0$ | 0 |

| 故障类 | 特征向量 | |
|---|---|---|
| 第三类故障<br>（3 种类型） | $\gamma = (\beta - a)/360°$，$\beta - a \geq 0$<br>$\gamma = (180° + \beta - a)/360°$，$\beta - a < 0$ | $\gamma + 0.5$ |
| 第四类故障<br>（6 种类型） | $\gamma = (\beta - a)/360°$，$\beta - a \geq 0$<br>$\gamma = (360° \beta - a)/360°$，$\beta - a < 0$ | 0 |
| 第五类故障<br>（6 种类型） | $\gamma = (\beta - a)/360°$，$\beta - a \geq 0$<br>$\gamma = (360° + \beta - a)/360°$，$\beta - a < 0$ | 0 |

　　上述数据的得出是由 $a$ 确定推算出来的，如果 $a$ 未知，则要上节所示的故障波形进行小波变换求取 $a$。

　　这里，在前面数据的基础上选择经过小波包后的 10 个节点中的最大值作为网络训练样本，其中这 10 个节点为（1,0）（2,0）（3,0）（1,0）（4,0）（1,1）（2,3）（3,7）（4,15）（5,31）。通常为了能够提高诊断速度与减少计算量，将样本进行降维处理，但由于要尽量保留原信息的完整性，故将样本减少一个维度即可。

### 2.3.2.2 聚类神经网络故障诊断

（1）聚类处理与分类

　　为了能够提升故障诊断率与泛化能力，同时为了降低网络的繁杂性，应用了分类处理的思路。即把故障信息进行相应的分类，然后每一个分类均有与之对应的较小规模的神经网络进行故障诊断。通过不断尝试，将聚类样本分别分为 5 类、6 类、7 类、8 类和 9 类后得出，将样本分为 7 类效果较好。以此获得聚类中心表（见表2-10）。

表2-10　模糊聚类中心数据

| 聚类中心 1 | 聚类中心 2 | 聚类中心 3 | 聚类中心 4 | 聚类中心 5 | 聚类中心 6 | 聚类中心 7 |
|---|---|---|---|---|---|---|
| 0.1321 | 0.9062 | −0.0029 | −1.1242 | −0.3827 | 1.7683 | 0.4642 |
| −0.8209 | −0.3656 | −0.5520 | 1.3023 | 1.7048 | −0.2623 | −1.4783 |
| −0.2983 | −0.1595 | −0.5201 | −0.3108 | 0.6905 | 0.1104 | −0.0557 |
| 0.0962 | 0.1505 | −0.1374 | −0.2519 | 0.0055 | 0.1585 | 0.0359 |

| 聚类中心1 | 聚类中心2 | 聚类中心3 | 聚类中心4 | 聚类中心5 | 聚类中心6 | 聚类中心7 |
|---|---|---|---|---|---|---|
| −0.0594 | 0.0486 | 0.1584 | −0.0103 | 0.3335 | −0.2637 | 0.0467 |
| 0.1781 | −0.0291 | 0.1451 | −0.3198 | −0.0354 | −0.0323 | −0.0067 |
| 0.1505 | −0.1604 | 0.2406 | 0.2699 | 0.2584 | −0.3805 | 0.1973 |
| −0.0249 | −0.2894 | 0.3072 | 0.0098 | 0.1392 | −0.4589 | 0.4372 |
| 0.0968 | 0.0978 | −0.0791 | 0.0690 | −0.1314 | 0.0372 | −0.1397 |

聚类后故障分类如表2-11所示，神经网络的输出节点与本聚类中所包含的故障种类一一对应，故7个神经网络的布局如表2-12所示。

表2-11　三相整流电路C均直聚类的故障模式

| 聚类类型 | 包含的故障模式 |
|---|---|
| 聚类1 | $VT_3$ $VT_5$ $VT_{13}$ |
| 聚类2 | $VT_{14}$ $VT_{15}$ $VT_{25}$ |
| 聚类3 | $VT_{12}$ $VT_{16}$ $VT_{45}$ $VT_{56}$ |
| 聚类4 | $VT_1$ $VT_2$ $VT_6$ $VT_{26}$ |
| 聚类5 | $VT_{35}$ $VT_{24}$ $VT_{46}$ $VT_{36}$ |
| 聚类6 | $VT_{23}$ $VT_{34}$ |
| 聚类7 | $VT_0$ $VT_4$ |

根据表2-12所示的网络结构，建立层次聚类故障诊断模型，并将训练好的权值和阈值保存起来，以便用于三相整流电路的故障诊断中。

表2-12　三相整流电路层次聚类法BP网络结构

| 网络类型 | 输入层神经元数 | 隐层神经元数目 | 输出层神经元数 |
|---|---|---|---|
| 网络1 | 9 | 12 | 3 |
| 网络2 | 9 | 12 | 3 |

| 网络类型 | 输入层神经元数 | 隐层神经元数目 | 输出层神经元数 |
|---|---|---|---|
| 网络 3 | 9 | 12 | 4 |
| 网络 4 | 9 | 15 | 4 |
| 网络 5 | 9 | 15 | 4 |
| 网络 6 | 9 | 15 | 2 |
| 网络 7 | 9 | 12 | 2 |

（2）实验结果

在进行故障诊断前，首先需要算出测试数据与 7 个聚类的欧氏距离，将距离最大的聚类选为诊断网络；然后再算出此结构下的输出值，把输出值中最大的值所属模式作为诊断结果。在这里需要介绍故障误报率的概念。故障误报率，指实际上发生了 A 类故障而却诊断成 B 类故障的概率。

下面对训练样本的判断状况进行汇总如表 2-13 所示。其中，$VT_0$ 代表电路正常运行，$VT_1$ 代表图 2-3 中 $VT_1$ 故障，其他类似。测试样本的诊断情况如表 2-13 所示。

表2-13　三相整流电路层次聚类法故障诊断情况

| 故障类型 | 应选用网络 | 输入样本数 | 正确诊断数 | 故障误报率 | 诊断正确率 |
|---|---|---|---|---|---|
| $VT_0$ | 网络 7 | 17 | 17 | 0 | 100% |
| $VT_1$ | 网络 4 | 17 | 15 | 11.76% | 88.24% |
| $VT_2$ | 网络 4 | 17 | 15 | 11.76% | 88.24% |
| $VT_3$ | 网络 1 | 17 | 16 | 5.88% | 94.12% |
| $VT_4$ | 网络 7 | 17 | 17 | 0 | 100% |
| $VT_5$ | 网络 1 | 17 | 16 | 5.88% | 94.12% |
| $VT_6$ | 网络 4 | 17 | 15 | 11.76% | 88.24% |
| $VT_{12}$ | 网络 3 | 17 | 14 | 17.65% | 82.35% |
| $VT_{13}$ | 网络 1 | 17 | 17 | 0 | 100% |
| $VT_{14}$ | 网络 2 | 17 | 17 | 0 | 100% |

（续 表）

| 故障类型 | 应选用网络 | 输入样本数 | 正确诊断数 | 故障误报率 | 诊断正确率 |
|---|---|---|---|---|---|
| $VT_{15}$ | 网络 2 | 17 | 17 | 0 | 100% |
| $VT_{16}$ | 网络 3 | 17 | 15 | 11.76% | 88.24% |
| $VT_{23}$ | 网络 6 | 17 | 17 | 0 | 100% |
| $VT_{24}$ | 网络 5 | 17 | 15 | 11.76% | 88.24% |
| $VT_{25}$ | 网络 2 | 17 | 17 | 0 | 100% |
| $VT_{26}$ | 网络 4 | 17 | 16 | 5.88% | 94.12% |
| $VT_{34}$ | 网络 6 | 17 | 17 | 0 | 100% |
| $VT_{35}$ | 网络 5 | 17 | 16 | 5.88% | 94.12% |
| $VT_{36}$ | 网络 5 | 17 | 16 | 5.88% | 94.12% |
| $VT_{45}$ | 网络 3 | 17 | 17 | 0 | 100% |
| $VT_{46}$ | 网络 5 | 17 | 16 | 5.88% | 94.12% |
| $VT_{56}$ | 网络 3 | 17 | 17 | 0 | 100% |
| 综合 | – | 374 | 153 | 5.078% | 94.922% |

（3）实验结果对比与分析

经过训练与测试，得到一个现象：由于聚类 6 与聚类 7 都涵盖了比较少的故障模式，故而诊断率可达 100%；而对于包含较多故障模式的聚类来说，诊断率就相对较低。经过分析，该现象出现的原因在于神经网络本身，由于随着故障模式的增加，其泛化能力变弱。

尽管层次聚类法中有的聚类泛化能力较差，但相对于单个 BP 网络来说，诊断正确率已经提高了很多，故具有一定的实用价值。这说明，对于大规模的电路来说，采用层次聚类法进行故障诊断要优于单个 BP 神经网络（见表 2-14）。

表2-14　测试样本诊断数据

| 故障类型 | 应选用网络 | 输入样本数 | 正确诊断数 | 故障误报数 | 诊断正确率 |
|---|---|---|---|---|---|
| $VT_0$ | 网络 7 | 9 | 9 | 0 | 100% |
| $VT_1$ | 网络 4 | 7 | 6 | 14.29% | 85.71% |

| 故障类型 | 应选用网络 | 输入样本数 | 正确诊断数 | 故障误报数 | 诊断正确率 |
|---|---|---|---|---|---|
| $VT_2$ | 网络 4 | 8 | 7 | 12.5% | 87.5% |
| $VT_3$ | 网络 1 | 7 | 6 | 14.29% | 85.71% |
| $VT_4$ | 网络 7 | 9 | 9 | 0 | 100% |
| $VT_5$ | 网络 1 | 6 | 5 | 16.67% | 83.33% |
| $VT_6$ | 网络 4 | 8 | 7 | 12.5% | 87.5% |
| $VT_{12}$ | 网络 3 | 8 | 7 | 12.5% | 87.5% |
| $VT_{13}$ | 网络 1 | 8 | 8 | 0 | 100% |
| $VT_{14}$ | 网络 2 | 8 | 8 | 0 | 100% |
| $VT_{15}$ | 网络 2 | 8 | 8 | 0 | 100% |
| $VT_{16}$ | 网络 3 | 7 | 6 | 14.29% | 85.71% |
| $VT_{23}$ | 网络 6 | 7 | 7 | 0 | 100% |
| $VT_{24}$ | 网络 5 | 7 | 6 | 16.67% | 85.71% |
| $VT_{25}$ | 网络 2 | 5 | 5 | 0 | 100% |
| $VT_{26}$ | 网络 4 | 7 | 5 | 28.57% | 71.43% |
| $VT_{34}$ | 网络 6 | 10 | 10 | 0 | 100% |
| $VT_{35}$ | 网络 5 | 10 | 8 | 20% | 80% |
| $VT_{36}$ | 网络 5 | 9 | 9 | 0 | 100% |
| $VT_{45}$ | 网络 3 | 10 | 10 | 0 | 100% |
| $VT_{46}$ | 网络 5 | 9 | 8 | 11.11% | 88.89% |
| $VT_{56}$ | 网络 5 | 7 | 7 | 0 | 100% |
| 综合 | – | 174 | 161 | 7.77% | 92.23% |

从表 2-14 中不难看出，其中对于网络 3、网络 4 与网络 5 这些相对复杂的网络来说，故障诊断率相对较低，而对于其他网络结构的诊断准确率相当可观。

# 第3章 基于主成分分析 HOC 与 FDA 的电力电子电路故障诊断方法

在电力电子电路故障诊断过程中，以提高最后的故障诊断准确率为目的，将研究重点集中于特征提取与故障辨识这两个关键的阶段。如果在对原始特征数据进行预处理后，能够提取特征并去除无用信息，降低数据的维数，提高特征的辨识度，然后找到性能优良、辨识能力强的辨识方法，那么肯定会有益于整个故障诊断方法准确率的提高。因此，接下来的主要工作就是对这两个阶段进行研究，本章着重于对辨识方法的分析研究。

电力电子电路故障诊断中的核心内容是对故障辨识方法的研究，随着电力电子电路结构的复杂化，故障模式的增多，对分类器准确度与性能的要求也随之提高。迄今为止已有许多不同的故障辨识方法被提出，如故障字典法、神经网络法和支持向量机等，都取得了比较好的效果。但是在使用神经网络法进行辨识的过程中，不仅有大量的参数需要设置，而且较难选定合适的参数大小进行设置，易导致网络陷入局部最优的情况，也会有在训练误差很小或者为零时测试误差仍然存在甚至比较大的情况；SVM（secure voice module）虽然是目前研究的热点，但在实际应用中会存在确定参数困难的缺点，进行调整和训练参数时也需要消耗很多时间，并且非线性 SVM 分类器需要在训练过程中去求解一个比较复杂的有关二次编程的问题，速度会较慢，这种缺陷通常在集中处理大规模数据时更加突出。因此继续对故障辨识方法进行研究是十分有必要的。

故障辨识从某种意义上来讲，就是在选择了合适的特征后进行分类器的设计，然后评估分类器的效果。分类的依据能够通过选择合适的判别规则来确定，因此可以将故障辨识的问题转化为对判别分析方法的研究，判别分析作为多元分析的一个分支，应用十分广泛。对于一个组别未知的观测样本数据，要清楚地知道它们属于已知的哪一类分组中，这类问题的研究过程就为判别分析的主要内容。其原理为根据一个已经定好的最优判别准则，建立相应的一个或者多个判别函数，再利用大量的数据样本明确这些判别函数的相关系数，然后通过计算得到判别规则，就可以确定这一组样本是属于哪一类的。也就是将 $k$ 类组别未知的特征样本向量 $\boldsymbol{S} = \{x_1, x_2, \cdots, x_N\}$，其中，$N$ 为样本观测总数，通过判别规则，使不同组别的数据在空间上得到分离，找到自己归属的类。

这里提出一种基于 FDA 的电力电子电路故障辨识方法，FDA 在处理分类的问题时算法简单、准确率高，将它运用于电力电子电路故障诊断过程中的方法框图如图 3-1 所示。

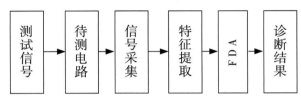

图 3-1　基于 FDA 的故障诊断方法框图

根据图 3-1 所示的诊断方法框图可知，在进行故障辨识阶段之前，需要先对原始故障特征进行特征提取，去除无用信息，提高故障特征的辨识度，以利于取得良好的故障诊断效果。因此，本章首先介绍如何利用主成分分析法对电力电子电路进行特征提取工作。

# 3.1　基于主成分分析与 FDA 的故障诊断

## 3.1.1 采用主成分分析的故障特征提取方法

主成分分析是一种常见的线性映射方法，它将彼此相关的多个变量简化为互不相关的几个变量的线性组合，在确定可以表达初始变量的绝大多数信息的基础上，通过线性变换与丢掉一部分无效的信息，从而实现对数据的降维，解决数据维数过高的难题。

特征提取是电力电子电路故障诊断中的关键步骤，即需要选择合适的特征用来表达需要解决的故障诊断问题。早期有关特征提取的方法如 FFT、小波变换和归一化等，方法单一。随着研究的深入，一些新的特征提取方法被提出来，更适用于现在设备日益复杂、故障特征也随之增多的情形，如主成分分析、聚类分析和 ICA 等。其中，主成分分析以其独有的优势被广泛应用于故障诊断中。其优点是有利 用主成分分析预处理得到的特征样本向量，能够取得前面几个主成分，除去数据冗余和互不相关的变量，滤掉噪声，表达数据的主要信息。因此，它能在很大程度上减低故障分类计算的复杂性。利用主成分分析对故障特征样本进行预处理，有效地解决了由于特征数据冗余和互不相关变量造成的故障辨识失误或者隐藏数据真实模式的问题，有利于下一步的故障辨识工作。

特征提取中求解最优的变换矩阵是一个重要的问题，令变换后的低维模式空间里，不同类别可分性的准则达到最大。主成分的变换过程中对于输入的原始特征数据矩阵 $\boldsymbol{X}_{n \times p}$ 如下所示。

$$\boldsymbol{X}_{n \times p} = \begin{bmatrix} x_{11} & x_{12} & \cdots & x_{1p} \\ x_{21} & x_{22} & \cdots & x_{2p} \\ \vdots & \vdots & & \vdots \\ x_{n1} & x_{n2} & \cdots & x_{np} \end{bmatrix} \qquad (3\text{-}1)$$

其中，$n$ 表示样本个数；$p$ 表示变量的个数。数据在进行标准化之后，能够用 $p$ 个向量的线性组合表示 $\boldsymbol{X}_{n \times p}$，也就是主元模型：

$$\boldsymbol{Y} = \boldsymbol{t}_1 \boldsymbol{p}'_1 + \boldsymbol{t}_2 \boldsymbol{p}'_2 + \cdots + \boldsymbol{t}_k \boldsymbol{p}'_k + \boldsymbol{E}\left(k \leqslant p\right) \qquad (3\text{-}2)$$

其中，$t_i$ 是得分向量（主成分）；$\boldsymbol{p}_i$ 是负荷向量，$i=1，2，\cdots，k$。每个主成分向量之间正交，每个负荷向量之间也正交，每个负荷向量的长度均为 1。式（3-2）还可以写为下列形式的矩阵

$$\boldsymbol{Y} = \boldsymbol{T}\boldsymbol{P}^{\mathrm{T}} + \boldsymbol{E} \qquad (3\text{-}3)$$

其中，$\boldsymbol{T}$ 是主成分矩阵；$\boldsymbol{P}$ 是负荷矩阵；$\boldsymbol{E}$ 是误差矩阵。$\boldsymbol{E}$ 还可记为

$$\boldsymbol{E} = \overline{\boldsymbol{T}\boldsymbol{P}'} \qquad (3\text{-}4)$$

其中，$\overline{\boldsymbol{T}}$ 为主成分的残差矩阵；$\overline{\boldsymbol{P}}$ 为负荷的残差矩阵。将其忽略可以去掉测量中的噪声，同时不会造成原始数据明显丢失掉有用的信息。

通过矩阵 $\boldsymbol{Y}$ 对主成分模型进行转换可得变换形式为

$$\boldsymbol{t}_i = \boldsymbol{Y}\boldsymbol{p}_t \qquad (3\text{-}5)$$

根据式（3-5）可以得出，主成分本质上是将原始数据在负荷向量的方向上进行投影得到的。

在了解主成分的主要内容之后，接下来详细论述如何利用主成分分析对电力电子电路的故障特征进行特征提取，具体实现步骤如下。

（1）输入采集的原始故障特征样本数据：

$$\boldsymbol{X} = \left(x_{ij}\right)_{n \times p} \qquad (3\text{-}6)$$

其中，$i = 1, 2, \cdots, n$；$j = 1, 2, \cdots, p$。

（2）对原始数据中各个样本的均值与标准差进行计算：

$$\overline{x_j} = \frac{1}{n} \sum_{i=1}^{n} x_{ij} \qquad (3-7)$$

$$S_j = \sqrt{\frac{1}{n-1} \sum_{i=1}^{n} \left( x_{ij} - \overline{x_j} \right)^2} \qquad (3-8)$$

（3）将特征数据进行标准化，并计算它的相关矩阵。

在标准化的过程中，样本数据的相关系数矩阵就是其协方差矩阵：

$$y_{ij} = \frac{x_{ij} - \overline{x}}{S_j} \qquad (3-9)$$

因此，经过标准化以后的矩阵是 $\mathbf{Y} = \left( y_{ij} \right)_{n \times p}$。

这样样本数据的相关矩阵是 $\mathbf{R} = (1/n) \mathbf{Y}' \mathbf{Y}$，由此可取 $\mathbf{R} = \mathbf{Y}' \mathbf{Y}$。

（4）对相关矩阵的特征值和对应的特征向量进行计算，将计算得到的特征值从大到小排列：$\lambda_1 \geqslant \lambda_2 \geqslant \cdots \geqslant \lambda_p > 0$

按特征值的排列顺序计算相应的特征向量为

$$\begin{aligned}
\boldsymbol{a}_1 &= \left( \alpha_{11}, \alpha_{21}, \cdots, \alpha_{p1} \right)' \\
\boldsymbol{a}_2 &= \left( \alpha_{21}, \alpha_{22}, \cdots, \alpha_{p2} \right)' \\
&\vdots \qquad \vdots \\
\boldsymbol{a}_p &= \left( \alpha_{p1}, \alpha_{p2}, \cdots, \alpha_{pp} \right)'
\end{aligned} \qquad (3-10)$$

（5）建立特征样本的主成分为

$$Z_i = \alpha_{1i} y_1 + \alpha_{2i} y_2 + \cdots + \alpha_{pi} y_p \qquad (3-11)$$

（6）求解前面多个主成分的值。

先计算方差累积的贡献率：$\left( \sum_{j=1}^{k} \lambda_j \big/ \sum_{j=1}^{p} \lambda_j \right) \times 100\%$，当它 $\geqslant 85\%$ 时即可确定主成分个数 $k$ 的值，有

$$\mathbf{Z} = \left( Z_{ij} \right)_{n \times k} \qquad (3-12)$$

其中，$Z_{ij} = \sum_{j=1}^{k} y_{ij} \alpha_{ji} \left( i = 1, 2, \cdots, n; j = 1, 2, \cdots, k \right)$。

为了更清楚地展示主成分分析进行故障特征提取的过程，其提取故障特征的流程如图 3-2 所示。

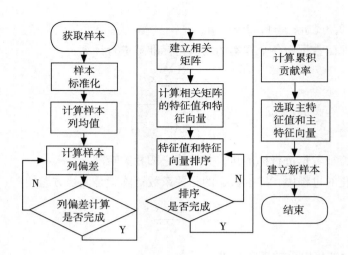

**图 3-2　主成分分析特征提取流程**

根据图 3-2 所示流程，就可以使用主成分分析进行计算。选取前几个主成分代替初始的特征样本数据，形成新的特征样本，使得特征数据维数过高的难点得以克服，突出特征信息，再导入分类器进行故障辨识，为完成接下来的故障诊断工作打下基础。

### 3.1.2 基于 FDA 的故障辨识技术

伴随着科学技术的发展，设备的复杂程度越来越高，电力电子电路的故障类型也越来越多。为了保证电路在发生故障后能够尽快地发现故障的原因，要求能够准确地辨识出发生的故障类型及部件，并对故障辨识方法展开研究。故障辨识的本质是分类，在获得可以反映电路故障状态的特征信息后，对其进行压缩降维、去除冗余等预处理，提取得到能最大限度表征原始故障数据的特征向量，然后输入训练好的分类器，通过对各个模板的特征进行搜索，将输入的数据与模板之间的相关性进行辨识，从待分类对象中辨识出哪些特征向量与哪种标准的类型相似，从而进行分类。

判别分析是统计模式识别的基本方法之一，是一种归类未知组别样品的方法。这种分析方法通过抽取已经分类的样本数据信息，建立相关判别函数和判别准则，然后根据这些判别函数与判别准则对类别未知的样品所归属的类进行鉴别。FDA 作为其中的一个分支，已经被广泛应用于药物分子识别、图像处理、人脸识别和信号处理等领域。

利用判别法进行分类的方法有许多。按照组别的数目来区分，包括两组判别分析和多组判别分析；按照归类过程中涉及的未知数据的解决方法，分为逐步判别和序贯判别；按照不同的判别规则，有马氏距离判别、贝叶斯（Bayes）判别和Fisher（费歇）判别。FDA 由于自身拥有的优点，使其在实际生活中得到广泛的研究与应用。其优势有：首先，当总体均值向量的共线性程度很高时，它只需要通过少数几个判别函数就可以判别，比较容易做到；其次，对总体的分布没有什么特定的要求需要提出，应用很广泛；最后，FDA 利用降维，使处理后的结果可以根据空间图像，通过目测的方式来得到。

Fisher 判别分析法（FDA）的基本原理为将研究对象进行投影，把原来的高维特征样本数据投影到最优识别向量空间，以此来实现分类信息的提取和样本空间维数降低的效果，且在投影之后能够确定在得到的子空间里所有模式样本中不同类的距离最大以及同类的距离最小，即不同的模式在该空间里拥有最佳的可分离性质。也就是说，用 $p$ 维向量 $\boldsymbol{x} = (x_1, x_2, \cdots, x)'$ 中少数几个的线性组合（又称作判别函数或者典型变量）$y_1 = \boldsymbol{l}_1'\boldsymbol{x}, y_2 = \boldsymbol{l}_2'\boldsymbol{x}, \cdots, y_r = \boldsymbol{l}_r'\boldsymbol{x}$，（一般 $r$ 明显小于 $p$）来替代初始的 $p$ 个向量 $\boldsymbol{x}_1, \boldsymbol{x}_2, \cdots, \boldsymbol{x}_p$，实现减少维数的目的，并依据这 $r$ 个判别函数 $y_1, y_2 \cdots, y_r$ 对样品所属的类作出鉴别。因此，使用 FDA 解决分类问题的关键是寻找投影向量集 $\boldsymbol{l} = (\boldsymbol{l}_1, \boldsymbol{l}_2, \cdots, \boldsymbol{l}_r)'$，接下来详细讨论如何通过对训练样本的学习建立判别函数的结构，得到最佳的投影向量集，然后根据判别规则对样本数据进行分离。

设有 $k$ 类 $m$ 维样本总体 $\boldsymbol{G}_t$（$t = 1, 2, \cdots, k$），并且从每类样本中分别抽取出 $m$ 维样本数据如下：

$$\boldsymbol{X}_{(i)}^{(t)} = \left( x_{i1}^{(t)}, x_{i2}^{(t)}, \cdots, x_{im}^{(t)} \right) \tag{3-13}$$

其中，$t = 1, 2, \cdots, k$；$i = 1, 2, \cdots, n_t$。假设 $\boldsymbol{a} = (a_1, a_2, \cdots, a_m)'$ 是 $m$ 维空间内的某一向量，则 $\boldsymbol{X}$ 是在以向量 $\boldsymbol{a}$ 为法线的 $\boldsymbol{a}$ 方向上的投影。因此，这 $k$ 类数据样本中的 $m$ 维数据在 $\boldsymbol{a}$ 方向上的投影为

$$
\begin{aligned}
&\boldsymbol{G}_1 : \boldsymbol{a}'\boldsymbol{X}_{(1)}^{(1)}, \boldsymbol{a}'\boldsymbol{X}_{(2)}^{(1)}, \cdots, \boldsymbol{a}'\boldsymbol{X}_{(n_1)}^{(1)}, \qquad \text{记 } \bar{\boldsymbol{X}}^{(1)} = \frac{1}{n_1} \sum_{j=1}^{n_1} \boldsymbol{X}_{(j)}^{(1)} \\
&\boldsymbol{G}_2 : \boldsymbol{a}'\boldsymbol{X}_{(1)}^{(2)}, \boldsymbol{a}'\boldsymbol{X}_{(2)}^{(2)}, \cdots, \boldsymbol{a}'\boldsymbol{X}_{(n_2)}^{(2)}, \qquad \text{记 } \bar{\boldsymbol{X}}^{(2)} = \frac{1}{n_2} \sum_{j=1}^{n_2} \boldsymbol{X}_{(j)}^{(2)} \\
&\qquad\qquad\qquad\vdots \qquad\qquad\qquad\qquad\qquad\qquad\vdots \\
&\boldsymbol{G}_k : \boldsymbol{a}'\boldsymbol{X}_{(1)}^{(k)}, \boldsymbol{a}'\boldsymbol{X}_{(2)}^{(k)}, \cdots, \boldsymbol{a}'\boldsymbol{X}_{(n_k)}^{(k)}, \qquad \text{记 } \bar{\boldsymbol{X}}^{(k)} = \frac{1}{n_k} \sum_{j=1}^{n_k} \boldsymbol{X}_{(j)}^{(k)}
\end{aligned}
\tag{3-14}
$$

每个样本在投影后的数据都是一维的，对 $k$ 类数据进行方差的分析，它的类间平方和为

$$B_0 = \sum_{r=1}^{k} n_t \left( a'X^{(t)} - a'\bar{X} \right)^2$$

$$= a' \left[ \sum_{t=1}^{k} n_t \left( \bar{X}^{(t)} - \bar{X} \right) \left( \bar{X}^{(t)} - \bar{X} \right)' \right] a \qquad (3-15)$$

$$= a'Ba$$

其中，$\bar{X}^{(t)}$ 为总体 $G_t$ 的样本均值；$\bar{X} = \frac{1}{n} \sum_{t=1}^{k} \sum_{j=1}^{n_t} X_{(j)}^{(t)}$ 为 $G_t$ 的样本总均值；$B$ 为不同类别间的散度矩阵。

$$B = \sum_{t=1}^{k} n_t \left( \bar{X}^{(t)} - \bar{X} \right) \left( \bar{X}^{(t)} - \bar{X} \right)' \qquad (3-16)$$

合并后的类内平方和如下：

$$A_0 = \sum_{t=1}^{k} \sum_{j=1}^{n_t} n_t \left( a'X_{(j)}^{(t)} - a'\bar{X}^{(t)} \right)^2$$

$$= a' \left[ \sum_{t=1}^{k} \sum_{j=1}^{n_t} n_t \left( \bar{X}_{(j)}^{(t)} - \bar{X}^{(t)} \right) \left( \bar{X}_{(j)}^{(t)} - \bar{X}^{(t)} \right)' \right] a \qquad (3-17)$$

$$= a'Aa$$

其中合并后的同一类别内的散度矩阵 $A$ 为

$$A = \sum_{t=1}^{k} \sum_{j=1}^{n_t} \left( \bar{X}_{(j)}^{(t)} - \bar{X}^{(t)} \right) \left( \bar{X}_{(j)}^{(t)} - \bar{X}^{(t)} \right)' \qquad (3-18)$$

因此，如果要使 $k$ 类的总体数据样本在投影后有显著的差别，则比值 $B_0/A_0$ 应该充分大，即比值

$$\frac{a'Ba}{a'Aa} = \Delta(a) \qquad (3-19)$$

应该充分大，$\Delta(a) = \max \left( a^{\mathrm{T}}Ba / a^{\mathrm{T}}Wa \right)$ 可以称为 FDA 的准则函数。根据方差分析的原理，将这个问题转化为求解使 $\Delta(a)$ 达到最大值的投影方向 $a$，明显地使 $\Delta(a)$ 能够取得极大值的 $a$ 并不是唯一的。假使 $a$ 能使 $\Delta(a)$ 达到最大值，则存在任意不为 0 的常数 $C$，使得 $Ca$ 也可以令 $\Delta(a)$ 达到最大值。因此，对投影方向 $a$ 采取一个约束的条件，即 $a$ 需满足令 $a'Aa = 1$。所以问题又变换为在 $a'Aa = 1$ 条件下，使 $\Delta(a) = a'Ba$ 达到最大值的投影方向 $a$。

在明确需要解决的问题后，接下来对判别函数进行求解。

将 $y(x) = a'X$ 称作线性判别函数，对于上述最大值问题，可以使用拉式乘子法来求解。令

$$\varphi(a) = a'Ba - \lambda(a'Aa - 1) \qquad (3-20)$$

解方程组

$$\begin{cases} \dfrac{\partial \varphi}{\partial \boldsymbol{a}} = 2(\boldsymbol{B} - \lambda \boldsymbol{A})\boldsymbol{a} = 0 \\ \dfrac{\partial \varphi}{\partial \boldsymbol{a}} = 1 - \boldsymbol{a}'\boldsymbol{A}\boldsymbol{a} = 0 \end{cases} \tag{3-21}$$

由上式可知，$\lambda$ 是 $\boldsymbol{A}^{-1}\boldsymbol{B}$ 的特征根，$\boldsymbol{a}$ 是对应的特征向量。由 $\boldsymbol{Ba}=\lambda \boldsymbol{Aa}$ 两边左乘 $\boldsymbol{a}'$ 可知，$\Delta \boldsymbol{a} = \boldsymbol{a}'\boldsymbol{Ba} = \lambda \boldsymbol{a}'\boldsymbol{Aa} = \lambda$。因此求取 $\Delta \boldsymbol{a}$ 的最大值问题可化为求 $\boldsymbol{A}^{-1}\boldsymbol{B}$ 最大的特征值及相应的特征向量。

设 $\boldsymbol{A}^{-1}\boldsymbol{B}$ 不等于 0 的特征值是 $\lambda_1 \geqslant \lambda_2 \geqslant \cdots \geqslant \lambda_s, s \leqslant \min(k-1,m)$，并且特征向量依次是 $\boldsymbol{l}_1, \boldsymbol{l}_2, \cdots, \boldsymbol{l}_s$。当 $\boldsymbol{a} = \boldsymbol{l}_1$ 时，$\Delta \boldsymbol{a} = \lambda_1$ 为最大值，则各类别的投影点可以最大限度地分开，$y_1 = \boldsymbol{l}_1'\boldsymbol{X}$ 称作第一判别函数，第一判别函数的判别效果（或者判别能力）为 $\lambda_1$，它对分离各类别数据样本的贡献率为 $P_i = \lambda_i / \sum_{j=1}^{s} \lambda_j$。

在多数情况下，仅仅只依靠第一判别函数也许没有办法很好地分离 $k$ 类总体，这时我们可以使用特征向量 $\boldsymbol{l}_2$，构造第二判别函数 $y_2 = \boldsymbol{l}_2'\boldsymbol{X}$，然后第三判别函数 $y_3 = \boldsymbol{l}_3'\boldsymbol{X}$，以此类推，直到可以达到良好的分离效果为止。一般地，函数 $y_i = \boldsymbol{l}_i'\boldsymbol{X}$（$i=1, 2, \cdots, s$）称作第 $i$ 判别函数，它的判别能力为 $\lambda_i$，同时对分离各类别的贡献率为 $P_i = \lambda_i / \sum_{j=1}^{s} \lambda_j$。

前 $r$（$r \leqslant s$）个判别函数的累积贡献率为 $P_{(r)} = \sum_{j=1}^{s} \lambda_j / \sum_{j=1}^{s} \lambda_j$，当 $P_{(r)}$ 达到较高的水准时（$\geqslant 85\%$），就只需要构造前 $r$ 个判别函数执行判别就可以了。

最后，根据已经求得的前 $r$ 项判别函数来确定所需的判别规则如下。

在所有样本中，随机选取一个 $m$ 维的样本向量 $\boldsymbol{X} = (x_1, x_2, \cdots, x_m)$，当根据累积贡献率选好前 $r$ 个进行判别的判别函数后，将任意样本 $x$ 在 $r$ 个判别函数上进行投影，得到 $\bar{y}_{ij} = \boldsymbol{l}_j'\bar{\boldsymbol{X}}_t$（$j-1,2,\cdots,r$），则 $(y_1, y_2, \cdots, y_r)'$ 就为它的投影向量，也称作样本 $x$ 的判别函数得分向量。然后再将第 $t$ 类样本的类均值 $\bar{\boldsymbol{X}}_t$ 在这 $r$ 个判别式上进行投影，得到 $\bar{y}_{ij} = \boldsymbol{l}_j'\bar{\boldsymbol{X}}_t$（$j-1,2,\cdots,r$），则 $(y_{t1}, y_{t2}, \cdots, y_{tr})'$ 为其投影向量，同时能通过式子 $\sum_{j=1}^{r} (\boldsymbol{y}_j - \bar{\boldsymbol{y}}_{ij})^2$ 计算它们之间的平方欧氏距离之和，为了能够对各样本数据进行归类，可以得到样本数据的判别规则如下。

当 $\sum_{j=1}^{r} (\boldsymbol{y}_j - \bar{\boldsymbol{y}}_{ij})^2 = \min\limits_{\leqslant h \leqslant k} \sum_{j=1}^{r} (\boldsymbol{y}_j - \bar{\boldsymbol{y}}_{ij})^2$ 时，就可以判定 $\boldsymbol{X} \in \boldsymbol{G}_t$，是属于第 $t$ 类的样本数据。这一判别规则还可以表示为当 $\sum_{j=1}^{r} \left[ \boldsymbol{l}_j'(\boldsymbol{X} - \bar{\boldsymbol{X}}_t) \right]^2 = \min\limits_{1 \leqslant h \leqslant k} \sum_{j=1}^{r} \left[ \boldsymbol{l}_j'(\boldsymbol{X} - \bar{\boldsymbol{X}}_h) \right]^2$ 时，则 $\boldsymbol{X} \in \boldsymbol{G}_t$，即类重心（又称类均值）的投影向量与任一样本投影向量之间的平方欧氏距离之和最小的那一类样本总体就是该样本所属的类。

这样，就可以根据上述利用 FDA 来实现样本分类的内容，在得到所需判别函数后，将样本数据进行投影，通过判别规则对样本进行判别归类。因此，在此方法的基础上提出一种应用于电力电子电路的故障辨识方法，使其能够对电路的故障特征样本数据进行分类，达到提高识别样本数据准确率的目的，精确地定位故障位置。

### 3.1.3 基于主成分分析与 FDA 的电力电子电路故障诊断方法

为了能够验证基于主成分分析与 FDA 的电力电子电路故障诊断方法的有效性、适用性及诊断性能，接下来对典型的电力电子电路进行仿真实验，并在最后与使用 RBF 的诊断结果进行对比。

首先，以 Cuk 电路为例进行故障诊断，诊断的具体过程如下。

（1）实验电路及测试节点的选择

将 Cuk 电路作为验证所提方法的实验电路，如图 3-3 所示。

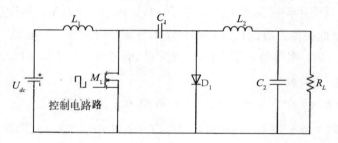

图 3-3　Cuk 电路的拓扑结构

所选电路中各元件的参数设置为：输入的直流电压 $U_{dc}$ 为 24 V，滤波电感 $L_1$、$L_2$ 分别为 5 mH、10 mH，电容 $C_1$、$C_2$ 分别为 450 μF、1 000 μF，阻性负载 $R_L$ 为 50 Ω，$M_1$ 是 MOSFET 器件，开关频率是 40 kHz。其中，电容元件与电感元件的容差都设置为 10%。

考虑测试点的选择问题，将待测电路在正常运行、电容 $C_1$ 的值偏离标称值 ±50% 时和电感 $L_1$ 的值偏离标称值 ±50% 时三种情况下对电路输出电压的波形进行展示，如图 3-4 至图 3-6 所示。

由图 3-4 至图 3-6 可以看出，电路的输出电压在不同情况下的波形发生了变化且彼此间存在差异，这说明它包含了电路中元件是否发生故障的特征信息，是一个关键的测试点，并且容易检测、易于实现，因此这里将负载电阻两端的电压作为主要的研究对象。

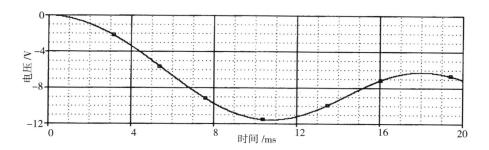

图 3-4 正常情况下输出电压的波形

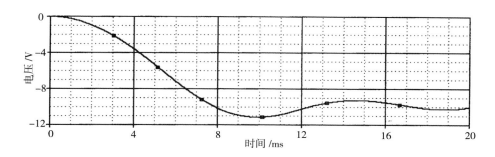

图 3-5 $C_1$ 偏离标称值 -50% 时输出电压的波形

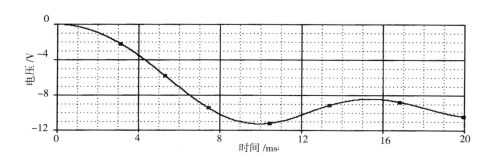

图 3-6 $L_1$ 偏离标称值 -50% 时输出电压的波形

（2）故障模式设置

在待测电路中，考虑元件的硬故障、软故障以及无故障模式，且只考虑单元件故障的情况，共设置13种故障模式。设置的电路故障集为 $L_1\uparrow$，$L_1\downarrow$，$L_2\uparrow$，$L_2\downarrow$，$C_1\uparrow$，$C_1\downarrow$，$C_2\uparrow$，$C_2\downarrow$，$L_2$ 开路和短路，$C_2$ 开路和短路。指上和指下箭头分别表示元件值等于标称值增加或减少 50%，故障标识符设置为 F1 ~ F12。一般，当元件值偏离标称值 50% 时，即可认为电路故障。电路无故障模式的标识符设置为 F0，具体的故障模式与所对应的故障标识符如表 3-1 所示。

表3-1　故障模式及对应的标识符

| 故障模式 | 标识符 | 故障模式 | 标识符 | 故障模式 | 标识符 |
|---|---|---|---|---|---|
| F0 | 正常 | F5 | $C_1 \downarrow$ | F10 | $L_2$ 短路 |
| F1 | $L_1 \downarrow$ | F6 | $C_1 \uparrow$ | F11 | $C_2$ 开路 |
| F2 | $L_1 \uparrow$ | F7 | $C_2 \downarrow$ | F12 | $C_2$ 短路 |
| F3 | $L_2 \downarrow$ | F8 | $C_2 \uparrow$ | — | — |
| F4 | $L_2 \downarrow$ | F9 | $L_2$ 开路 | — | — |

在 OrCAD 中构造好该电路，并对表 3-1 中的各种故障模式进行仿真，且当某一元件发生故障时，其他元件都在容差允许的范围内正常工作。对电路的每种故障模式都进行 70 次蒙特卡洛分析，采集电路产生故障后 10 ms 内的输出电压信号，共取得 910（13 × 70）组故障特征样本数据。

（3）故障特征提取

此处采用主成分分析对故障特征样本进行处理，先标准化处理数据，再用主成分分析法提出主成分信息，去除冗余，使不同类别的故障特征数据之间相关性减弱。按照上述故障特征提取步骤进行处理后，可得到最大的 8 个特征值以及对应的贡献率和累积贡献率，如表 3-2 所示。

表3-2　特征值及对应的贡献率和累积贡献率

| 特征值 | 贡献率 | 累计贡献率 | 特征值 | 贡献率 | 积累贡献率 |
|---|---|---|---|---|---|
| 6.5237 | 0.3082 | 0.9685 | 2.1064 | 0.0643 | 0.1592 |
| 4.0023 | 0.2079 | 0.6657 | 1.4214 | 0.0482 | 0.0949 |
| 3.6537 | 0.1903 | 0.4578 | 0.4740 | 0.0275 | 0.0467 |
| 3.0045 | 0.1083 | 0.2675 | 0.1047 | 0.0192 | 0.0192 |

由表 3-3 可知，前 8 个主成分对应累积贡献率已达到 96.85%，因此可以选择用前 8 个主成分代替原始的故障特征样本数据，达到减少维数的目的。根据主成

分分析处理后得到的结果，可以获得一个新的特征向量集，其中一个故障特征样本的信息如表3-3所示。

表3-3　主成分分析后的一个新的故障特征样本信息

| 模式 | 前8个主成分 | | | | | | | |
|------|------|------|------|------|------|------|------|------|
| F0 | −0.0012 | 0.0176 | −0.0104 | −0.0178 | 0.0911 | −0.1837 | −0.6424 | −0.5473 |
| F1 | 0.0013 | 0.0025 | −0.0139 | −0.0236 | −0.0936 | −0.5977 | 0.9895 | −10.0133 |
| F2 | 0.0014 | 0.0048 | −0.0109 | −0.0023 | −0.0953 | −0.1485 | −2.3222 | 2.2434 |
| F3 | 0.0018 | 0.0011 | −0.0318 | 0.0591 | −0.0977 | −0.8100 | −0.3412 | −0.4618 |
| F4 | 0.0011 | 0.0033 | 0.0581 | 0.0976 | 0.3879 | −0.2967 | −0.5283 | −2.5699 |
| F5 | 0.0011 | 0.0033 | 0.0581 | 0.0976 | 0.3879 | −0.2967 | −0.5283 | −2.5699 |
| F6 | −0.0019 | −0.0036 | 0.0333 | 0.1029 | −0.7315 | 0.1220 | −0.8501 | 0.2037 |
| F7 | −0.0011 | −0.0049 | −0.0141 | 0.1217 | 0.2139 | 0,7949 | −4.2549 | −3.0241 |
| F8 | −0.0020 | 0.0085 | −0.0278 | 0.1186 | 0.0744 | 1.2182 | 7.9276 | 4.3470 |
| F9 | −0.0011 | 0.0015 | −0.0017 | −0.0728 | 0.1201 | 0.4831 | −1.2954 | −2.6691 |
| F10 | −0.0010 | −1.2613 | −0.0089 | −0.0096 | 0.0854 | −0.2984 | −0.3491 | −1.7323 |
| F11 | −0.0011 | −0.0035 | 0.0037 | −0.0599 | 0.0196 | −0.7872 | 1.7092 | 1.2157 |
| F12 | −0.0012 | 0.0011 | −0.0114 | −0.0101 | 0.1491 | 0.2508 | −1.7874 | −1.4128 |

由表 3-3 可知，主成分分析后可以得到 13 组 70×8 的故障特征样本数据，即每类故障情况对应 70 个 8 维的特征向量，与采集到的原始故障数据相比处理后获取的故障特征数据维数减少了，有效信息更加突出，简化了后面的计算。

（4）故障模式辨识及诊断结果

将处理后得到的故障特征样本数据按照 1∶1 的比例分为训练样本和测试样本，分别导入 FDA 分类器中完成分类。在训练分类器时，为最大限度地分开各组样本的投影点，取满足 FDA 的准则函数达到最大值条件的特征值所对应的特征向量 $l$ 为所需判别函数的系数，得到各判别式函数 $y_i = l_i'x$（$i = 1, 2, \cdots, 8$），其中 $x$ 为特征变量矩阵，向量 $l_i$ 中的元素 $l_{ji}$（$j = 1, 2, \cdots, 8$）为判别函数系数。前 6 项判别函数各自的系数如表 3-4 所示。

表3-4　各判别函数对应的系数表

| 系数 | 判别函数 $y_1$ | | | | | |
|---|---|---|---|---|---|---|
| | $y_1$ | $y_2$ | $y_3$ | $y_4$ | $y_5$ | $y_6$ |
| $l_{1i}$ | 0.0016 | 0.0010 | 0.0044 | 0.0013 | −0.0023 | 0.0048 |
| $l_{2i}$ | 0.0040 | −0.0082 | 0.0275 | 0.0106 | −0.0183 | 0.0152 |
| $l_{3i}$ | −0.0089 | −0.0552 | 0.0794 | −0.0259 | 0.0365 | −0.0318 |
| $l_{4i}$ | −0.0054 | −0.0063 | 0.0097 | −0.0047 | −0.0068 | 0.0171 |
| $l_{5i}$ | 0.0026 | 0.0041 | 0.0100 | 0.0130 | −0.0130 | −0.0360 |
| $l_{6i}$ | −0.0064 | −0.0082 | −0.0021 | 0.0136 | −0.0178 | 0.0056 |
| $l_{7i}$ | 0.0007 | 0.0001 | 0.00008 | −0.0002 | 0.0020 | −0.0004 |
| $l_{8i}$ | 0.0004 | −0.0008 | −0.0003 | −0.0009 | −0.0004 | −0.00004 |

得到表 3-4 所示的各判别函数后，在对样本进行判别分类时，并不需要用上所有的判别函数，这时只需要计算出各判别函数对应的贡献率和累积贡献率，选取累积贡献率达到较高程度（≥ 85%）的前几个判别函数对应的特征向量作为投影方向即可。各判别函数对应贡献率和累积贡献率如表 3-5 所示。

表3-5　各判别函数对应贡献率和累积贡献率

| 判别函数 | 贡献率 | 积累贡献率 |
|---|---|---|
| $y_1$ | 0.5647 | 0.5647 |
| $y_2$ | 0.1564 | 0.7211 |
| $y_3$ | 0.1428 | 0.8639 |
| $y_4$ | 0.0617 | 0.9255 |
| $y_5$ | 0.0393 | 0.9648 |
| $y_6$ | 0.0332 | 0.9980 |

由表 3-5 可知，前 3 项判别函数对应累积贡献率已达到 86.39%，处于较高的水平。因此可以选定前 3 个函数实施判别，计算各样本对应的判别函数得分，从而使各类数据在空间上得到分离。分类后得到的故障类型辨识图如图 3-7 所示。

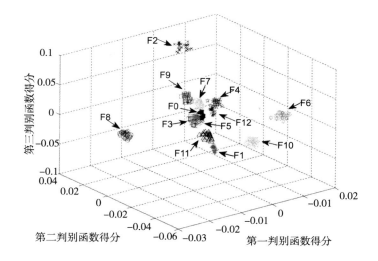

**图 3-7　故障类型辨识图**

根据图 3-7 可知，大部分故障类型均在空间上区分开来。但是由于图形大小及三维图的视角原因，故障类型 F0、F3、F5、F7 的样本数据分类后的空间位置关系不好直接进行观察识别，因此将这部分位置关系放大后展示，如图 3-8 所示。

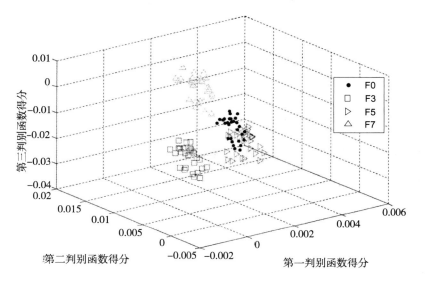

**图 3-8　F0、F3、F5、F7 放大后故障类型辨识图**

由图 3-8 可知，F3、F7 均与其他故障模式在空间上分离，F0、F5 的空间位置关系由于视角的原因仍不好判断，因此再继续将图 3-8 的部分图形进行放大，观察故障 F0、F5 的位置关系，如图 3-9 所示。

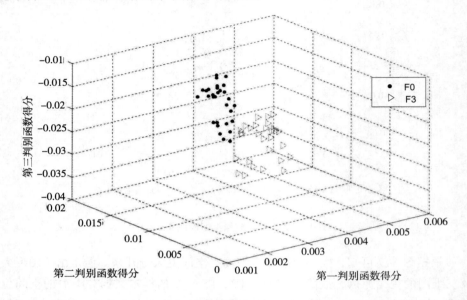

图 3-9　F0、F5 放大后故障类型辨识图

由图 3-9 可知，F0 与 F5 也与各故障类型在空间上得到了区分。综合图 3-7 至图 3-9 的故障辨识图可以看出，各组故障测试样本通过训练好的 FDA 分类器均在空间上互相分离，没有混淆。故障样本的分类结果统计如表 3-6 所示。

表3-6　故障测试样本的分类结果

| 故障类型 | 训练样本 | 误判样本 | 准确率 | 测试样本 | 误判样本 | 准确率 |
|---|---|---|---|---|---|---|
| F0 | 35 | 0 | 100% | 35 | 3 | 91.43% |
| F1 | 35 | 0 | 100% | 35 | 0 | 100% |
| F2 | 35 | 0 | 100% | 35 | 0 | 100% |
| F3 | 35 | 0 | 100% | 35 | 3 | 91.43% |
| F4 | 35 | 0 | 100% | 35 | 0 | 100% |
| F5 | 35 | 0 | 100% | 35 | 3 | 91.43% |
| F6 | 35 | 0 | 100% | 35 | 0 | 100% |

| 故障类型 | 训练样本 | 误判样本 | 准确率 | 测试样本 | 误判样本 | 准确率 |
|---|---|---|---|---|---|---|
| F7 | 35 | 0 | 100% | 35 | 3 | 91.43% |
| F8 | 35 | 0 | 100% | 35 | 3 | 91.43% |
| F9 | 35 | 0 | 100% | 35 | 0 | 100% |
| F10 | 35 | 0 | 100% | 35 | 3 | 91.43% |
| F11 | 35 | 0 | 100% | 35 | 0 | 100% |
| F12 | 35 | 0 | 100% | 35 | 0 | 100% |
| 总计 | 455 | 0 | 100% | 455 | 18 | 96.04% |

由表 3-6 所示的诊断结果可知，基于 FDA 的故障辨识方法分类效果很好，对于训练样本来说，诊断准确率达到了 100%。对于测试样本而言，所有故障类型的分辨准确率达到 90% 以上，有的甚至是 100%，总体的诊断准确率达到 96.04%。说明主成分分析提取特征后可以得到维数低且具有一定辨识度的新的特征向量，FDA 辨识方法对测试样本的故障辨识能力很强，基本上可以将设置的故障模式准确地辨别出来，是一种有效的故障诊断方法。

为了进一步验证基于 FDA 的电力电子电路故障辨识方法的优良性能，现与其他辨识方法的诊断效果进行比较。由于神经网络方法是传统上用得比较多的诊断方法，而 RBF 神经网络收敛速度与学习速度较快，泛化性能良好，因此在采用相同的特征提取方法的基础上，对上述实例采用 RBF 神经网络分类器进行故障辨识，并将诊断结果与上述实例的诊断结果进行比较。主成分分析分别与 FDA 辨识方法和 RBF 神经网络相结合进行故障诊断的结果比较，如表 3-7 所示。

表3-7　不同诊断方法的诊断结果比较

| 故障诊断方法 | PCA+FDA | PCA+RBF |
|---|---|---|
| 训练样本数 | 455 | 455 |
| 测试样本数 | 455 | 455 |
| 训练样本诊断率 | 100% | 92.25% |
| 测试样本诊断率 | 96.04% | 90.03% |

由表 3–7 可知，FDA 的故障辨识方法不仅实现起来方便简单，仅用几个判别函数即可达到分类的目的，且准确率高。同时，不仅对训练样本可以达到 100% 的诊断效果，对测试样本的诊断效果同样很好，具备较好的识别能力。而用 RBF 神经网络方法辨识时，需要将大量的训练样本用于学习，才能做到网络的收敛和稳定的诊断结果的获取，这将使计算量增大，并且神经网络的参数设置也较难确定，对样本数据的要求高，否则会导致网络的泛化能力减弱。在条件相同的情况下，诊断准确率明显低于本章所提到的 FDA 辨识方法。

## 3.2　基于 HOC 与 FDA 的故障诊断

电力电子电路中的元件存在容差的问题，即元件值会在一定的容差范围内漂移，这是对元件实现故障诊断的一个难点。同时，电路中开关器件的存在使其成为强非线性电路，再加上噪声干扰、测量误差和环境等一系列因素，导致得到的原始故障特征信息一般是残缺的、模糊的，以及不精确的，更有可能是矛盾的，包含着许多的不确定性。所以在信号采集阶段得到的数据并不直接就是线性的、辨识度高的和有效的，这都会给故障诊断带来麻烦。为了克服此难题，在故障诊断的研究中找到一种合适的提取故障特征的手段就显得很重要，希望通过它预处理得到的特征信息能够突出故障特征，去除无用信息，减小电路中其他不利因素的影响，提高特征数据的辨识度。

3.1 节采用主成分分析对采集到的电力电子电路的原始故障信息进行提取特征的操作，得到新的故障特征向量，虽然也具有一定的优点，例如降低了故障特征维数，一些干扰成分如噪声等减少了，有用的特征信息得到了突显，是一种比较有效的手段。但是 PCA 在对样本数据进行预处理时是通过对数据的协方差矩阵执行一系列计算来达到目的的，因此只包含了数据的协方差矩阵，也就是二阶的统计性质，并没有涉及样本数据高阶的统计特性，数据在变换后依然存在高阶冗余特征信息的可能性，而冗余的特征有可能会为后续的辨识造成阻碍。并且从本质上来讲，它只是一种线性的空间变换方法，对于非线性数据的处理并不能取得很好的效果。又由于所使用的基于 FDA 的辨识方法在分类过程中，数据的数量及质量会直接影响最终的分类结果，所以继续对有效可行的和更适用于电力电子电路故障特征提取的方法进行研究是接下来的重要工作之一，以此来提高故障特征样本的辨识度，使其与设计好的分类器更好地结合，为接下来的故障辨识工作提供便利。

因此，这里提出一种基于 HOC 与 FDA 的电力电子电路故障诊断方法。

## 3.2.1 采用 HOC 的故障特征提取方法

特征提取的过程又包含特征选择或者特征压缩，需要强调的是，这个过程是至关重要的。如果提取的特征辨识度很低的话，那么接下来进行故障辨识时设计的分类器的效果也将是不理想的。换句话说，一旦提取到了可以完全区分的特征，就能够使设计分类器的过程变得更加简单。对于特征数据信息的获取，可以采用不同的处理方法：一种方法是分别对每个特征进行操作，消除几乎没有辨识度的某些特征；另一种方法是综合考虑特征，可以对特征向量做线性或非线性变换，使其具有更好的辨别特性。这也是对特征进行提取的最终目的，即除去无效的特征信息，对原始数据进行变换得到辨识度更高的新的特征组合。从数学角度来说，就是对一个 $n$ 维向量 $X=[x_1, x_2, \cdots, x_n]'$ 执行降维处理，通过变换成为低维向量 $Y=[y_1, y_2, \cdots, y_m]'$，$m < n$。其中 $Y$ 应包含 $X$ 主要的特征，并保证一定的分类精度。

随着科技的发展，人们对信号形式的了解越来越清晰，提取信号特征的理论与方法也都在不断地发展。常用的特征提取方法有 Fourier 分析、粗糙集等。但是，Fourier 分析适合用于处理周期信号与统计平稳的信号，对于瞬变的信号则处理效果不好；粗糙集方法由于是从不精确的和残缺的信息中推导而来的处理规则，所以或多或少都会出现一些误差。高阶累积量对于非平稳、非高斯、非线性和盲信号是一种优良的处理方法，给提取和分析故障特征提供了一条不同的途径。又由于电力电子电路由于非线性、容差和环境等因素的影响，输出信号不可避免地带有噪声且数据之间的关系复杂，传统的二阶统计量方法进行特征提取得到的效果并不理想。因此，这里提出一种基于高阶累积量（high order cumulant，HOC）的电力电子电路特征提取方法，目的在于通过其预处理后得到的故障特征维数降低且辨识度高。并将它与 FDA 辨识方法相结合，形成一种效果良好的故障诊断方法，达到提高诊断率的目的。

高阶统计量（high order statistics，HOS）是一门新兴的学科，它是阶数高于二阶的统计量，其核心内容有高阶矩、高阶累积量谱（简称高阶谱）和高阶累积量。其实早在 20 世纪 60 年代初，已经开始了有关 HOS 的研究学习，但是相关的科研热潮却是在 20 世纪 80 年代后期起步的。1989 年，IEEE 年首届关于高阶累积量专题研讨会召开，1990 年 IEEE Transaction Automatic Control 和 IEEE Transaction on ASSP 先后出版了涉及高阶累积量的专刊，在 1993 年 Nikias 和 Mendel 出版了涉及高阶统计量的专著，意味着关于高阶统计量的研究进入了发展的新阶段。近 20 年来，相关的理论研究与应用都有了极大的发展。高阶统计量凭借着其优良的性能，已在雷达、生物医学、故障诊断和振动分析等领域得到了广泛应用。

　　HOS 由于可以很好地抑制多种噪声从而渐渐成为新的信号处理热点，也是现代信号处理方法中发展较快的一个。它既对未知的自相关加性噪声不敏感，也对混入到信号中的高斯噪声起到抑制作用，并且对均匀分布的与对称分布的噪声（也可称为非歪斜非高斯的有色噪声）同样不敏感，所以在非线性、非平稳性、非高斯性、高斯有色噪声或盲信号处理中起到了重要作用。其中，HOC 因其所具有的优势，例如高斯过程中高阶累积量为零，利用 HOC 可以很大程度上降低高斯白噪声干扰；含有二阶统计量所不具有的很多信息，因此只要用二阶统计量进行分析及处理且没有获得理想结果的任意问题，HOC 方法都值得尝试，研究 HOC 对信号进行预处理具有一定的现实意义。

　　电力电子电路由于其自身的结构（是典型的具有强非线性性质的电路），再加上容差、环境和故障类型多等的影响，提取的信号数据不仅具有非线性性质且都不可避免地带有噪声。而 HOC 不仅能够反映数据高阶相关的非线性关系，还有盲高斯噪声特性，因此使用 HOC 处理电力电子电路的故障特征数据可以提高各类特征之间的辨识度，接下来详细讨论如何使用 HOC 方法对电力电子电路的故障特征信息进行提取。

　　假设从电力电子电路输出端采集的原始样本数据特征向量中的任一样本特征向量为 $x=(x_1, x_2, \cdots, x_k)$，其联合概率密度函数为 $f(x_1, x_2, \cdots, x_k)$，则它的第一联合特征函数为

$$
\begin{aligned}
\phi(\omega_1, \omega_2, \cdots, \omega_k) &= E\left\{e^{j(\omega_1 x_1 + \omega_2 x_2 + \cdots + \omega_k x_k)}\right\} \\
&= \int_{-\infty}^{+\infty} \cdots \int_{-\infty}^{+\infty} f(x_1, \cdots, x_k) \, e^{j(\omega_1 x_1 + \omega_2 x_2 + \cdots + \omega_k x_k)} \mathrm{d}x_1 \mathrm{d}x_2 \cdots \mathrm{d}x_k
\end{aligned}
\tag{3-22}
$$

其中，$j = \sqrt{-1}$，$E\{\}$ 表示求期望，则特征函数为概率密度函数经过 Fourier 变换得到。

　　对式（3-22）求 $r = r_1 + r_2 + \cdots + r_k$ 次偏导，得

$$
\frac{\partial^r \phi(\omega_1, \omega_2, \cdots, \omega_k)}{\partial \omega^{r_1} \partial \omega^{r_2} \cdots \partial \omega^{r_k}} = j^r E\left\{x_1^{r_1} x_2^{r_2} \cdots x_k^{r_k} e^{j(\omega_1 x_1 + \omega_2 x_2 + \cdots + \omega_k x_k)}\right\}
\tag{3-23}
$$

　　若令 $\omega_1 = \omega_2 = \cdots = \omega_k = 0$，则可由式（3-24）得到向量 $(x_1, x_2, \cdots, x_k)$ 的 $r$ 阶矩为

$$
m_{r_1 r_2 \cdots r_k} = E\left\{x_1^{r_1} x_2^{r_2} \cdots x_k^{r_k}\right\} = (-j^r) \left. \frac{\partial^r \phi(\omega_1, \omega_2, \cdots, \omega_k)}{\partial \omega^{r_1} \partial \omega^{r_2} \cdots \partial \omega^{r_k}} \right|_{\omega_1 = \omega_2 = \cdots = \omega_k = 0}
\tag{3-24}
$$

　　向量 $(x_1, x_2, \cdots, x_k)$ 的 $r$ 阶累积量可以通过它的累积量生成函数 $\psi(\omega_1, \omega_2, \cdots, \omega_k) =$

$\ln\phi(\omega_1,\omega_2,\cdots,\omega_k)$（也称为第二联合特征函数）得到

$$c_{r_1 r_2 \cdots r_k} = (-\mathrm{j}^{\mathrm{r}})\frac{\partial^r \psi(\omega_1,\omega_2,\cdots,\omega_k)}{\partial \omega^{r_1}\partial \omega^{r_2}\cdots \partial \omega^{r_k}}\bigg|_{\omega_1=\omega_2=\cdots=\omega_k=0}$$

$$= (-\mathrm{j}^{\mathrm{r}})\frac{\partial^r \ln\phi(\omega_1,\omega_2,\cdots,\omega_k)}{\partial \omega^{r_1}\partial \omega^{r_2}\cdots \partial \omega^{r_k}}\bigg|_{\omega_1=\omega_2=\cdots=\omega_k=0} \qquad (3-25)$$

特别地，当 $r_1=r_2=\cdots=r_k=1$ 时，就可以得到 $k$ 阶矩和 $k$ 阶累积量，分别为

$$m_k = m_{1,2,\cdots,k} = \mathrm{mom}(x_1,x_2,\cdots,x_k) \qquad (3-26)$$

$$c_k = c_{1,2,\cdots,k} = \mathrm{cum}(x_1,x_2,\cdots,x_k) \qquad (3-27)$$

其中，$\mathrm{cum}(\ )$ 为联合累积量表达方式。

$k$ 阶累积量可以通过 $k$ 阶矩计算得到，矩 – 累积量转换公式（M–C 公式）为

$$c_k = \sum_{U_{q=1}^q I_p = I} (-1)^{q-1}(q-1)!\prod_{p=1}^q \mathrm{mom}(I_p) \qquad (3-28)$$

$$m_k = \sum_{U_{p=1}^q I_p = I} \prod_{p=1}^q \mathrm{cum}(I_p) \qquad (3-29)$$

上面两式中，符号集 $I=\{1,2,\cdots,k\}$，$I_p$ 为集合 $I$ 不相交的非空子集，$\overset{q}{\underset{p=1}{U}} I_p = I$ 为所有无交连的非空子集的无序组合，$q$ 为子集个数。

因此，对于随机变量 $\{x_1,x_2,\cdots,x_k\}$ 它的一至三阶累积量可由式（3-28）和式（3-29）的 M–C 公式推得

$$c_1(x_1) = E\{x_1\} \qquad (3-30)$$

$$c_1(x_1,x_2) = E\{x_1 x_2\} - E\{x_1\}E\{x_2\} \qquad (3-31)$$

$$c_3(x_1,x_2,x_3) = E\{x_1 x_2 x_3\} - E\{x_1\}E\{x_2 x_3\} - E\{x_2\}E\{x_1 x_3\}$$
$$- E\{x_3\}E\{x_1 x_2\} + 2E\{x_1\}E\{x_2\}E\{x_3\} \qquad (3-32)$$

由以上三式可知，如果随机变量 $x_1$ 的均值不为 0，其三阶累积量表达式已较为烦琐，四阶累积量将含有 15 个项要求和（每项等于若干项相乘）更为复杂。因此，在不偏离一般性的条件下，为了将表达式简化和减少计算量，常常假设采样的离散时间序列均值为零，因为在实践中，非零均值时间序列能够靠与它的均值相减估算为均值是零的序列。于是，接下来可以知道当采样信号为时间序列时它的高阶矩和高阶累积量。

当采样的特征信号 $\{x(t)\}$ 为一个零均值的平稳随机过程时，则它的 $k$ 阶矩和 $k$ 阶累积量为

$$m_{kx}(\tau_1,\tau_2,\cdots,\tau_{k-1})\,\mathrm{mom}\big[x(t),x(t+\tau_2),\cdots,x(t+\tau_k)\big] \qquad (3\text{-}33)$$

$$c_{kx}(\tau_1,\tau_2,\cdots,\tau_{k-1})\,\mathrm{cum}\big[x(t),x(t+\tau_2),\cdots,x(t+\tau_k)\big] \qquad (3\text{-}34)$$

它的 $k$ 阶矩和 $k$ 阶累积量与时间 $t$ 无关，仅为滞后 $\tau_1,\tau_2,\cdots,\tau_{k-1}$ 的函数，因此可以称 $\{x(t)\}$ 是平稳的。与式（3-26）、式（3-27）比较可以看到，采样信号为平稳随机过程 $\{x(t)\}$ 的 $k$ 阶矩和 $k$ 阶累积量，就是取 $x_1=x(t),x_2=x(t+\tau_1),\cdots,x_k=x(t+\tau_{k-1})$ 后的一个随机向量 $\big[x(t),x(t+\tau_1),\cdots,x(t+\tau_k)\big]$ 的 $k$ 阶矩和 $k$ 阶累积量，且就只有 $(k-1)$ 个独立元。由 M-C 公式可得到其简化的 1～4 阶累积量公式为

$$c_{1x}=(\tau)=m_{1x}=E\{x(t)\} \qquad (3\text{-}35)$$

$$c_{2x}=(\tau_1)=E\{x(t)x(t+\tau_1)\}=R_x(\tau) \qquad (3\text{-}36)$$

$$c_{3x}=(\tau_1,\tau_2)=E\{x(t)x(t+\tau_1)x(t+\tau_2)\} \qquad (3\text{-}37)$$

$$\begin{aligned}c_{4x}=(\tau_1,\tau_2,\tau_3)=&E\{x(t)x(t+\tau_1)x(t+\tau_2)x(t+\tau_3)\}-R_x(\tau_1)R_x(\tau_3-\tau_2)\\&-R_x(\tau_2)R_x(\tau_1-\tau_3)-R_x(\tau_3)R_x(\tau_2-\tau_1)\end{aligned} \qquad (3\text{-}38)$$

其中，$R_x(\tau)$ 为 $x(t)$ 的二阶矩，即自相关系数。

然后可以根据以上累积量的相关内容计算得到信号 $\{x(t)\}$ 的峭度与偏度。在式（3-37）中令 $\tau_1=\tau_2=0$，得到三阶累积量的一维切片，即为偏度（skewness）$S_x=E\{x^3(t)\}$；同样地，在式（3-38）中，令 $\tau_1=\tau_2=\tau_3=0$，即可得到峭度（kurtosis）为 $K_x=E\{x^4(t)\}-3E^2\{x^2(t)\}$。可以通过 $S_x$ 了解信号的概率分布是否对称，通过 $K_x$ 的值了解信号概率分布的陡峭程度，并且它对信号中的冲击成分反应很敏锐。$S_x$ 与 $K_x$ 只和电路的状态相关，因此在对电路进行故障诊断时是一种很好的参数选择，它们均为无量纲的信号特征值。

同时，通过上述内容并经过分析可知，均值为 $\mu$，方差为 $\sigma^2$ 的高斯随机变量 $x$ 的 $k$ 阶累积量为 $c_1=\mu,c_2=\sigma^2,c_k=0(k\geqslant 3)$。高斯随机过程 $\{x(t)\}$ 阶次大于 2 的 HOC 也为 0。也就是说，HOC 对于高斯信号是"盲"的，利用它，理论上完全可以抑制高斯噪声的影响，滤掉里面的高斯噪声，提高信噪比，但高阶矩并不全为 0。这一点常常是利用 HOC 作为信号处理的工具的重要动机之一，因为测得的信号常含有加性随机噪声。

在实际应用中，常使用 HOC 而不是高阶矩作为处理工具，除了这个原因外，还有以下几点。

（1）如果高阶白噪声的 HOC 为多元冲激函数，它的谱也是多元的且是平坦的，于是很容易就可以构建非高斯信号和线性系统的传递函数之间的关系，高阶矩并不具备此优点。

（2）考虑到解的唯一性，不同分布函数也许有同样的矩。但由于概率密度函数可以被特征函数唯一确定，因此累积量相关问题的解是唯一的。

（3）统计独立的两个随机过程相加后和的累积量等于单个随机过程累积量的和，而高阶矩则不具有此性质。

因此，由上述 HOC 的优点可知，使用它对原始故障特征样本进行预处理，得到的新的特征样本能够提高分析、辨识和诊断的精确度。具体的特征提取方法为将由 HOC 对数据进行处理得到的偏度和峭度进行组合形成新的故障特征向量，然后使用基于 FDA 辨识法设计的分类器对故障模式进行辨识。

## 3.2.2 基于 HOC 与 FDA 的电力电子电路故障诊断方法的运用

电力电子电路的故障诊断由于元件容差的存在、故障机制的复杂性和操作与环境压力而充满挑战，因此在特征提取与故障辨识两阶段进行了深入的研究，它们是故障诊断中两个关键的步骤，其处理结果对诊断能力的高低起着至关重要的作用。在上一节中，提出了一种基于 FDA 的故障辨识方法，并通过实例证明了此分类器的性能良好，不仅能够很好地对各种故障模式的特征进行辨识，而且简单易行，只通过几个判别函数就能对故障进行分类，因此这一节中继续沿用此辨识方法。在研究中可以发现，处理后得到的特征数据的精度很大程度上会影响分类器的辨识效果，以及最后的诊断结果。并且随着设备复杂性的提高，判别难度也不断增大，所以对故障诊断方法继续进行研究依然有着重要的意义。因此，为了提高故障诊断的能力，在这一节将继续对故障特征的提取方法进行研究，这里选择了一种使用 HOC 的特征预处理方法，它不同于以往的二阶统计量方法，对观测数据要求高，并且在描述非平稳、非高斯以及非线性过程时依旧性能优良。同时能够从复杂的故障信号中提取出可以反映电路故障的有用信息，区分度大，再以此来对故障的种类进行诊断就容易了。因此，考虑到将两种方法相结合，将 HOC 处理信号的良好效果与 FDA 分类器的优点一起利用起来，实现提高故障诊断的精确度的目的。

根据上述内容，本节提出一种基于 HOC 与 FDA 的故障诊断方法。首先，利用 HOC 对测试电路采样的原始特征数据进行预处理，将处理得到的峭度与偏度组合为新的故障特征向量，使各类特征间的差别最大化；然后，对新的特征信息使用 FDA 故障辨识方法进行诊断分类，获得最终的诊断结果。

接下来对整个故障诊断方法的运用过程进行详细叙述。

（1）选择电路。为了证明所提方法的适用性、有效性和诊断性能，首先需要选择电力电子中比较典型的电路作为测试对象，然后对其施加激励。在 OrCAD 中，将各种故障模式引入电路中，然后在考虑容差的情况下进行仿真，得到无故障和各种故障类型情况下的响应，获取电路的输出信号数据。

（2）特征提取。由于电力电子电路的非线性、容差及环境等因素，还有故障模式多且普遍存在交叉重叠等原因，获得的原始信号不仅数据量大，而且数据之间关系复杂，同时不可避免地含有噪声。使用 HOC 对其进行预处理，因为它对高斯噪声不敏感，可以提高信噪比获得清晰度高的结果，并且包含有数据的高阶特征，在降低维数的同时也增强了特征的辨识度，减少误判，在处理非线性信号时性能优越。因此，对原始数据使用 HOC 进行预处理得到相应的峭度与偏度，再将其组合成新的故障特征向量样本。

（3）故障辨识。这一步就是要将处理后的故障特征样本按类别分配到各故障模式中，提出使用基于 FDA 的故障辨识方法。FDA 在分析对象时，不要求有精度高的数学模型，并且还适用于分析处理维数高、关联性很强的数据，算法简单。在设计好利用此方法的分类器后，需要先通过训练样本对其进行训练，确定好相应的判别系数及判别函数就可以知道各样本的投影方向，再将提取的测试样本导入已经训练好的分类器中，根据判别规则对各类故障特征对应的模式进行识别，使各样本数据找到自己归属的类型。因此，为了测试分类器的性能，将上一步提取到的特征样本都平均地分为两个部分并分别进行训练和测试，然后得到最后的辨识分类结果。

（4）故障诊断结果及分析。对最后的分类结果进行分析，通过得到的训练样本和测试样本中误判样本数占总样本数的比例，得到诊断方法的准确率，即故障诊断率，就可以知道整个故障诊断方法的诊断效果。然后使用准确率来评估所提方法的诊断性能。为了更清晰地了解整个故障诊断方法是如何运用的，下面给出基于 HOC 与 FDA 的电力电子电路故障诊断方法的实施过程示意图，如图 3-10 所示。

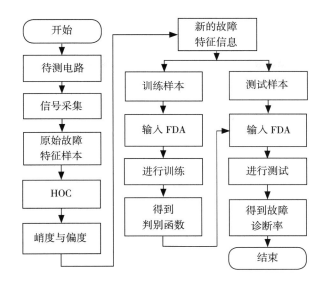

图 3-10　基于 HOC 与 FDA 的电力电子电路故障诊断过程

### 3.2.3 故障诊断实例

在 3.1 节中 Cuk 电路的诊断实验中，有一些故障模式并未正确识别，为了提高故障诊断率并检验本章所提方法的优良性能，这里继续对其进行仿真实验，并将诊断结果进行比较。测试电路如图 3-3 所示，考虑电路的无故障及各种硬故障、软故障模式，即元件的开路或短路以及元件值与标称值之间存在 ±50% 的偏差时的故障情况，共 13 种故障类型。具体的故障类型与对应的故障标识符如表 3-1 所示，进行仿真实验时详细的故障诊断过程如下。

（1）在 OrCAD 软件中搭出测试电路，设置元件的容差为 10%。在每种故障发生时，其余元件在它们的容差范围内随机变化。在仿真时，对测试电路分别设置需要研究的 13 种故障情况，对每种故障形式都进行 70 次蒙特卡洛分析，并采样发生故障后 10 ms 内电路的输出电压信号，可以得到 910（13×70）组原始的故障特征样本数据。

（2）利用 HOC 对采集的特征样本数据执行预处理，计算得到各故障模式样本对应的峭度与偏度，将它们组合成为新的故障特征向量。根据特征提取得到的结果，各种故障模式样本对应的峭度与偏度的范围如表 3-8 所示，根据各个样本峭度与偏度的值得到的特征样本分布图如图 3-11 所示。

表3-8　各种模式下峭度与偏度的范围

| 故障模式 | 峭度范围 | 偏度范围 |
|:---:|:---:|:---:|
| F0 | [2.6784,2.6956] | [−1.2156,−1.2072] |
| F1 | [2.8742,2.9043] | [−1.3430,−1.3267] |
| F2 | [2.7016,2.7121] | [−1.1902,−1.1867] |
| F3 | [2.8335,2.8524] | [−1.2938,−1.2848] |
| F4 | [2.3420,2.3558] | [−1.0517,−1.0461] |
| F5 | [2.7378,2.7565] | [−1.2460,−1.2348] |
| F6 | [2.5776,2.5919] | [−1.1721,−1.1672] |
| F7 | [2.2442,2.2570] | [−0.0159,−0.0158] |
| F8 | [3.6564,3.6972] | [−1.5839,−1.5674] |
| F9 | [2.5091,2.5274] | [−1.1334,−1.1263] |
| F10 | [2.7507,2.7686] | [−1.2518,−1.2427] |
| F11 | [3.2494,3.2848] | [−1.4912,−1.4750] |
| F12 | [2.4826,2.4965] | [−1.1144,−1.1087] |

　　由表 3-8 可知，在经过 HOC 提取故障特征之后，可以得到由求取的峭度和偏度组成的 13 组（70×2）的特征向量样本。很大程度上简化了故障特征数据，减少了后续的计算量，使有用特征信息更加明显。

　　由图 3-11 可以看出，处理得到的大部分故障样本特征辨识度很高，在空间上可以区分开来。但是由于图形大小的限制，F0 与 F2、F5 与 F10、F9 与 F12 之间的特征样本看似有重叠部分，因此将这几个故障类型的样本的空间位置分布进行放大，以便更清楚地观察它们之间的关系，如图 3-12 所示。

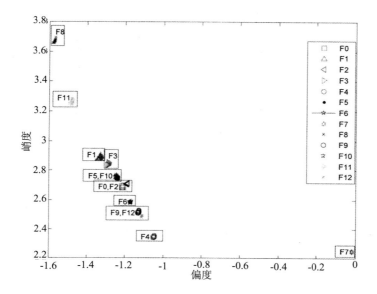

图 3-11　特征样本分布图

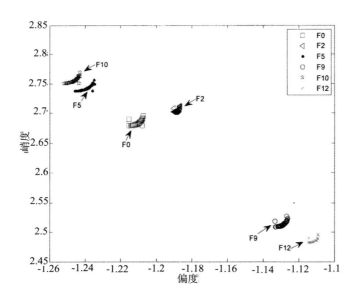

图 3-12　F0、F2、F5、F9、F10、F12 放大后的特征分布图

由图 3-12 可知，这 6 种故障特征在空间上也是相互分开的，并没有混在一起，具有一定的区分度。综合图 3-11 可知，由 HOC 提取的故障特征样本不仅减少了数据维数，降低了计算复杂度，而且使特征分布可以通过二维图进行展示，

各类特征的区分度高，容易辨识。

（3）将峭度与偏度进行组合得到新的故障特征向量样本 $\bar{F}=\{x_k,x_s\}$。其中，$x_k$ 代表峭度；$x_s$ 代表偏度。将得到的 910 组故障特征样本数据分为数量相等的两半，一半作为训练样本导入 FDA 分类器中，在训练阶段，通过对训练样本进行计算得到可以使准则函数取到最大值时相应的特征值及特征向量，将特征向量作为判别函数的系数并求出判别函数对应的贡献率与累积贡献率。训练得到的两个特征值为 14.668 和 0.17555，判别函数为 $y_1=0.8894x_1-0.4572x_2$、$y_2=0.6745x_1+0.7383x_2$，其中，$x_1$、$x_2$ 为故障特征变量。对应的贡献率为 0.9882 和 0.0118，累积贡献率为 0.9882 和 1。将这两个判别函数作用到各类特征样本的数据上得到相应的判别函数得分向量，再根据判别规则，使它们找到自己所归属的类型。在训练完 FDA 分类器后，再将测试样本导入其中，执行判别分类，经过处理得到的故障类型辨识图如图 3-13 所示。

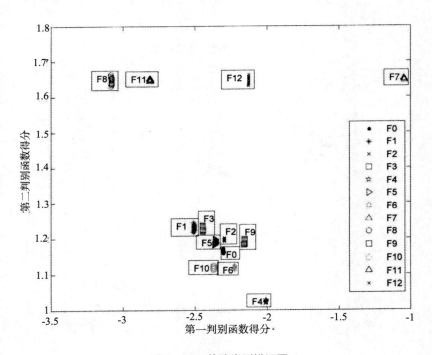

图 3-13　故障类型辨识图

由图 3-13 可知，各类型的故障特征通过 FDA 分类器进行辨识后，在空间上分类效果良好，达到了同类样本聚在一起，不同类样本在空间分离的目的。并且由于 HOC 处理得到的特征维数低、辨识度高，使得分类器得以简化，仅用两个判别函数即可将各类样本进行归类。

（4）通过分类器的输出，得到最终的模式判别结果。故障样本的分类结果统计如表 3-9 所示。

表3-9　故障样本分类结果统计

| 故障类型 | 训练样本 | 误判样本 | 准确率 | 测试样本 | 误判样本 | 准确率 |
|---|---|---|---|---|---|---|
| F0 | 35 | 0 | 100% | 35 | 0 | 100% |
| F1 | 35 | 0 | 100% | 35 | 0 | 100% |
| F2 | 35 | 0 | 100% | 35 | 3 | 91.43% |
| F3 | 35 | 0 | 100% | 35 | 0 | 100% |
| F4 | 35 | 0 | 100% | 35 | 0 | 100% |
| F5 | 35 | 0 | 100% | 35 | 3 | 91.43% |
| F6 | 35 | 0 | 100% | 35 | 0 | 100% |
| F7 | 35 | 0 | 100% | 35 | 0 | 100% |
| F8 | 35 | 0 | 100% | 35 | 0 | 100% |
| F9 | 35 | 0 | 100% | 35 | 2 | 94.29% |
| F10 | 35 | 0 | 100% | 35 | 0 | 100% |
| F11 | 35 | 0 | 100% | 35 | 0 | 100% |
| F12 | 35 | 0 | 100% | 35 | 0 | 100% |
| 总计 | 455 | 0 | 100% | 455 | 8 | 98.24% |

由表 3-9 可知，所提的辨识方法对训练样本的诊断准确率为 100%，对各类测试样本的诊断准确率均达到了 90% 以上，仅 F2、F5 和 F9 有少许样本被错误分类，绝大多数类的样本都分类正确，总的诊断准确率也达到了 98.24%，证实了此诊断方法的优良性能，满足故障诊断的要求。为了验证 HOC 处理得到的故障特征向量辨识度高，将本节的故障诊断结果与 3.1 节的 Cuk 电路故障诊断结果进行对比，如表 3-10 所示。

表3-10　两种诊断方法的对比

| 诊断方法 | 特征维数 | 测试样本数 | 诊断准确率 |
|---|---|---|---|
| HOC+FDA | 2 | 455 | 98.24% |
| PCA+FDA | 8 | 455 | 96.04% |

由表 3-10 的对比结果可知，HOC 对于电力电子电路特征提取的效果要优于主成分分析方法，使各类故障的特征信息更加精确，辨识度更高，更易于被 FDA 分类器鉴别归类。且得到的特征样本维数更低，计算的复杂度更小，特征样本的分布情况也可以通过二维图进行展示，更方便观察，从而知道，基于 HOC 与 FDA 诊断方法的有效性及优势。

### 3.2.4 实验结果分析

这里通过对比较典型的电力电子电路进行故障诊断，以此来验证所提方法的诊断性能。实验为 Cuk 电路的诊断实例，考虑电路发生单故障情况下的硬故障和软故障模式，对它使用本节所提方法进行诊断，并将它的诊断结果与 3.1 节使用的 PCA 的特征提取方法得到的诊断结果进行比较。诊断结果证明了所提方法的故障诊断率高，比较结果说明了 HOC 在提取电力电子电路故障特征的优越性，得到的故障特征更精确、辨识度更高。因此，可以知道通过 HOC 提取的故障特征，不仅降低了数据维数，还增强了各类特征的辨识度。基于 FDA 的辨识方法对数据的分类能力强，能够很好地识别各类特征样本，并将它们最大限度地分离开。

通过上述实验案例，不仅验证了所提方法的诊断性强，还说明该方法具有很好的适用性，可以用来对各种电力电子电路进行故障诊断，且诊断性能优越。

# 第 4 章　基于键合图的电力电子电路故障诊断

## 4.1　基于定量键合图的电力电子电路故障诊断

随着电力电子技术的发展，电力变换系统正变得越来越复杂，能量域不再局限于一种，而是包含如机械、电气、热学和化学等多种能量，且这些系统多样性及复杂度水平也在不断提高。在多能域的系统中，由机械和电子相结合的机电系统在航空、船舶等工业领域有最为广泛的应用。然而对机电系统获得的多能域系统模型中，如采用传统的方法，即分别建立某一种能域系统的数学模型，然后将各能域模型进行复杂的数学融合，这一过程计算复杂，且极易出现错误。近几年兴起的 BG 建模方法可以采用统一的方式对多种能量形式的系统进行动态仿真，可克服以上缺点，是实现包含多能域复杂系统动态分析建模和仿真的重要工具。BG是以能量守恒定律为依据，由一系列基本组件按照特定的连接方式，用规定的符号来表示系统功能的传输、储存和耗散等。

基于 BG 模型的故障诊断方法包括定量和定性两种方法。前者是建立在精确数学模型基础上，需要分析系统输入 / 输出之间的数学关系，常采用解析冗余关系法；后者则分析各变量之间的因果关系，不需要知道系统精确的数学模型。本章着重介绍定量 BG 模型的故障诊断方法，然后以 Buck 电路作为电源驱动永磁直流电机为例，该系统采用 PI 法调节 Buck 电路的驱动信号的占空比，实现电机在一平稳转速上运行，并针对系统中电气部分、机械部分和 PI 控制器三种故障进行位置识别。

### 4.1.1　键合图的基本原理

BG 是一种能够统一处理多能域范畴（如机械、电气、热和液压的系统）的工程系统建模分析方法，在 BG 方法中，系统和子系统、子系统和组件之间相互连接的地方称为"通口"，该通口用于能量的传递。直线（功率键）为连接各组件的通口，将不同组件的通口进行关联，起着传递系统能量的桥梁作用。键合图中的"键"（bond）是一连接两不同端口的直线，要标注势变量 e 和流变量 f，此外还需选择恰当的功率流向、势变量与流变量的因果关系。键的功率流向用半箭头表示，通常按功率占优势的方向定为正方向；而组件的因果关系则是表示两个广义变量的输入与输出之间的关系。因果短划线在功率键的一端表示势变量的方向，另一端则表示流变量的方向，即向着短画线的一端是因，远离组件的一端是果。

BG 将多种物理参量统一归纳为四种广义变量，即势变量 e、流变量 f、广义动量 p 和广义位移 q。其中，力、转矩、压力和电压等称为势变量，标于功率键的垂直左方或水平上方；电流、角速度、速度和体积流量等称为流变量，记于功率键的水平下方或垂直右方；动量为势变量积分，变位为流变量积分。同一个键上标注的势变量和流变量的乘积等于功率，即

$$P(t) = f(t) \cdot e(t) \tag{4-1}$$

不同能量域变量与 BG 广义变量的关系如表 4-1 所示，由此可实现对多能量域共存的系统变量进行广义化，对系统进行统一建模分析。

表4-1　不同能量域变量与BG广义变量对应表

| 广义变量 | 电气 | 机械平移 | 机械转动 | 液压 |
|---|---|---|---|---|
| 势 e | 电压 u | 力 F | 转矩 τ | 压力 p |
| 流 f | 电流 i | 速度 v | 角速度 ω | 流量 Q |
| 动量 p | 磁通链 Φ | 动量 p | 角动量 L | 压力动量 P |
| 变位 q | 电荷 q | 变位 x | 角 θ | 体积 V |
| 功率 P | $u(t) \cdot i(t)$ | $F(t) \cdot v(t)$ | $\tau(t) \cdot w(t)$ | $P(t) \cdot Q(t)$ |
| 能量 E | $\int e\mathrm{d}q$，$\int i\mathrm{d}\Phi$ | $\int F\mathrm{d}x$，$\int v\mathrm{d}p$ | $\int \tau\mathrm{d}\theta$，$\int \mathrm{d}L$ | $\int p\mathrm{d}V$，$\int Q\mathrm{d}p$ |

除了以上的多能域建模的符号和概念统一性外，BG 的优点还包括以下几点。

（1）高度的规范性

因 BG 模型与物理模型及数学模型（状态方程）之间拥有确定一一对应关系，那么系统物理模型一旦确定后，就可以根据各组件的特性列写出状态方程，进而可根据状态方程建立相应的系统 BG 模型。

（2）抽象和具体的统一性

物理模型具有具体性而不具有抽象性，数学模型具有较高的抽象性而不具有具体性，也就是说，物理系统与数学模型之间的对应关系一般很难确定，特别是在没有空间拓扑结构的前提下。事实上，物理模型的具体性与数学模型的抽象性之间的鸿沟存在的原因在于复杂系统很难建模和分析。但是 BG 可以化解这一鸿沟，因其与物理模型在空间拓扑结构上是意义对应的，又通过 0、1、$C$、$I$ 和 GY 等组件，使得这些组件的因果关系可直接与数学模型有映像关系。

（3）图形的对称性

BG 的符号、概念等都具有大量的对称关系（对偶关系或共轭关系），比如（$I$,$C$）、（$S_e$,$S_f$）、（$P$,$Q$）、（$e$,$f$）、（0,1）、（GY,TF）等。

### 4.1.1.1 基本组件

BG 的基本组件就是不同能域中具有某种物理特性的物理组件的代表，将有限的几种基本元件按照一定规则构成的模型，就可表示多种能域系统的模型。在 BG 中采用两个有源器件（$S_e$ 和 $S_f$），三个广义无源组件（$I$,$C$ 和 $R$），两个多通口键（1-节点和 0- 节点）和两个换能器（TF 和 GY）来模拟系统动态行为。当电路中两个交换的功率可以忽略不计，或能量来源于未建模的外部源（如储能电路中的放大器）元器件，那么可通过具有全箭头来显示信息的流向的信息键表示。该信息键（也称为有源键）可以表示由传感器、积分及求和等组件发送来的信号。

表 4-2 给出了常见的 9 种基础组件及其相关特性的定义与各 BG 组件在模型中的约束方程。

表4-2　键合图常用组件

| 分类 | 符号 | 约束方程 | 名称 |
|------|------|----------|------|
| 有源元件 | $S_e \xrightarrow{\quad e \quad}{\displaystyle f}$ <br> $S_f \xrightarrow{\quad e \quad}{\displaystyle f}$ | $\begin{cases} e(t)\text{由源决定} \\ f(t)\text{任意} \end{cases}$ <br> $\begin{cases} f(t)\text{由源决定} \\ e(t)\text{任意} \end{cases}$ | 势源 <br><br> 流源 |

（续　表）

| 分类 | | 符号 | 约束方程 | 名称 |
|---|---|---|---|---|
| 无源元件 | 耗能 | $\dfrac{e}{f}\!\!\nearrow R$ | | 电阻 |
| | 储能 | $\dfrac{e}{f}\!\!\nearrow C$ | $\phi_R(e,f)=0$ $\phi_C(e,q)=0$ $\phi_I(f,p)=0$ | 电能 |
| | | $\dfrac{e}{f}\!\!\nearrow I$ | | 电容 |
| 键 | 换能器 | $\dfrac{e_1}{f_1}\!\!\nearrow \text{TF}_{:m} \dfrac{e_2}{f_2}$ | $\begin{cases}e_1=me_2\\f_2=mf_1\end{cases}$ | 变换器 |
| | | $\dfrac{e_1}{f_1}\!\!\nearrow \text{GY}_{:r} \dfrac{e_2}{f_2}$ | $\begin{cases}e_1=rf_2\\e_2=rf_1\end{cases}$ | 回转器 |
| | 节点 | $\dfrac{e_1}{f_1}\!\!\nearrow 0 \dfrac{e_2}{f_2}$ $\dfrac{f_3}{e_3}$ | $\begin{cases}e_1=e_2=e_3\\f_1-f_2+f_3=0\end{cases}$ | 0－结：共势结 |
| | | $\dfrac{e_1}{f_1}\!\!\nearrow 1 \dfrac{e_2}{f_2}$ $\dfrac{f_3}{e_3}$ | $\begin{cases}f_1=f_2=f_3\\e_2-e_2+e_3=0\end{cases}$ | 1－结：共流结 |

### 4.1.1.2 常见开关模型

BG 在提出的初始阶段是用来表示基于集总参数法描述的连续系统，随着 BG 的广泛应用，目前该方法已经扩展到混杂系统中，尤其是包含电力电子组件的混杂系统。对这类混杂系统的建模，难点在于如何对离散特性进行描述，这里以开关器件为代表。近年来，许多学者研究混杂系统中开关器件 BG 的描述，但仍没有一种方法被通用。这是因为现有开关器件建模都是基于一种或几种开关系统的拓扑描述，普遍性较差。将一种开关模型应用于其他拓扑时会出现或多或少的问题。而另外一些建模法虽然具有普遍性，但是需要巨大的工程量描述开关组件。以下是几种常见开关组件离散特性的 BG 描述方法。

（1）MTF 描述法

MTF 描述法由德国的 Kamopp 首先提出，当系统中的开关闭合时，设置 MTF 调制参数为 1；反之，即为 0。该法在开关管处于断开的状态时可能产生不正确的流变量，甚至会出现子系统断开的现象。为了解决这一问题，德国学者 Borutzky 又提出了利用组件和调制变换器 MTF 相连接，使得即使系统的物理结构改变，其 BG 模型仍然保持与原来相同的因果关系。其缺点在于电阻尺难免引入了损耗，这时的开关就不再是理想器件。González-Contreras B.M. 将 IGBT 看成 MTF 和一对电阻（即导通电阻 $R_a$ 与开路电阻 $R_b$）并联，对于电路存在开路故障可设 $R_a$ 值变大，而短路故障时设 $R_b$ 值变小。

（2）受控节点描述法

受控节点的概念是由 Biswas 与 Mosterman 共同提出的。当受控节点闭合时，电路的状态呈现出与 0- 节点或 1- 节点类似的特性。反之，关断时，0- 受控节点的作用是将与它相连接的所有键的势变量都变成零；同样，断开的 1- 受控节点将与它相连接的所有键上的流变量都变成零，此时没有能量转移到后续电路中去。有限状态机控制受控节点的断开与闭合，然后通过状态转移表或状态转移图的形式呈现。但是因混杂系统在不同工作模式下的拓扑结构不尽相同，可能造成系统的因果关系重新分配，计算麻烦。

（3）Petri 网描述法

法国学者 Allard 和 Helali 提出将有限状态机与 Petri 网结合来共同表示系统的不同模式与各模式之间的切换。然而不同模式的转换并不能通过单个 BG 组件来完成，因此在不考虑各个模式在物理上是不是具有可行性的情况下，需要明确离散系统所有可能存在的工作模式。除此之外，在仿真前还需要确定 BG 模型在各工作模式下的因果关系。

（4）列举法

土耳其菲亚特大学的 DeTnir 和 Poyraz 提出将理想电压源或电流源表示成开关组件。首先建立混杂系统在任一个模式下的 BG 模型，然后提供系统向另一模式的 BG 模型转变的程序，这里关于系统的开关定义需通过输出方程和状态方程的计算公式推导得出。该建模方法的缺点在于，当开关管个数增加时，系统模式数目也随之变大。假设开关管个数为 $n$，那么系统的模式即为 $2^n$ 个。由此可知，描述系统的键合图模式数目为 $2^n$ 个。综上可知，对于包含多个开关的系统而言，列举方法无疑是一种费时费力且烦琐的方法。因此，该方法在含有多个开关的混杂系统中不再适用。

（5）开关功率节点描述法

开关功率节点描述法是由印度学者 A.C.Umarikar 和 L.Umanand 两人提出的，该法利用开关功率节点（switched power junction，SPJ）法来描述混杂系统中的开关的闭合与关断现象。这种开关建模法是一种特殊的 0- 节点（1- 节点），它允许该节点可以有多个流（势）决定键，但是任一时刻只有一个是决定键。Sergi Junco 在这两人的研究基础上将布尔调制变换器与 SPJ 结合表示为 BG 基本组件中的 1-节点（0- 节点），使得对离散系统模型的建立更加方便。

（6）数学公式法

因流过 shockley 二极管的电流与两端电压之间的满足非线性关系，墨西哥的 Villa-Villasenor N. 提出一种新型的二极管 BG 模型，也就是说知道电阻的电压或电流之间的关系，由组件库中的 R 变形可得到二极管的模型，并将该模型应用到三相整流电路中。

通过分析以上开关建模各种方法的优缺点，本书采用 Bomtzky 提出的 MTF-R 法，改变内含电阻 R 的阻值即可设置故障。虽然难免带来了功耗的损失，但是该法计算简单，且研究的学者最多，具有一定的基础。

## 4.1.2 定量分析方法基本原理

### 4.1.2.1 解析冗余关系

基于定量模型方法的 FDI 采用一系列包含已知的数据，如已知输入、传感器测试的数据等约束方程，监控系统所有参数值的变化。这些约束方程通常被称为解析冗余关系，即 ARRs 法，代表着系统不同变量的静态或动态方程。ARRs 用于验证监测系统在操作期间与无故障之间的一致性，如发生不一致，则说明是系统发生故障并报警指示，ARRs 数值分析的结果被称为残差。

ARRs 是通过消除系统未知变量而生成的约束方程。事实上，消除这些未知变量并不是一个简单的任务，尤其是复杂的混杂系统。对于简单线性系统，常采用奇偶空间技术，该法可看作使用投影法消灭未知变量。同理，空间技术也已经应用于非线性系统生成 ARRs。但是，对于大型复杂系统，消除这些未知的变数仍然是一项艰巨的任务。而采用 BG 建模的方法可允许用户通过利用因果路径来处理大量的方程，因果路径是从分配给 BG 的因果关系确定的图形表示，路径明确表明变量之间的关系。对于连续系统，产生复杂系统的 ARRs，BG 已经证明是一有效工具。

在 BG 模型下的 ARRs 公式，其通式为

$$f_l\left(\boldsymbol{\theta}, D_e, D_f, u\right) = 0 \left(l = 1, 2, \cdots, m\right) \tag{4-2}$$

其中，$m$ 表示系统中 ARRs 的个数；$\boldsymbol{\theta} = [\theta_1, \cdots, \theta_r]^{\mathrm{T}}$ 为系统组件的参数；$r$ 为组件个数；$u$ 为电路的输入信号；$D_e$ 表示可测电压信号；$D_f$ 为可测电流信号。

由于残差值取决于系统的参数，当检测对象为无故障模式时，可计算得到的

残差与电路的行为一致，即所有残差值 $r_l$ 趋于零；反之相应节点的残差值偏离零，指示出现故障。为了应用残差集对系统进行故障诊断，定义二进制一致性向量 $\mathbf{C}=[c_l,\cdots,c_m]$，向量中任一元素 $c_l$ 对应着 $r_l$ 都有如下规则：

$$c_l = \begin{cases} 1 & |r_l| > \delta_l \\ 0 & |r_l| \leq \delta_l \end{cases} \quad (l=1,\cdots,m) \qquad （4-3）$$

其中，$\delta_l$ 为报警阈值，可以防止因外界扰动和噪声引起的错误故障报警。如果系统无故障，则残差低于故障值，对应解析冗余关系式中包含的组件参数为正常，反之则表示解析冗余关系式所包含组件中至少有一个组件出现故障。

### 4.1.2.2 故障特征矩阵

故障特征矩阵（fault signature matrix）反映的是故障集合与残差集合关系的矩阵，是故障诊断过程中的一个重要步骤。一般情况下，**FSM** 与残差集合的关系可以通过分析系统的解析冗余关系取得

$$\mathbf{FSM} = \begin{bmatrix} a_{11} & a_{12} & \cdots & a_{1m} \\ a_{21} & a_{22} & \cdots & a_{2m} \\ \vdots & \vdots & & \vdots \\ a_{k1} & a_{k2} & \cdots & a_{km} \end{bmatrix} \qquad （4-4）$$

其中，$m$ 为结构独立的 ARRs 数目；$k$ 为系统中需要诊断的元器件个数；矩阵中每个元素的定义如式（4-5）所示：

$$a_{ij} = \begin{cases} 1 & \theta_i \in f_j \\ 0 & \theta_i \notin f_j \end{cases} (i=1,2,\cdots,k; j=1,2,\cdots,m) \qquad （4-5）$$

为分析检测对象的可检测性和可隔离性，建立如表 4-3 所示的 **FSM**。表中第一列为电路中所有需要检测的各组件，列标题分别为残差（ $r_1,\cdots,r_m$ ）故障可检测性 D 和故障可隔离性 I。元件参数列包含电路中所有需要检测的元件，$m$ 个解析冗余关系式组成残差集合。元件参数包含于残差方程中，则对应的 $a_{ij}$ 值为 1，否则为 0。由（ $a_{i1},\cdots,a_{im}$ ）构成残差的二进制向量，当向量元素中有 1 时，说明该行对应的组件为故障可检测，此时，该行的可检测性 D 以 1 表示，否则为 0；当向量元素中全为 0 时，表示该组件故障既不可检测也不可隔离，则 D 和 I 都用 0 表示；当某行二进制向量与其他行二进制向量均不同时，则表明该行对应组件具有故障可隔离性，即该行的可隔离性 I 用 1 表示，否则用 0 表示。也就是说，可检测性 D 和可隔离性 I 分别表示该行对应元器件的可诊断能力。当组件参数包含

于任意一个残差 $r_i$ 中，且该行二进制向量与其他组件都不同时，表明该组件不仅具有故障可检测，而且具有故障可隔离性。

表4-3 故障特征矩阵

| 元件参数 | 残差 | | | 可检测性 D | 可隔离性 I |
|---|---|---|---|---|---|
| | $r_1$ | $\cdots$ | $r_m$ | | |
| $\theta_1$ | $a_{11}$ | $\cdots$ | $a_{1m}$ | 0 or 1 | 0 or 1 |
| $\vdots$ | $\vdots$ | 0 or 1 | $\vdots$ | $\vdots$ | $\vdots$ |
| $\theta_r$ | $a_{r1}$ | $\cdots$ | $a_{rm}$ | 0 or 1 | 0 or 1 |

从表 4-3 的 D 和 I，可知道电路各参数的故障可检测性和故障可隔离性。

### 4.1.3 阈值确定

电力变换装置在实际应用中，因制造工艺、温度及噪声等因素的影响，造成组件参数不确定性及测量不确定性问题的存在，使得系统的残差随着时间推移偏离零，从而导致虚报警情况的发生。为了避免上述情况发生，阈值应慎重选择且适应于系统。

对于一个 FDI 系统中，理论上在不存在组件不确定的影响下，残差值就为零或接近于零。但在实际情况中，往往受到混杂系统不同的工作模式、组件参数的不确定性及测量不确定性等的影响，即使系统没有故障发生，残差值也不全为零。目前大多数学者针对阈值的设定都是凭经验采用某些固定的值，这不可避免会带来虚报警和漏报警。而本书采用依赖于组件不确定性的阈值可有效减少虚报警和漏报警的概率。

为了解决虚报警和漏报警的问题，本书采用统计学中的区间估计近似分析参数的不确定性，计算基于 BG 模型阈值的生成。对于包含多种组件 $x \in \{R, C, I, e.t.\}$，设各组件参数的标称值服从于近似的高斯分布，那么均值 $\bar{x}$ 和标准方差 $\sigma$ 呈正态分布：

$$\bar{x} = \frac{1}{n} \sum_{i=1}^{n} x_i \quad (4-6)$$

$$\sigma = \sqrt{\frac{1}{n} \sum_{i=1}^{n} (x_i - \bar{x})^2} \quad (4-7)$$

由于制造误差和实际环境的影响，使得组件标称值存在一定的偏差，且不同组件参数服从正态分布也略有差异。在式（4-6）和式（4-7）中，$\bar{x}$ 为组件的标称值，标准方差 $\sigma$ 为组件参数偏离真实值的偏差。标准方差 $\sigma$ 的取值根据制造组件的精度可采用不同的值，本书选取 $\sigma$ 为 2%，也就是组件不确定系数 $\delta_p$ 为 0.02。

从统计学角度讲，组件参数值的估计可以选用式 $P\{\bar{x} - z\sigma < x_i < \bar{x} + z\sigma\} = 1 - \sigma$ 来表示。则置信区间为 $(\bar{x} - z\sigma, \bar{x} + z\sigma)$，置信水平为 $1 - \sigma$。而典型的置信水平在 95% ~ 99% 范围内，本书选取置信水平 98%（也就是 $\sigma = 0.02$），通过查标准正态分布表可知 $z = 2.33$。

那么依赖于系统的阈值可计算为

$$T_x = r_x \pm \omega_x = r \pm \delta_{pi} \cdot z \cdot |y_i| \qquad （4-8）$$

式中阈值包括两部分：前者是系统无故障的阈值，即 $r_x$；后者是混杂系统中组件不确定性引起参数值发生的偏差，即 $\omega_x$；$\delta_{pi}$ 是组件不确定系数；$y_i$ 是组件输出信号。例如针对残差为 $r = D_f - C_1 \mathrm{d}D_{e1} / \mathrm{d}t - R_1 D_{f1}$，其阈值可以计算为

$$T = D_f - C_1 \mathrm{d}D_{e1} / \mathrm{d}t - R_1 D_{f1} \pm 0.02 \cdot 2.33 \cdot \left( |C_1 \mathrm{d}D_{e1} / \mathrm{d}t| + |R_1 D_{f1}| \right) \qquad （4-9）$$

## 4.1.4 实例研究

### 4.1.4.1 闭环机电系统基本原理

图 4-1 所示为闭环机电系统的等效电路图，采用 Buck 电路电源驱动永磁直流电机的运转，并采用 PI 控制器使电机角速度控制在一恒定值。系统的电气部分为 Buck 电路，有两种不同的工作模式：开关闭合时，电流流过电感 $L$、电阻 $R$ 和电容 $C$，二极管反向偏置，没有电流流过，此时称为负载状态；关闭时，二极管正向偏置，电感 $L$ 将存储的能量释放到负载电路中，此时称为自由状态。图 4-1 中电阻 $R_w$、$R_d$ 分别为开关管 $S_w$ 和二极管 $S_d$ 的导通电阻，并将 $R_L$、$R_C$ 视为电感 $L$ 和电容 $C$ 的等效串联电阻。电路机械部分为永磁直流电机，$V_a$，$I_a$，$R_m$，$L_m$ 分别为电机的电枢电压、电流、电阻和电感；$e = k_m \omega$ 为由转子角速度 $\omega$ 产生反电动势；$\theta$ 是转子角位置，对其求导可得到角速度，即 $\theta' = \omega$；$T_{em}$ 和 $T_{load}$ 为电磁转矩与负载转矩；$J_m$ 为转动惯量；$r$ 为电机转轴的摩擦系数。PI 调节器的一个输入端为检测到电机运行的实际角速度 $\omega$，另一输入端为电机运行的参考角速度 $\omega_{ref}$，其输出用于控制 Buck 转换器的开关信号 PWM 的占空比，控制电机在某个平稳的转速下运行。

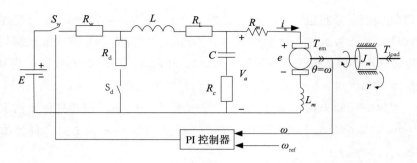

图 4-1　闭环机电系统的等效电路图

### 4.1.4.2 系统键合图模型

考虑图 4-1 所示 Buck 电路作为电源驱动永磁直流电机的机电系统，建立如图 4-2 所示的系统 BG 模型。将开关组件等效为一调制转换器 MTF 和电阻 R，当 MTF 的控制信号为 1 时相当于开关管导通，为 0 表示开关管断开。在图 4-2 中的 $0_{2^-}$ 节点上面的电容 $C_a$ 是为解决因果冲突，将其参数值设为很小，所以计算时不予考虑，电容 $C_2$ 是为了滤除 $D_{e2}$ 中的高频信号，其容值为 $1e^{-10}$ F，计算时也忽略不计。机械部分包括三部分：电枢电阻 $R:R_m$ 和电枢电感 $L:L_m$，这两个组件的电流相同，所以由 1- 节点连接；阻尼 $R:r$ 和转动惯量 $I:J_m$，因为其含有不同的电压，采用 1- 节点将两个组件连接；将以上两部分之间的能量交换采用回转器 $GY:K_m$。检测图 4-2 中的电感电流 $D_{f1}$、电容两端电压 $D_{e2}$、电枢电流 $D_{f2}$ 和电机的角速度 $\omega$。PI 调节器输出信号作为 PWM 控制器的输入信号，控制 PWM 波的占空比，PWM 模块的输出用来控制开关管的关断和导通。采集闭环系统的电感电流 $i_L$（$D_{f1}$）、电容两端电压 $u_c$（$D_{f1}$）、电枢电流 $i_a$（$D_{f2}$）和角速度 $\omega$ 5 个波形，如图 4-3 所示。

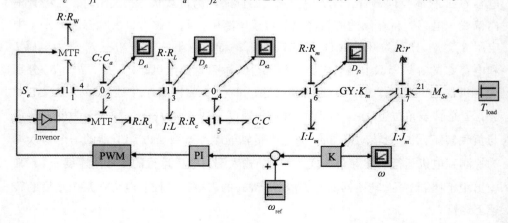

图 4-2　闭环机电系统的键合图模型

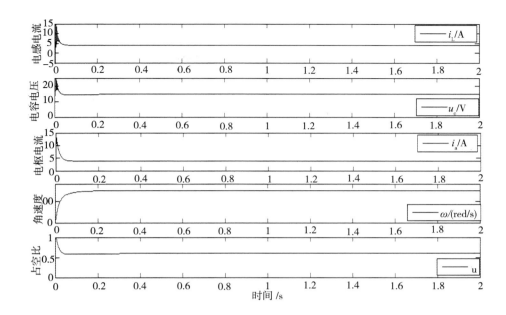

图 4-3　系统键合图模型输出波形

　　图 4-2 所示的开关管 - 二极管对可以等效为一可调制变压器 MTF，其平均 BG 模型如图 4-4 所示。因 PI 控制器输出的信号为开关管的占空比，所以去掉 PWM，直接连至 MTF，控制 MTF 的参数。

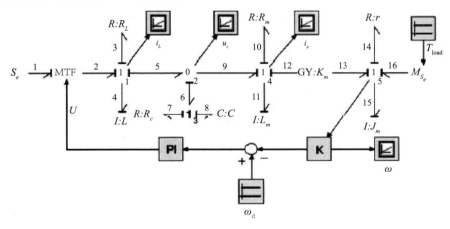

图 4-4　闭环机电系统的键合图平均模型

### 4.1.4.3 ARRs、FSM 及阈值的生成

根据图 4-4 所示的 BG 模型，首先考虑节点 $1_1$ 的约束关系 $e_2 - e_3 - e_4 - e_5 = 0$，其中，$e_2 = u \times S_e$，$e_3 = R_L \times i_L$，$e_4 = L \cdot \mathrm{d}i_L / \mathrm{d}t$，$e_5 = u_c$，又 PI 控制器的方程为 $\omega = k_p \cdot \left( e + 1 / T_i \times e \right) = k_p \times \left( \omega_{ref} - \omega \right) + k_p / T_i \cdot \left( \omega_{ref} - \omega \right)$，所以 ARR1 为

$$\begin{aligned} \text{ARR1} &= u \cdot S_e - R_L \cdot i_L - L \mathrm{d}i_L / \mathrm{d}t - u_c \\ &= \left[ k_p \left( \omega_{ref} - \omega \right) + k_p / T_i \int_0^t \left( \omega_{ref} - \omega \right) \mathrm{d}\tau \right] \cdot S_e - R_L \cdot i_L - L \mathrm{d}i_L / \mathrm{d}t - u_c \end{aligned} \quad (4\text{-}10)$$

考虑节点 $0_2$，可得 $i_5 - i_6 - i_9 = 0$，其中 $i_5 = i_L$，$i_q = i_a$。对于节点 $1_3$ 而言，有 $e_6 - e_7 - e_8 = 0$，$e_6 = u_c$，$e_7 = R_c \times \left( i_L - i_a \right)$，于是有 $i_8 = C \times \mathrm{d}e_8 / \mathrm{d}t = C \times \mathrm{d}\left( u_c - R_c \left( i_L - i_a \right) \right) / \mathrm{d}t$，则 ARR2 为

$$\text{ARR2} = i_L - i_a - C \times \mathrm{d}\left( u_c - R_c \left( i_L - i_a \right) \right) / \mathrm{d}t \quad (4\text{-}11)$$

再者，考虑节点 $1_4$，可得 $e_9 - e_{10} - e_{11} - e_{12} = 0$，其中 $e_9 = u_c$，$e_{10} = R_m \cdot i_a$，$e_{11} = L_m \cdot \mathrm{d}i_a / \mathrm{d}t$，$e_{12} = k_m \cdot \omega$，ARR3 的表达式如下

$$\text{ARR3} = u_c - R_m \cdot i_a - L_m \cdot \mathrm{d}i_a / \mathrm{d}t - K_m \cdot \omega \quad (4\text{-}12)$$

最后，考虑节点 $1_5$，可得 $e_{13} - e_{14} - e_{15} - e_{16} = 0$，其中 $e_{13} = K_m \cdot i_a$，$e_{15} = J_m \cdot \mathrm{d}\omega / \mathrm{d}t$，$e_{14} = r \cdot \omega$，$e_{16} = T_{load}$，ARR4 可由下式给出

$$\text{ARR4} = K_m \times i_a - J_m \mathrm{d}\omega / \mathrm{d}t - r \times \omega - T_{load} \quad (4\text{-}13)$$

此外根据 PI 控制器的方程还提供了另一个额外的 ARR 关系式，即 ARR5 为

$$\text{ARR5} = -u + k_p \left( \omega_{ref} - \omega \right) + k_p / T_i \int_0^t \left( \omega_{ref} - \omega \right) \mathrm{d}\tau \quad (4\text{-}14)$$

以上 5 个 ARRs 描述了系统的混杂动态行为，根据 ARRs 可生成反映各组件监控能力的故障特征矩阵，如表 4-4 所示。

表 4-4　系统故障特征矩阵

| 元件参数 | 残差 | | | | | 可检测性 D | 可隔离性 I |
|---|---|---|---|---|---|---|---|
| | $r_1$ | $r_2$ | $r_3$ | $r_4$ | $r_5$ | | |
| 电源 /$S_e$ | 1 | 0 | 0 | 0 | 0 | 1 | 0 |
| 电感 ESR/$R_L$ | 1 | 0 | 0 | 0 | 0 | 1 | 0 |
| 电感 /$L$ | 1 | 0 | 0 | 0 | 0 | 1 | 0 |
| 电容 ESR/$R_c$ | 0 | 1 | 0 | 0 | 0 | 1 | 0 |
| 电容 /$C$ | 0 | 1 | 0 | 0 | 0 | 1 | 0 |

| 元件参数 | 残差 | | | | | 可检测性 D | 可隔离性 I |
|---|---|---|---|---|---|---|---|
| | $r_1$ | $r_2$ | $r_3$ | $r_4$ | $r_5$ | | |
| 电枢电阻 /$R_m$ | 0 | 0 | 1 | 0 | 0 | 1 | 0 |
| 电枢电感 /$L_m$ | 0 | 0 | 1 | 0 | 0 | 1 | 0 |
| 电机常数 /$k_m$ | 0 | 0 | 1 | 1 | 0 | 1 | 1 |
| 摩擦系数 /$r$ | 0 | 0 | 0 | 1 | 0 | 1 | 0 |
| 转动惯量 /$J_m$ | 0 | 0 | 0 | 1 | 0 | 1 | 0 |
| PI 控制器 /$K_p,T_i$ | 1 | 0 | 0 | 0 | 1 | 1 | 1 |
| 负载 /$T_{\text{load}}$ | 0 | 0 | 0 | 1 | 0 | 1 | 0 |

从表 4-4 所示的故障特征矩阵可推出以下结论：所有参数均故障可检测，电机常数 $k_m$ 和 PI 控制器的参数（比例常数与积分时间常数）故障可隔离，而其余参数均故障不可隔离。但是因电容 $C$ 与电容串联等效电阻 $R_C$、偏离标称值出现故障时，其二进制一致性向量是相同的，且不论是电容容值或电容 ESR 超出容差范围，都可认为电容故障；同理，电感 $L$ 和电感等效串联电阻有相同的结论。因此，可认为电容和电感也是故障可隔离的。

根据闭环系统的 ARRs，并结合式（4-8）可计算该机电系统的阈值，其公式为

$$T_1 = \left[ k_p \left( \omega_{\text{ref}} - \omega \right) + k_p / T_i \int_0^t \left( \omega_{\text{ref}} - \omega \right) \mathrm{d}\tau \right] \cdot S_e - R_L \cdot i_L - L \mathrm{d}i_L / \mathrm{d}t - u_C \qquad (4\text{-}15)$$
$$\pm 0.02 \cdot 2.33 \cdot \left( \left| k_p \left( \omega_{\text{ref}} - \omega \right) + k_p / T_i \int_0^t \left( \omega_{\text{ref}} - \omega \right) \mathrm{d}\tau \right| \cdot S_e + \left| R_L \cdot i_L \right| + \left| L \cdot \mathrm{d}i_L / \mathrm{d}t \right| \right)$$

$$T_2 = i_L - i_a - C \cdot \mathrm{d}\left( u_c - R_c \left( i_L - i_a \right) / \mathrm{d}t \pm 0.02 \cdot 2.33 \cdot \left( \left| C \mathrm{d}\left( u_c - R_c \left( i_L - i_a \right) / \mathrm{d}t \right| \right) \right. \qquad (4\text{-}16)$$

$$T_3 = u_c - R_m \cdot i_a - L_m \cdot \mathrm{d}i_a / \mathrm{d}t - k_m \cdot \omega \pm 0.02 \times 2.33 \cdot \left( \left| R_m \cdot i_a \right| + \left| L_m \cdot \mathrm{d}i_a / \mathrm{d}t \right| + \left| k_m \cdot \omega \right| \right) \qquad (4\text{-}17)$$

$$T_4 = k_m \cdot i_a - J_m \mathrm{d}\omega / \mathrm{d}t - r \cdot \omega - T_{\text{load}} \pm 0.02 \times 2.33 \times \left( \left| k_m \cdot i_a \right| + \left| J_m \mathrm{d}\omega / \mathrm{d}t \right| + \left| r \cdot \omega \right| \right) \qquad (4\text{-}18)$$

$$T_5 = -u + k_p \left( \omega_{\text{ref}} - \omega \right) + k_p / T_i \int_0^t \left( \omega_{\text{ref}} - \omega \right) \mathrm{d}\tau \qquad (4\text{-}19)$$
$$\pm 0.02 \cdot 2.33 \cdot \left( \left| k_p \left( \omega_{\text{ref}} - \omega \right) \right| + \left| k_p / T_i \int_0^t \left( \omega_{\text{ref}} - \omega \right) \mathrm{d}\tau \right| \right)$$

可将系统无故障情况下采集到的各信号代入上式计算，得到 $T_1 = \pm 0.3$，$T_2 = 0.085$，$T_3 = \pm 0.1$，$T_4 = \pm 0.15$，$T_5 = \pm 0.07$，这 5 个阈值将在下文的故障分析中应用到，当

对应的残差大于阈值，可判断系统一个或多个组件发生故障。

## 4.1.5 基于 PSO 的参数识别

分析 4.1.4 节仿真情况 2，因参数 $r$ 和 $J_m$ 故障不可隔离的，需要对故障进行进一步参数识别，本节采用 PSO 算法评估故障参数的大小。

### 4.1.5.1 PSO 算法基本原理

（1）PSO 原理

粒子群优化（particle swarm optimization，PSO）算法中的个体称为粒子，每个粒子都有着各自的位置和速度，并由一函数（即适应性函数）决定各个粒子是否为最优。粒子在每次迭代过程中，根据适应值找出粒子到目前为止发现的最好位置（$P_{best}$）以及整个群体中所有粒子的最好位置（$G_{best}$）。每个粒子在迭代过程中通过两个条件来决定下一步的运动：自己的经验和种群中最好粒子的经验。

PSO 算法的第一步是初始化一群随机粒子（即随机解），然后粒子们根据适应值在解空间中搜索，通过多次迭代可知所有粒子的最优解。$D$ 维空间中第 $i$ 个粒子的位置和速度分别设为 $X_r^k = \left(x_{r,1}^k, x_{r,2}^k, \cdots, x_{r,D}^k\right)$ 与 $V_r^k = \left(v_{r,g}^k, v_{r,2}^k, \cdots, v_{r,D}^k\right)$，粒子在每次迭代寻优过程中，通过根据两个最优解来更新自己的位置和速度：一为粒子本身在多次迭代中的最优解，也就是个体极值 $P_{best,r} = \left(P_{best,r}^1, P_{best,r}^2, \cdots, P_{best,r}^D\right)$；二为种群所有粒子目前为止找到的最优解 $G_{best}$。假设粒子种群大小为 $s$，根据上述的两个最优解，粒子的速度和位置可依据如下两个公式更新自己：

$$v_{r,g}^{k+1} = w_r v_{r,g}^k + \Psi_1 rand_1\left(P_{best,r}^k - x_{r,g}^k\right) + \Psi_2 rand_2\left(P_{best,r}^k - x_{r,g}^k\right) \quad (4-20)$$

$$v_{r,g}^{k+1} = x_{r,g}^k + v_{r,g}^{k+1} \quad (4-21)$$

其中，$r$ 为总群的粒子数，满足：$r=1$，$2$，$\cdots, s$；$g$ 为粒子的维数，满足 $g=1$，$2, \cdots, D$；$k$ 为迭代数；$w_r$ 为粒子的权重；$rand_1$ 和 $rand_2$ 是两个在 [0, 1] 之间变化的随机函数；$\Psi_1$ 和 $\Psi_2$ 是两个加速系数；$v_{r,g}^k$ 表示第 $r$ 个粒子在第 $k$ 次迭代过程中的速度，且满足 $-V_{max} \leq v_{r,g}^k \leq V_{max}$；$x_{r,g}^k$ 为第 $r$ 个粒子在第 $k$ 次迭代时的位置，满足 $-x_{max} \leq x_{r,g}^k \leq x_{max}$；$P_{best,r}^k$ 为第 $r$ 次迭代的最优解 $P_{best,r}$；$G_{best}^k$ 为所有粒子第 $k$ 次迭代的 $G_{best}$。

每个粒子 $v_{r,g}^k$ 的速度被限制在范围 $[-V_{max}, V_{max}]$ 内，其目的在于降低粒子跳出搜索空间的可能性。值得注意的是，并没有限制各粒子在该范围内的位置，只对粒子在迭代过程中移动的最大距离做了约束。权重 $w_r$ 是类似于神经网络的训练算法中的动量因子。加速系数 $\Psi_1$ 和 $\Psi_2$ 控制粒子在迭代中移动的距离有多长，通常它们都设置为 2.0。粒子的运动模式如图 4-5 所示，PSO 算法的步骤如下。

①初始化 s 个粒子在搜索空间内的位置和速度，并根据其位置计算各粒子的适应值，将第一个粒子的适应值视为各粒子的 $P_{best,r}$，并找到第一次初始化的最优适应值为 $G_{best}$。

②将各粒子当前位置的适应值与它之前的最佳 $P_{best,r}$ 比较，如果在当前位置的适应值优于在其最佳位置，将其值赋给 $P_{best,r}$，否则保持最佳位置不变。

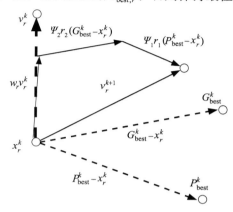

图 4-5　粒子的移动显示

③比较所有粒子的适应值搜寻群体内的最佳位置 $G_{best}$，如果当前粒子的位置优于其历史最佳位置，则用当前的粒子的位置作为最优解 $G_{best}$，否则保持原有的全总群最佳位置。

④用式（4-21）和式（4-22）更新总群中每个粒子的速度和位置。

⑤检查终止条件。如果条件得到满足则停止寻优；否则，转到步骤②。

（2）适应函数和权重的选取

迭代的目的是搜索系统故障参数的值使所有残差值最小。采集在故障发生之后的 N 个样本，对样本进行寻优处理。如果目标参数值为组件的物理标称值，那么所有 ARRs 都等于 0。所以设置适应度函数为

$$F_{fitness} = 1 \bigg/ \left( \sum_{l=1}^{m} \sum_{n=1}^{N} |\bar{r}_l| + \varepsilon \right) \tag{4-22}$$

其中，$\varepsilon$ 为一小的正常数，用来避免在搜索过程中出现除数为零的情况，设置其值为 $10^{-9}$；n 是离散采样指数。

惯性权重是 PSO 算法的可调整参数中的重要参数，其值控制对上一粒子速度继承多少，从而影响 PSO 的全局和局部搜索能力。较大的 w 适应于全局搜索能力，而较小的 w 用于局部搜索，不同的权重可以生成不同的 PSO 算法，常见的有线性

递减权重法、随机权重法与自适应权重法等。本书采用 Shi 和 Eberhart 提出的线性权重法，让权重从最大值 $w_{max}$ 线性减小到最小值 $w_{min}$，其变化公式为

$$w^k = w_{max} - k(w_{max} - w_{min})/k_{max} \qquad (4-24)$$

其中，$w_{max}$ 和 $w_{min}$ 分别为权重 $w$ 的最大值与最小值；$k$ 为当前迭代步数；$k_{max}$ 为运行中最大的迭代次数。

# 4.2　基于定性键合图的电力电子电路故障诊断

本节研究基于定性 BG 模型的故障诊断方法，该方法只需分析系统中各变量之间的因果关系，不需要系统精确的数学模型，因此对于难以获得检测对象精确数学模型的系统，更具灵活性、有效性和诊断速度快等特点。定性 BG 法根据系统键合图模型中各组件的因果关系建立系统的 TCG，在 TCG 的基础上以出现的故障的变量为顶事件，采用逆向推理法得到系统的故障树，分析故障树可定位出引起故障发生的初始故障集合，对故障集合中每个组件进一步分析可实现故障隔离。

因而，基于 BG 模型的定性分析包括三个步骤：其一是建立系统的 TCG；其二是分析 TCG，建立系统的故障树；其三是分析故障树并定位故障位置。最后以 Buck 驱动汽车牵引系统为例，通过仿真实验和物理实验对该法进行验证。

## 4.2.1　故障树分析

故障树最初用于 1961 年的美国空军弹道系统事业部项目评估洲际弹道导弹（inter continental ballistic missile，ICBM）的发射控制系统中，现已广泛应用于许多领域。故障树是图形和逻辑上表示可能发生事件（故障和正常）的各种组合，是一种自上而下逐层推测的演绎分析法。该法以所研究系统或设备中最不希望出现的故障为顶事件，是一种将逻辑因果关系图以倒立树状来表示各参数之间的逻辑关系，向下逐层找出引起该事件发生的全部原因（软件、硬件、人为因素和环境等）。目前故障树法主要有以下应用：分析系统的某故障产生的原因；对系统故障模式进行识别，从而实现故障诊断和预测；找出系统中的薄弱环节，以便在设计时采取相应的措施予以改进，实现系统的优化设计。

故障树建立的完善程度直接影响故障分析的准确度。图 4-6 所示为基于键合图模型的定性故障诊断方法流程图，图中的故障树分析法从两个方面进行：一方面，监控系统的动态行为，确定检测的信号是否偏离正常行为，如果有明显的偏差信号，那么说明系统中存在故障问题；另一方面，根据系统 BG 模型和时间因

果图生成故障树，结合故障信号分析故障树生成初始故障集，然后对初始集的每个故障元素进行前向推理，最终准确定位故障发生的位置。

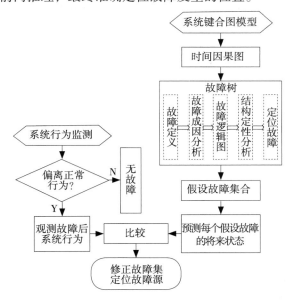

图 4-6　基于键合图模型的定性故障诊断方法流程图

故障树分析法以倒立的树状结构表示系统不同变量之间的逻辑关系，并采用定性的方法找出导致顶事件发生的故障源集合。建立故障树需明确观测状态信号变量的变化或通过分析得到估计变量的变化，如这些变量相对于无故障时的状态增加或减少，就分别采用"+"或"-"符号表示。对于一势变量 $e_1$，设其因变量是 $e_2$，当 $e_1$ 低于正常值时，若 $e_1$ 与 $e_2$ 之间成正比关系，则可推测出变量 $e_2$ 是减小的（-）；若呈反比关系，则变量 $e_2$ 增加的（+）。然后将 $e_2$ 作为新的果变量，结合因果路径逆向继续推理。采用故障树可以找出引起该故障发生的可能参数集，每个参数变量都有一个路径，引起该路径中断可能有两种情况：一是参数重复出现；二是发现参数为所测量或估计的变量，且两者之间存在不一致。采用此方法，可避免因测量或估计信息产生的误警报。

在实际应用中，低阶变量特征相较于高阶变量特征优势明显。因为阶数越高，诊断系统就需花费更多的时间验证与建立新的故障模式，在这个过程中系统拥有的反馈可能会发生叠加现象，使初始故障行为或电路模式的性质改变，并且当连锁故障发生时该问题将进一步加剧。因此必须通过以下两步实现对故障集降维。

（1）结合其他观测状态信号特征，逆向推理过程中如出现与之冲突的情况，则这株树不再继续往后推理分析，初步降低故障集维数。

（2）结合实际检测对象和经验常识，排除一些不可能出现故障的参数。

## 4.2.2 时间因果图建立

### 4.2.2.1 因果分析

基于 BG 得到的模型拥有一定因果关系，设各组件相应的参数和广义变量（这里考虑电能域中的流变量、势变量）具有统一的因果关系式 $x=f(y,z)$，其中 $f()$ 为表示变换关系函数，$x$ 是果变量，$y$ 和 $z$ 是因变量。对于通口，以常见的惯性组件为例，第一种因果关系的表示如图 4-7（a）所示。因果画线靠近键合图组件一侧的势变量 $e$ 是输入，为因；流变量 $f$ 是输出，为果；第二种的因果关系是因果画线远离键合图组件一侧的流变量 $f$ 是输入，为因；势变量 $e$ 是输出，为果。如图 4-7（b）所示 1- 节点的多通口组件，与其相连键上流变量都相等，决定键（decided bond）的流变量是因变量。1- 节点也是一个势相加的节点，决定键上势等于与其相连的其他键上势的和，所以决定键上的势为果变量，与该节点相连的其他键上的势为因。同理，0- 节点也有同样的结论，即决定键上的流为果变量，与该节点相连的其他键上的流为因。BG 中其余组件的因果类型可参考表 4-5。值得注意的是，指示因果与标注功率的方向无关。

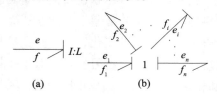

**图 4-7　元件因果关系的表示**

**表 4-5　键合图各个节点和组件的因果类型表**

| 元件 | 因 | 果 | 元件 | 因 | 果 |
|---|---|---|---|---|---|
| $\longrightarrow C{:}K$ | $K,1/C,f$ | $e$ | $M_{S_f}\vdash\!\!\!\longrightarrow$ | – | $m\cdot f$ |
| $\longrightarrow\!\!\!\parallel C{:}K$ | $1/K,C,e$ | $f$ | $1\longrightarrow\!\!\!\parallel\overset{m}{\text{TF}}2\!\!\!\longrightarrow\!\!\!\parallel$ | $m,e_1,f_2$ | $e_2,f_1$ |
| $\longrightarrow\!\!\!\parallel I{:}m$ | $1/m,I,e$ | $f$ | $1\longrightarrow\!\!\!\parallel\overset{1/m}{\text{TF}}\!\!\!\longrightarrow\!\!\!\parallel$ | $1/m,f_1,e_2$ | $e_1,f_2$ |

| 元件 | 因 | 果 | 元件 | 因 | 果 |
|---|---|---|---|---|---|
| ⊢——▷ $I{:}m$ | $m,1/I,f$ | $e$ | $1$ ▷$\dfrac{1/r}{\text{GY}}$ $2$ ▷ | $1/r,e_1,e_2$ | $f_1,f_2$ |
| ⊢——▷ $R{:}r$ | $r,f$ | $e$ | ⊢—$1$ ▷ GY $2$ ⊢ | $r,f_1,f_2$ | $e_1,e_2$ |
| ——▷ $R{:}r$ | $1/r,e$ | $f$ | ⊢—$1$ ▷ $0$ $3$ ▷ ；$2$↓ | $e_2$ | $e_2,e_3$ |
| $S_e$ ——⊢ | $S_e$ | $e$ | | $f_1,-f_3$ | $f_2$ |
| $S_f$ ⊢——▷ | $S_f$ | $f$ | $1$ ▷ $1$ $3$ ▷ ；$2$↓ | $f_2$ | $f_1,f_3$ |
| $M_{S_e}$ ——▷ | – | $m\cdot e$ | | $e_1,-e_3$ | $e_2$ |

### 4.2.2.2 时间因果图

BG 模型中不同组件的因果关系也不尽相同，需要先确定其数学特性方程，然后才能标注它的因果关系。因 0- 节点和 1- 节点的功率键较多，所以其因果关系较为复杂。根据组件的因果关系，可知描述各组件的每个变量中因变量与果变量是哪些。具体可参考表 4-5。在确定了系统的每个键合图元件的因果关系，将因果关系采用图形的形式表示，就形成了因果图。因 Buck 电路驱动的直流电机系统是一个混杂动态系统，包含积分和微分关系的电感和电容等组件，所以引入时间因果图的概念。时间因果图中的组件之间的因果关系不再是简单的正、反比关系，还包含了随时间变换的动态因果关系。典型的时间因果图的表示为：$v_1 \xrightarrow{\;p\;} v_2$，其中，$v_1$ 和 $v_2$ 为两个节点；$p$ 为标注，表示时间因果的类型。在时间因果图中常用符号为 $[+1],[-1],[=]$, $[p]$, $[1/p],[\mathrm{d}t]$ 和 $[1/\mathrm{d}t]$ 来表示，若两个变量之间成正比关系，则选择采用定性值 $[+1]$ 或 $[p]$ 表示；若成反比关系，选用定性值 $[-1]$ 或 $[1/p]$ 表示；若相等，用定性值 $[=]$ 表示；成微分关系时采用 $[\mathrm{d}t]$ 表示；积分关系时采用 $[1/\mathrm{d}t]$ 来表示。其中，前 5 个符号的传播类型为瞬时传播，后两个为延时传播。测量变量的变化由故障检测机制实现，且取决于变量的类型和所研究的系统。

时间因果图是一种有向图，常用系统变量之间的时间约束关系来描述系统动态行为特性，节点代表系统的变量，有向箭头表示这些变量之间的因果关系，标号为相关变量间在代数或时间上的关系。从故障诊断角度，TCG 分析有前向推理（forward propagation）和逆向推理（back propagation）两种。逆推可获得导致观测量异常的可能故障源集合，用于故障诊断方面；前推则可推测此种假设的故障情形，分析系统观测状态信号未来的变化趋势，常用于故障预测研究。本书采用逆推的方法实现对机电系统的故障位置定位。

为了得到系统的 TCG，首先应列出系统中所有组件参数的因果关系，然后由系统的 BG 模型及其因果关系表生成系统 TCG，对建立的 TCG 需要遵守两个原则。

（1）对于 BG 模型已知的情况，同时系统中 BG 组件的广义变量中势变量 $e$ 与流变量 $f$ 之间的因果关系已知。值得注意的是，在 TCG 图中，采用单向全箭头线表示系统组件之间的因果关系。

（2）增加组件参数和变量之间的代数关系，其关系标注原则必须采用 $[+1]$，$[-1],[=],[p],[1/p]$ 和 $[1/\mathrm{d}t]$ 来标注。

为使 TCG 结构明确，流变量和势变量应分别放在一行，同一组件势变量与流变量应放在一列，变量之间代数关系需标注于箭头线处。那么，在检测 TCG 时，系统组件的所有因果关系一览无余，可以看出 TCG 较于简单的信号流图，所包含的信息更具体和丰富，这对接下来的定性分析系统故障源十分有利。

### 4.2.3 机电系统模型建立及时间因果图生成

本节以汽车牵引系统为机械部分，而电气部分采用文中的 Buck 电路，其简化原理图如图 4-8 所示，汽车牵引系统由 4 个子系统串联组合而成：电机电气部分、电机机械部分、减速部和负载部。其中负载部分是汽车轮胎和道路摩擦的简化。每个子系统的输入和输出是通过由一对共轭的电势流的表示功率变量（$e, f$）。假设不考虑机械方面的静态摩擦，只考虑组件之间的黏性摩擦。

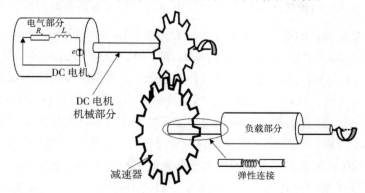

图 4-8　机电牵引系统原理图

#### 4.2.3.1 系统的键合图模型建立

（1）直流电动机的电气部分

该部分由图 4-9 所示的电路组成，包括输入电压 $U_o$，电阻 $R_e$，电感 $L$ 和反电动势 $e$（back electromotive force，EMF），EMF 与转子的角速度成正比，等于 $K_e \times \theta$，$K_e$ 为 EMF 常数，即电机常数。优先使用积分因果关系的 BG 模型如图 4-10 所示，由图 4-10 可推导出电路的状态方程为

$$e_9 = \frac{\mathrm{d}P_9}{\mathrm{d}t} = -R_e \times \frac{P}{L} - K_e \times f + U_o \qquad （4-24）$$

将图 4-10 所对应的组件代入式（4-24），则为

$$L \times \frac{\mathrm{d}i_{11}}{\mathrm{d}t} = -R_e \times i_{11} - K_e \times \theta + U_o$$

在 BG 模型中回转器 GY 表示能量由电功率传输给机械部分，即将电能转换成机械能。

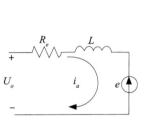

图 4-9　电气部分电路图

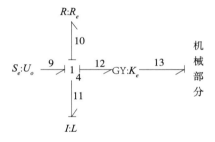

图 4-10 电气部分键合图模型

（2）直流电动机的机械部分

直流电动机的机械部分包括惯性系数 $J_e$，黏性摩擦系数 $R_f$，传动轴的弹性系数 $K$ 和电动扭矩 $U$。在这一部分中，反冲现象的影响是由扰动扭矩 $w$ 表示。$J_e$ 和 $K$ 分别由惯性组件 $I$ 和 $C$ 表示，摩擦系数 $R_f$ 用阻性组件 $R$ 表示，则机械部件的相应 BG 模型由图 4-11 中给出。

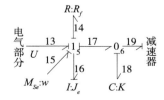

图 4-11　机械部分键合图

（3）减速器

这部分涉及机械齿轮，将电机机械部分和负载部分连接起来，设其系数为 $N$。减速器由转换组件 TF 表示，连接电机转子（速度 $\theta_c$）和负载（速度 $\theta_s$）。

图 4-12 所示的 BG 组件 TF 的本构关系为 $f_{19} = N \times f_{20}$，其中 $f_{19}$ 和 $f_{19}$ 为键 19 和 20 相应的流变量，在机械领域中，上式可写为 $\theta_c = N \times \theta_s$。

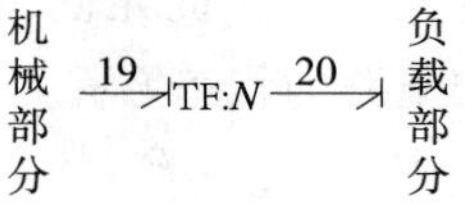

$$\text{机械部分} \xrightarrow{19} \text{TF}:N \xrightarrow{20} \text{负载部分}$$

**图 4-12　减速器键合图模型**

（4）负载部分

机械系统的负载部分包括惯性元件 $J_s$，黏性摩擦系数 $f_s$ 和干扰转矩 $N \times w$ 3 个组件，其对应的 BG 模型如图 4-13 所示。$e_{22}$、$P_{22}$ 和 $J_s$ 分别表示组件 $I$ 的势变量、动量和参数值，$f_{17}$ 和 $K$ 表示图 4-11 中组件 $C$ 的流变量和参数值，$M_{S_e}:N \cdot w$ 表示调制电压源，根据图 4-13 所示的 $1_7-$ 节点可推导出下面的关系式为

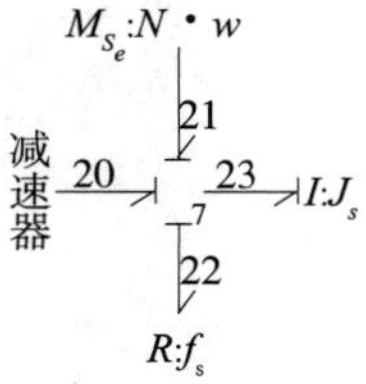

$$M_{S_e}:N \cdot w$$
$$\text{减速器} \xrightarrow{20} 1_7 \xrightarrow{23} I:J_s$$
$$R:f_s$$

**图 4-13　负载键合图模型**

$$e_{23} = -R_{22} \cdot \frac{P_{23}}{j_s} + S_{e_{21}} + N \cdot K \cdot \int f_{18} \mathrm{d}t \qquad (4-25)$$

将相应的物理参数代入式（4-25）中，可得

$$J_s \cdot \theta_s = -R_s \cdot \theta_s + N \cdot w + N \cdot K \cdot z \qquad (4-26)$$

（5）机电系统的键合图模型

综合上文所述各部分的键合图模型，将各部分连接起来可得到如图 4-14 所示的机电系统的键合图模型。

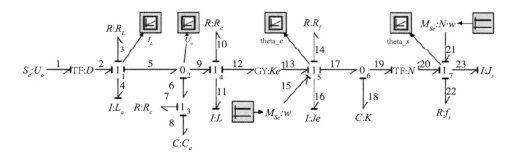

图 4-14　机电系统键合图模型

### 4.2.3.2 系统时间因果图生成

从前述可知，系统的 BG 模型一经建立，其因果关系也就固定，因此模型中各组件和 0/1- 节点的因果关系也是确定的。为辅助系统 TCG 的建立，建立图 4-14 所示的 BG 模型中各组件的因果关系，如表 4-5 所示。因 $e_1$ 是因，$e_2$ 是果，所以箭头从 $e_1$ 指向 $e_2$，又因调制变换器的特性方程是 $e_2 = D \times e_1$，可知 $e_2$ 与 $e_1$ 成正比关系，结合表 4-5 所示可用 TF 表示；节点 11 的 $e_2$ 是因，$e_4$ 是果，所以箭头从 $e_2$ 指向 $e_4$ 结合表 4-5 中的 1- 节点可知用 "+" 表示；感性组件 L 的 $e_4$ 是因，$f_4$ 是果，所以箭头从 $e_4$ 指向 $f_4$，又因 L 的特性方程 $e_4 = 1/L_a \cdot df_4/dt$，是微分关系，用 $1/L_a \times dt$ 表示；电感等效串联电阻 $R_L$ 的 $f_3$ 是因，$e_3$ 是果，所以箭头从 $f_3$ 指向 $e_3$，又因 $R_L$ 的特性方程是 $f_3 = 1/R_L \cdot e_3$，是正比关系，用 $1/R_L$ 表示；节点 $0_2$ 的 $f_5$ 是因，$f_9$ 是果，箭头方向从 $f_5$ 指向 $f_9$，结合表 4-5 中的 0- 节点可知用 "+" 表示；容性组件 C 的 $f_8$ 是因，$e_8$ 是果，箭头方向从 $f_8$ 指向 $e_8$，又因 C 的特性方程 $e_8 = 1/C \cdot \int f_8 dt$，是积分关系，用 $1/(Cdt)$ 表示；电容串联等效电阻 $R_c$ 的 $e_7$ 为因，$f_7$ 为果，箭头方向从 $e_7$ 指向 $f_7$，又因 $R_c$ 的关系式为 $f_7 = 1/R_c \times e_7$，成正比关系，用 $1/R_c$ 表示；回转器 GY 的 $f_{12}$ 是因，$e_{13}$ 是果，所以箭头方向从 $f_{12}$ 指向 $e_{13}$，又因 $f_{12}$ 是因，$e_{12}$ 是果，所以箭头方向从 $f_{12}$ 指向 $e_{13}$，而 GY 有特性方程 $e_{13} = r \times f_{12}$ 和 $r \times f_{13} = e_{12}$，两者都成正比关系，用 GY 表示。以此类推，并结合图 4-14 所示和表 4-6 所示可以推理其余势变量、流变量的因果表示与各组件所相应的特性方程，最终可得到如图 4-15 所示的机电系统的时间因果图。

表4-6　机电系统的因果关系

| 元件 | 因 | 果 | 元件 | 因 | 果 |
|---|---|---|---|---|---|
| 直流电源 /$S_e$ | – | $e_1$ | 回转器 /GY | $K_e, f_{12}, f_{13}$ | $e_{12}, e_{13}$ |
| 回转器 /TF | $e_1 f_2, D$ | $e_2, f_1$ | $I_5$- 结 | $f_{16}, e_{13}, -e_{14}, e_{15}, -e_{17}$ | $e_{16} f_{13} f_{14} f_{16} f_{17}$ |
| $I_1$- 结 | $f_4, e_2, -e_3, -e_5$ | $e_4, f_2, f_3, f_5$ | 转动惯量 /$R_f$ | $1/J_e, e_{16}$ | $f_{16}$ |
| 电感 ESR/$R_L$ | $RL f_3$ | $e_3$ | 摩擦系数 /$R_f$ | $R_f, f_{14}$ | $e_{14}$ |
| 电感 /$L_a$ | $1/La_1 e_4$ | $f_4$ | $M_{se}$:w | – | $e_{15}$ |
| $0_2$- 结 | $e_6 f_5, -f_9$ | $f_6, e_5, e_9$ | $0_6$- 结 | $e_{18}, f_{17}, -f_{19}$ | $F_{18}, e_{17}, e_{19}$ |
| $I_3$- 结 | $f_6, e_7, e_8$ | $e_6, f_7, f_8$ | C:K | $K, f_{18}$ | $e_{18}$ |
| 电容 ESR/$R_c$ | $R_c, f_7$ | $e_7$ | 回转器 /TF:N | $N_1, e_{19}, f_{20}$ | $f_{19}, e_{20}$ |
| 电容 /$C_a$ | $C_a, f_8$ | $e_8$ | $I_7$- 结 | $f_{23}, e_{20}, e_{21}, e_{22}$ | $e_{23}, f_{20}, f_{21}, f_{22}$ |
| $I_4$- 结 | $f_{11}, e_9, e_{10}, -e_{12}$ | $e_{11} f_9 f_{10} f_{12}$ | $M_{se}$:N·w | – | $e_{21}$ |
| 内阻 /$R_e$ | $R_e, f_{10}$ | $e_{10}$ | R:$f_s$ | $f_s, e_{22}$ | $f_{22}$ |
| 电感 /L | $1/L, e_{11}$ | $f_{11}$ | I:$J_s$ | $1/J_s, e_{23}$ | $f_{23}$ |

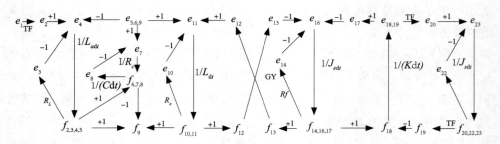

图 4-15　机电系统时间因果图

由图 4-15 可以，看出机电系统中各变量的逻辑和数量关系，为下文建立该系统的故障树奠定了基础。

### 4.2.4 实验及结果分析

#### 4.2.4.1 仿真实验及结果分析

图 4-14 所示机电系统键合图模型的各参数为电源 $S_e$ 为 100 V，开关管的驱动信号的占空比为 0.5，电感 $L$ 为 224 μH，电感等效串联电阻 $R_L$ 为 0.078 Ω，电容 $C$ 为 200 μF，电容 $C$ 的等效串联电阻 $R_C$ 为 0.048 Ω，电机电气部分电阻 $R_E$ 为 0.3 Ω，电感 $L$ 为 0.05 H，电机常数 $K_e$ 为 0.3 N/ Sqrt（W），电机的机械部分的转动惯量 $J_e$ 为 0.1 kg·m²，摩擦系数 $R_f$ 为 0.1，传输轴的弹性系数 $K$ 为 0.5，负载部分的惯性组件 $J_s$ 为 2 kg·m²，黏性摩擦系数 $f_s$ 为 8 N/mm。

在电力电子电路中开关管的故障占 38%，因此这里首先考虑故障情况 1，即在 $1_s$ 时刻，控制开关管的 PWM 波信号占空比由 0.5 变为 0.4。仿真并观测电容两端电压 $U_o$、流过电感的电流 $I_L$、电机转速 $\theta_c$ 和负载转速 $\theta_s$ 这 4 个变量的动态变化情况，其波形如图 4-16 所示。

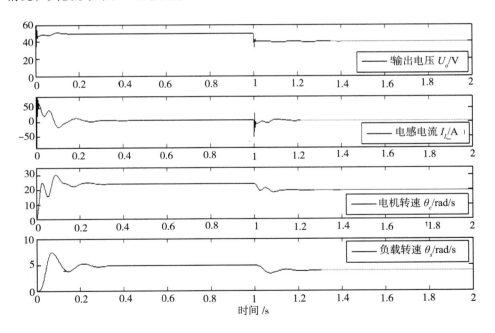

**图 4-16　机电系统故障 1 前后观测状态信号波形**

从图 4-16 中可看出，该系统从初始状态经过约 0.4 s 的振荡后进入稳定状态。在 1 s 时注入故障后，即开关管的占空比变小，其电容两端输出电压、电机和负载转速均出现了不同程度的下降，而电感的电流信号经过短暂的振荡后恢复原来的输出值。由于电容两端电压、电感电流不能突变，所以4个观测变量在经过约0.2 s的波动后又重新进入稳态，电容电压值从原来的50 V变为40 V，电机转速从原来的24 rad/s变为19.1 rad/s，负载转速从原来的5 rad/s变为3.85 rad/s。

为找出电机转速降低原因，根据系统的TCG，并以电机转速下降为顶事件，逐层推理分别得出机械部分和电路部分的故障初始集。因这里考虑电路部分的初始故障集，所以以电容电压$f_9$为顶事件生成故障树。从图4-16所示可知测量变量$f_9$相对于无故障情况下减少，故用"-"表示，结合图4-23所示采用TCG逆向推理可知$f_8$有两个路径：$f_{6,7,8}$与$f_{2,3,4,5}$。首先讨论前者，因其与$f_9$成反比关系，可知变量$f_{6,7,8}$是增加的，用"+"表示；又因$f_{6,7,8}$与$e_7$为正比关系，那么$e_7$随之增加，由电阻的特性方程可知，$R_c$是减少的，用"-"表示，同理$e_{4,5,8}$也增加，这两变量都用"+"表示，但与图4-16中观测降低相矛盾，可知该条路径中断。而$e_7$有两条路径：其一是$e_{5,6,9}$，因与变量$e_{5,6,9}$的箭头没有逆向的，则中断该路径；其二是$e_8$，因$e_7$与$e_8$成反比关系，则$e_8$减少，用"-"表示。$e_8$与$e_{6,7,8}$成微分的关系，则$f_{6,7,8}$减少，也用"-"表示，那么电容容值$C_a$此时会增大，因此时出现重复的参数$f_{6,7,8}$且与前面的结论不一致，则该条路径中断。另一条路径为$f_{2,3,4,5}$，因其与$f_9$为正比关系，也会随之减少，用"-"表示；而$f_{2,3,4,5}$与$e_4$为积分关系，$e_4$也会减少，用"-"表示，此时的电感值$L_a$会变大，用"+"表示。$e_4$有两条路径，其一是$e_2$，因其与$e_4$成正比关系，用"-"表示，$e_2$又与$e_1$成正比，同理用"-"表示，而占空比系数$D$也会随之减小；其二是$e_3$与$e_4$成反比关系，用"+"表示，$e_3$又与$f_{2,3,4,5}$成正比，用"+"表示，出现重复，与之前的结论不一致，中断此路径，电感等效电阻$R_L$也会减小，用"-"表示。最终可建立如图4-18（a）所示的故障树，从故障树可获得当顶事件$f_9$降低时的初始故障集合为$\{R_c-, C_a+, L_a+, e_1-, D-, R_L-\}$。

实际应用中，电容和电感的等效串联电阻$R_c$与$R_L$只可能增加，电容容值$C_a$和电感器$L_a$的电感值随着时间的推移，其容值和电感值都会减小，而电源$S_e$是不会发生变化的，因此可以判断是开关管控制信号占空比减小引起质量块运动速度下降。

定子和转子的故障占电机故障的30% ~ 40%，若发生故障会导致电机的损耗增加，而电机常数与电机损耗的均方根成反比，所以这里考虑电机常数发生故障，即在1 s时，电机常数$u$由2 N/ Sqrt（W）变为1.5 N/ Sqrt（W）。仿真并观测图4-16所示4个变量的动态变化情况，如图4-17所示。

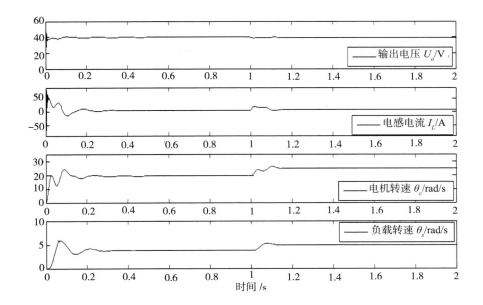

**图 4-17　机电系统故障 2 前后观测状态信号波形**

从图 4-17 中可看出，系统在初始状态经过约 0.4 s 的振荡后进入稳定状态。在 1 s 时发生故障后，电机转速和负载转速均变大，前者从原来的 24 rad/s 变为 31 rad/s，后者从原来的 4.7 rad/s 变为 6.2 rad/s，而输出电压信号和输出电流信号均没有变化。因 4 个信号均不能突变，所以经过约 0.2 s 的短暂振荡后又重新进入稳态。

负载转速增大，表明系统出现故障，根据系统的 TCG，并以负载转速增大为顶层事件，逐层推理分别得出机械部分的故障初始集。从图 4-17 所示可知测量变量 $f_{22}$ 相对于无故障情况下变大，故用 "+" 表示。采用 TCG 逆向推理可知 $f_{22}$ 有一个路径，即 $e_{23}$。因其与 $f_{22}$ 成积分关系，可推出 $e_{23}$ 变大，用 "+" 表示，因 $J_s$ 在分母上，会变小，用 "−" 表示。又因 $e_{23}$ 有两条路径，一为 $e_{22}$，因其与 $e_{23}$ 成反比关系，用 "−" 表示，$e_{22}$ 又与 $f_{22}$ 成正比，可知 $f_{22}$ 减少，与图 4-17 中观测增加相矛盾，可知该条路径中断，那么 $f_s$ 减小，用 "−" 表示；二是 $e_{20}$，$e_{23}$ 与 $e_0$ 成正比关系，用 "+" 表示。$e_{20}$ 也与 $e_{18,19}$ 成正比，同样采用 "+" 表示，根据调制变换器的特性方程知 TF 也会随之变大。同理 $f_{18}$ 也用 "+" 表示，而电感组件的特性方程值 K 是减小的。$f_{18}$ 有两个路径：$f_{19}$ 和 $f_{16}$。前者与 $f_{18}$ 成反比，用 "−" 表示，$f_{18}$ 又与 $f_{22}$ 成正比，也是减少的，与已知的观测变量的变化相矛盾，中断该路径，而

TF 也会随之变小，与前面的结论相矛盾，因此不考虑这种情况；后者与 $f_{18}$ 成正比，用"+"表示，该结论于图 4-17 中电机转速变化关系相一致，此后依此类推，最终可建立如图 4-18（b）所示的故障树。从故障树可获得当顶事件 $f_{22}$ 增大的初始故障集合为 $\{ J_s -；f_s -；TF+, K-；R_f-, J_e -, GY -；L+, R_e+\}$。

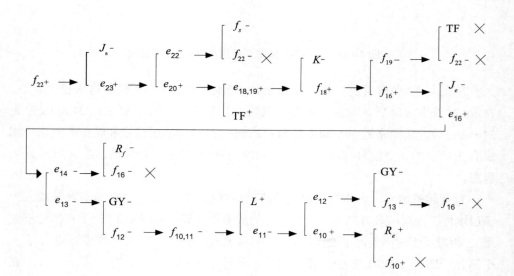

（a）电路部分

（b）机械部分

图 4-18　机电系统的故障树

因这里考虑电机故障，故不考虑前 4 个变量的变化。实践中，电机的转动惯量和摩擦系数是会随着时间变大的，电机电气部分的电阻和电感会因摩擦、温度等因素的存在，其值只能随时间减小。因此可推出引起故障情况 2 发生的原因是电机常数值减小。

# 4.3 基于支持向量机的组合型交流器的故障诊断

目前基于键合图模型的电力电子电路的故障诊断中大多是针对只含有单个或两个开关的模型，结构简单，分析较为容易。本节考虑包含多个开关组件的变流器，且变流器是一具有非线性、复杂性和强干扰性等特点的电力电子系统，因此本节采用基于统计分析的故障诊断方法，即 SVM 法。在大多数情况中，来自传感器或检测装置的数据容易受到背景噪声、突发性或季节性干扰等的影响。尤其在实际应用中，系统的退化通常不是人们所认为的单调递增或递减，因此需对数据进行预处理，提取信号中隐藏的退化特征。故障特征的提取是采用现代信号处理技术将信号原始特征空间的模式用新特征空间的模式向量表示，以获得最有效特征值。

本章研究将经验模态分解（empirical mode decomposition，EMD）法与支持向量机相结合的变流器故障诊断方法，采用 EMD 法提取出变流器各故障的有效信息作为故障特征，将其作为 SVM 的输入，进而实现故障诊断。

## 4.3.1 原理介绍

### 4.3.1.1 EMD 分解的原理

1998 年 Norden E.Huang 提出使用经验模态分解法实现非平稳信号的平稳化，该法将信号的不同尺度波动或趋势进行逐级分解，生成一系列含有不同特征尺度的数列。通常将这种数列中每一项称为一个固有模态分量（intrinsic mode function），简称 IMF 分量。

EMD 分解后的每个 IMF 分量需满足以下两个条件：一是极点值的数量与过零点值的数量相等或至多相差一个；二是在任一时刻，由信号的各局部极大、小值点形成的上、下两包络线的平均值为 0，也就是上、下包络线局部关于时间轴对称。为获得各 IMF，可遵循以下 3 个步骤。

（1）设 $x(t)$ 为原始信号，采用样条函数取 $x(t)$ 的上下包络局部均值 $m(t)$。令 $h(t)=x(t)-m(t)$，如果 $h(t)$ 不满足上段的条件，则将其作为新的待处理信号，重复 $k$ 步得

$$h_{1k}(t)=h_{1(k-1)}(t)-m_{1k}(t) \tag{4-27}$$

事实上，严格按照 IMF 的定义分解信号是不可能的，因此可通过前后两个 $h(t)$ 的标准差 SD 来判断，即

$$\text{SD} = \sum_{t=0}^{T} \left[ \frac{h_{1(k-1)}(t) - h_{1k}(t)}{h_{1(k-1)}(t)} \right]^2 \tag{4-28}$$

（2）可得到信号 $x(t)$ 第一个 IMF 分量 $c_1(t)$ 与 $r_1(t)$，该分量分离的余项为

$$\begin{cases} c_1(t) = h_{1k}(t) \\ r_1(t) = x(t) - c_1(t) \end{cases} \tag{4-29}$$

（3）将余项 $r_1(t)$ 作为一个待处理的新信号，重复上述筛选过程 $n$ 次，得到信号的 $n$ 个 IMF 分量为

$$\begin{cases} r_1 - c_2 = r_2 \\ \quad\vdots \\ r_{n-1} - c_n = r_n \end{cases} \tag{4-30}$$

当 $r_n(t)$ 为一个单调函数时，此时满足提取 IMF 分量的两条件，循环结束。那么信号 $x(t)$ 可以表示成

$$x(t) = \sum_{i=1}^{n} c_i(t) + r_n(t) \tag{4-31}$$

其中，后者 $r_n(t)$ 表信号 $x(t)$ 的平滑趋势；前者 $c_i(t)$ 为各个 IMF 分量，表征了信号 $x(t)$ 中固有的谐波成分。

EMD 的分解过程从实质上讲，就是一个"筛分"过程。在分解时以特征时间尺度为依据，从小到大依次将相应特征时间尺度的模态分量分离出来。分解后的各 IMF 分量为 $c_1(t)$，$c_2(t)$,…, $c_n(t)$，包含了从高到低不同的频率带，且每个频率带都是单分量，可以求出 IMF 各频带的能量值。

### 4.3.1.2 能量熵

当电路发生故障时，采集到信号能量随频率分布情况较于无故障情况是有所区别的。本书采用将内禀模态能量熵作为故障特征信号。

由上节知，采用 EMD 法对电路输出信号进行分解后可得到 $n$ 个 IMF 分量 $c_1(t)$，$c_2(t)$,…, $c_n(t)$ 和一个残留量 $r_n(t)$，设 $n$ 个 IMF 分量的能量之和分别为 $E_1$，$E_2$，…，$E_n$，由于 EMD 分量具有正交性，在忽略残留量 $r_n(t)$ 的情况下，$n$ 个 IMF 分量能量之和与原始信号的总能量相等，这是因为 IMF 分量都包含了不同的频率成分，则相应的 IMF 能量熵可定义为

$$H_{EN} = -\sum_{i=1}^{n} p_i \lg p_i \qquad (4-32)$$

其中，$p_i = E_i / E$，为第 $i$ 个 IMF 分量的能量占整个信号能量的百分比；$E = \sum_{i=1}^{n} E_i$。

### 4.3.1.3 SVM 的基本原理

20 世纪 90 年代初，Vapnik 提出一种针对统计学习中 VC 维和结构风险最小化理论的新方法，即 SVM 理论，该算法能有效解决小样本、非线性和高维等问题。根据有限的样本信息，在寻求样本学习能力和复杂性之间最佳折中，从而使样本获得最佳的推广能力。

考虑如图 4-19 所示的简单的二维线性可分问题，图中的实心点和空心点分别为两类训练样本。设可分类的样本为 $(x, y_i), i = 1, 2, \cdots, n$ 且 $y_i \in \{+1, -1\}$，存在直线 $H$ 把这两类样本准确无误地分开，设其方程为 $\omega \cdot x + b = 0$。那么，所有的样本满足式：

$$y_i(\omega \cdot x + b) - 1 \geqslant 0, i = 1, \cdots, n \qquad (4-33)$$

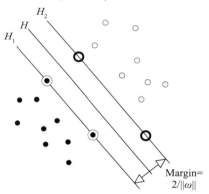

图 4-19 SVM 分类示意图

$H_1$ 和 $H_2$ 分别是距对应的类最近且平行于 $H$ 的两条直线，称 $H_1$ 和 $H_2$ 之间的距离为分类间隔（margin），而最优分类还要求使 $H_1$ 和 $H_2$ 之间的间隔最大。图 4-19 所示的两个样本，在两分类线 $H_1$、$H_2$ 上的点为支持向量（support vector, SV），也就是式（4-34）所示方程等号成立的训练样本，即支持向量满足公式

$$H_1: \omega \cdot x_i + b = 1 \qquad H_2: \omega \cdot x_i + b = -1 \qquad (4-34)$$

$H_1$ 和 $H_2$ 分类间隔为 $2/\|\omega\|$，因此使分类间隔最大就等价于最小化 $\|\omega\|$。

上述讨论的都是线性可分的情况，对线性不可分情形 Vapnik 等人综合考虑最小错分样本和最大分类间隔，提出用广义最优分类面来解决，在条件 $\|\omega\|$ 最小的情

况下引入松弛项 $\varepsilon_i \geq 0$，优化问题可变为

$$\begin{cases} \min \phi(w, \xi) = 1/2(w \cdot w) + c\sum_{i=1}^{n} \xi_i & \xi_i \geq 0 \\ \text{使得} \ y_i(w \cdot x + b) - 1 + \xi_i \geq 0, \ i = 1, \cdots, n \end{cases} \tag{4-35}$$

其中，$c$ 为惩罚因子，控制样本的准确度，实现样本被错误分开的比例减小与算法的复杂度降低两者之间的折中，$c$ 越大，模型的精度也就会越高，同样也会出现"过拟合"。

采用 Lagrange 优化法，式（4-36）所示的最优分类面问题可转化为其对应的对偶形式：

$$\begin{cases} \min Q(a) = \sum_{i=1}^{n} \alpha_i - \frac{1}{2}\sum_{i,j=1}^{n} \alpha_i \alpha_j y_i y_j (x_i \cdot x_j) \\ \text{使得} \ \sum_{i=1}^{n} y_i \alpha_i = 0 \qquad 0 \leq \alpha_i \leq C, \ i = 1, \cdots, n \end{cases} \tag{4-36}$$

那么，分类决策函数为

$$f(x) = \text{sgn}\left[\sum_{i=1}^{n} \alpha_i^* y_i (x_i \cdot x_j) + b^*\right] \tag{4-37}$$

采用核函数，SVM 可以实现将输入空间中线性不可分的特征向量利用非线性映射函数变为线性可分。设核函数 $K(x_i, y_i) \geq 0$ 可代替最优分类平面的点积，则相应的目标函数和决策函数就可变为

$$Q(a) = \sum_{i=1}^{n} \alpha_i - \frac{1}{2}\sum_{i,j=1}^{n} \alpha_i \alpha_j y_i y_j K(x_i, x_j) \tag{4-38}$$

$$f(x) = \text{sgn}\left[\sum_{i=1}^{n} \alpha_i^* y_i (x_i, x_j) + b^*\right] \tag{4-39}$$

常用的核函数有线性、多项式、径向基和 Sigmoid 等核函数，考虑应用的最为广泛的径向基核函数，其核函数为

$$K(x_i, y_i) = \exp\left(-|x_i - y_i| / 2\sigma^2\right) \tag{4-40}$$

其中，$\sigma$ 为径向基函数的长度，参数 $\sigma$ 过大会出现"过拟合"的现象，样本在其推广性能上会下降。结合上文中惩罚因子 $c$ 两个参数值的确定通过遗传算法实现。

SVM 算法最初是为了解决二分类问题，但由于实际问题中大多是针对多分类问题的，上文采用的方法显然不再适用，为了解决这一问题，国内外学者不断对 SVM 法改进。目前的构造 SVM 多分类算法主要有一对一、一对多和二叉树等。

### 4.3.1.4 SVM 参数优化研究

惩罚因子 $c$ 用于实现经验风险与置信风险之间的平衡，$c$ 越大，数据拟合程

度越高，但随之带来的是泛化能力的降低；较小的 $c$ 则带来较差的数据拟合程度与较强的泛化能力。核函数中的参数 $\sigma$ 影响空间的维数，从而决定函数的最小经验误差值。较高的维数，使得计算后的最优分类的超平面较为复杂，使得泛化能力较差，也就是拟合程度较高的训练样本，会使得未知样本的适应性变差。

目前，参数 $c$ 和 $\sigma$ 的选择已经成为 SVM 研究者研究的一个重要方面，其中较为广泛的主要有 4 种方法：网格搜索法、经验选择法、粒子群算法及遗传算法。网格搜索法的缺陷在于针对不同问题的步长选择上，过大可能错过全局最优的解，过小导致计算量太大。经验选择法对样本和使用者经验的依赖程度过大，没有足够的理论基础。PSO 收敛速度快，需要调节的参数少，但容易陷入局部最优解。GA 虽然参数较多，需要对数据进行二进制编码，收敛速度较慢，但因存在变异使得算法不容易陷入局部最优解。因此这里采用 GA 算法对参数进行寻优，以种群作为搜索单位，对父代种群实行选择、交叉和变异等步骤，从而产生新一代的种群，使用算法向着最佳解方向逐渐进化。

## 4.3.2 基于 SVM 的 AC/DC-DC/AC 的故障诊断分析

现在几乎所有的部门或现代技术装备了计算机或计算机控制系统，用于指挥、监测、控制和信息的随机处理、存取等，使整个系统在高效率、高质量状况下安全运行。但是在实际应用中往往包含两个甚至多个基本变换电路，并采用一定的方法将它们先后组合，从而构成了多级开关电路的变频电源，如图 4-20（a）所示的交流电源供电时采用直流 / 交流、直流 / 交流两级变换电路，实现具有中间直流环节的交流 / 直流 / 交流变换，得到变频、变压交流电源；又如图 4-20（b）所示的直流电源供电时采用直流 / 交流、交流 / 直流两级变换电路，实现具有中间交流环节的直流 / 交流 / 直流变换。

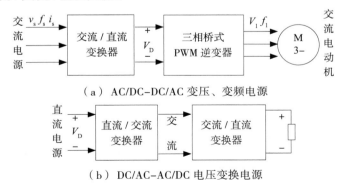

（a）AC/DC-DC/AC 变压、变频电源

（b）DC/AC-AC/DC 电压变换电源

**图 4-20　两级变换电路**

### 4.3.2.1 AC/DC-DC/AC 原理及键合图模型建立

本节讨论直流／交流、交流／直流两级变换电路，以风电系统中不可控整流后接 Boost 斩波器再接电压型逆变器为例，其主回路拓扑结构如图 4-21 所示。包括三级电路：第一级电路为三相整流电路；第二级为 Boost 升压型电路；第三级为三相逆变电路。将逆变器后续的负载电路简化为以三角形连接方式的电阻和电感，图中包括 7 个整流二极管，6 个 IGBT。

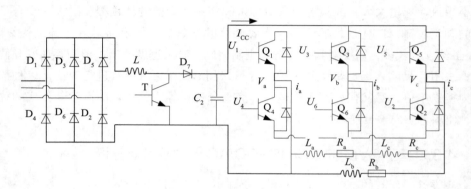

图 4-21　变流器原理图

在典型的离散开关系统中，常根据开关的模型，将电路的拓扑结构分为两类：时变和时不变。对于二极管而言，通常认为它是一不可控开关器件，研究过程中往往将二极管作为一理想化的模型。图 4-22（a）为二极管伏安特性，二极管导通可以将其看成一小电阻，电流和电压呈线性关系；断开时，电流很小，可忽略不计。根据二极管的伏安特性建立如图 4-22（b）所示的由内阻 $R$、可调制变换器 MTF 和继电器这三种组件构成的二极管模型。继电器的输入来源于 1- 节点的流信号，当流信号大于 0 时，二极管导通，相当于一个阻值很小的电阻；反之二极管不导通。该建模有如下优点：适用于所有系统、易理解和因果关系固定等。晶体管模型采用德国 Brouzkyt 提出的将可调制变换器 MTF 与电阻 $R$ 并接，在此基础上，与二极管组合形成新型 IGBT 的 BG 模型，如图 4-22（c）所示。

采用上述的开关管与二极管的 BG 模型，建立如图 4-23 所示变流器 BG 模型，图中电容 $C_1$、$C_3 \sim C_5$ 均是为了解决因果冲突，将其参数值设置成很小，在以后的计算中可将其忽略不计，而电容 $C_2$ 为滤波电容，滤除直流信号中的高频成分。

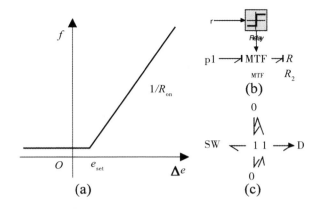

图 4-22　二极管 $U$-$I$ 图

### 4.3.2.2 故障情况分析

　　由前文知开关管的故障情况占变频电源故障的 38%，所以这里只考虑开关管的故障情况。图 4-24 所示给出了三相桥式电压型逆变器供电的三角形构成的 $R_L$ 负载的 BG 模型，开关管的基极驱动信号 $U_i$（$i=1,\cdots,6$）按照 6 个步骤依次导通，为分析简单起见，设控制信号 $U_1$，$U_3$，$U_5$ 3 个正弦波形式的符号函数，其正值为 1，负值为 0，相位相差 120°。其余控制信号分别为 $U_4=1-U_1$，$U_6=1-U_3$，$U_2=1-U_5$。电路正常工作时，任一桥臂的两个开关管互补导通，也就是说，当一个管处于导通状态，另一个管必然是关断的。在不考虑逆变器是否输出正常波形的情况下，开关的状态在理论上有 $2^6$ 种组合。本节分析 Welchko 的 4 种故障情况：桥臂 $a$ 下管短路故障；桥臂 $a$ 上下两管均短路故障；桥臂 $a$ 下管开路故障；桥臂 $a$ 上下两管均开路故障。因逆变电路是对称的，其他两桥臂的情况与此类似。

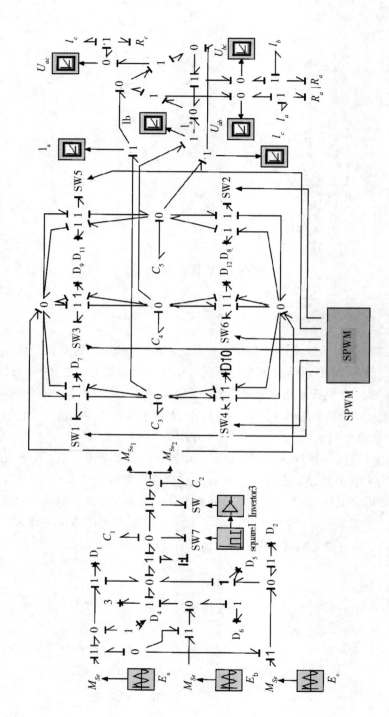

图 4-23　变流器键合图模型

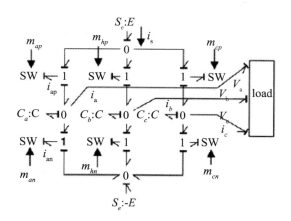

**图 4-24 逆变器键合图模型**

首先，计算通过桥臂 $a$ 上管的电流 $i_{ap}$ 和下管的电流 $i\{i_{an}\_an\}$ 分别为

$$i_{ap} = m_{ap}^2 / R_{ap} \left( E - V_a \right) \qquad （4-41）$$

$$i_{an} = m_{an}^2 / R_{an} \left( -E - V_a \right) \qquad （4-42）$$

根据 KCL 定律，结合式（4-42）与式（4-43）可得下式

$$C_a V_a^\& = i_{ap} + i_{an} - i_a = m_{ap}^2 / R_{ap} \left( E - V_a \right) + m_{an}^2 / R_{an} \left( E - V_a \right) - i_a \qquad （4-43）$$

已知 $C_a \to 0$，那么式（4-42）变为左边就为 0，又 $m_{ap}^2 = m_{ap} \in \{0,1\}$，$m_{an}^2 = m_{an} \in \{0,1\}$，因逆变器是对称的，那么可设 $R_{ap} = R_{an} = R_a$，可通过式（4-43）计算得到 $V_a$ 的值，即

$$V_a = \left( m_{ap} - m_{an} \right) / \left( m_{ap} + m_{an} \right) E - R_a i_a / \left( m_{ap} + m_{an} \right) \qquad （4-44）$$

在电路无故障的情况下，桥臂 $a$ 的上下两个开关管互补导通，即 $m_{an} = 1 - m_{ap}$，式（4-43）又可写为

$$V_a = \left( 2m_{ap} - 1 \right) E - R_a i_a \qquad （4-45）$$

由于桥臂 $a$ 的导通电阻 $R_a$ 很小，式（4-44）的第二项可忽略不计，表明电压 $V_a$ 为幅值在 $+E$ 和 $-E$ 的方波信号。

下面讨论桥臂 $a$ 故障的相电压 $V_a$ 的变化情况。

（1）桥臂 $a$ 臂下管短路

此时，逆变器的单个开关管短路故障，可设此时桥臂 $a$ 下管的驱动信号 $m_{an} = 1$，得

$$V_a = \left( m_{ap} - 1 \right) / \left( m_{ap} + 1 \right) E - R_a / \left( m_{ap} + 1 \right) i_a \qquad （4-46）$$

（2）桥臂 $a$ 上下管都短路

若桥臂 $a$ 短路，两个开关管始终导通，即 $m_{an} = m_{ap}$ ，那么 $V_a$ 就变为

$$V_a = -R_a / 2 \times i_a \tag{4-47}$$

（3）桥臂 $a$ 下管开路

逆变器的单个开关管开路故障，式（4-43）显然不再适用，此时 $m_{an} = 0$，假设桥臂 $a$ 下管始终开路，上管正常工作，那么

$$V_a = E + R_a i_a \tag{4-48}$$

（4）桥臂 $a$ 上下两管均开路

当上管断开时，电位 $V_a$ 的节点没有连接到电源提供的电压 $\pm E$ 上，此时电流相电流 $i_a$ 也为零。也就是，在桥臂 $a$ 下管开路的情况下，$V_a$ 的幅值不再包含幅值为 $-E$ 的方波了，而是只剩下幅值为 $E$。

针对上述描述的故障情况 1 与 4 进行了模拟。电路中用到的参数分别为输入三相电压幅值 18 V，频率 50 Hz，6 个逆变器的开关管驱动信号为频率 50 Hz，脉冲宽度为 180°，彼此相位依序相差 60°。三角形 $R_L$ 负载电阻为 $R_a=R_b=R_c=10\ \Omega$，电感 $L_a=L_b=L_c=0.015\ \text{H}$。

首先考虑桥臂 $a$ 下管短路故障，选取两个电感电流作为状态变量用于观察，图 4-25 至图 4-29 给出了该故障的输出波形图。图 4-25 所示为直流侧电流波形和开关管 SW1 的驱动信号波形，由图可知故障影响相电流 $i_a$ 的正半周期，输出低于正常情况，而负半周期没有变化。图 4-26 所示为负载电流 $i_{L_a}$ 故障和无故障的历史波形，与 $i_a$ 的情况类似，均是正半周期有故障。故障情况对电感电流 $i_{L_b}$ 没有影响，由三角形负载的基尔霍夫定律，知

$$i_{L_a} + i_{L_b} + i_{L_c} = 0 \tag{4-49}$$

那么，负载电流 $i_{L_c}$ 必须受到影响，如图 4-27 所示，负半周期的信号受到影响。再考虑桥臂 $a$ 上下两管均开路故障，此时桥臂 $a$ 的上开关均处于断开状态，则 $i_a$ 始终为 0。桥臂 $a$ 输出没有与负载相连接，即

$$I_{CC} = i_{ap} + i_{bp} + i_{cp} = m_{ap}i_b + m_{cp}i_c \tag{4-50}$$

因此，图 4-28 给出了随时间的变化开路时 $a$ 相电流 $i_a$ 和故障后的负载 $L_a$ 的电流 $i_{L_a}$。图中无故障情况下的电感电流 $i_{L_a}$ 的峰值与故障后的比值为 $3.18/1.72 \approx 1.84$，近似于 $\sqrt{3}$。由于故障后的相电流 $i_a$ 始终为 0，不论桥臂 $a$ 的上管驱动信号是否为 0，直流侧母线电流 $I_s$ 随时间的变化明显不同于无故障情况，其原因在于负载并未与桥臂 $a$ 相连，如图 4-29 所示。

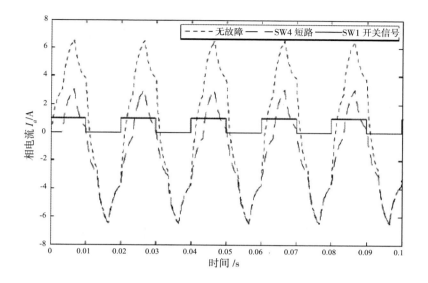

图 4-25 相电流 $i_a$ 电流时域波形

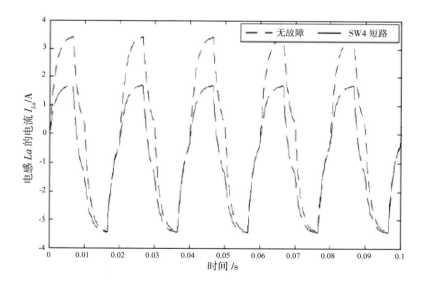

图 4-26 负载 $L_a$ 的电流 $i_{L_a}$ 时域波形

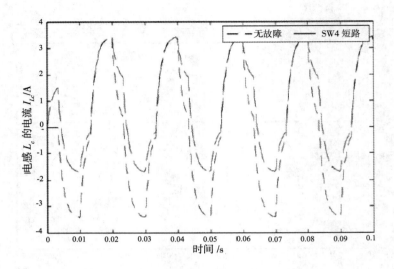

图 4-27　负载 $L_c$ 的电流 $i_{Lc}$ 时域波形

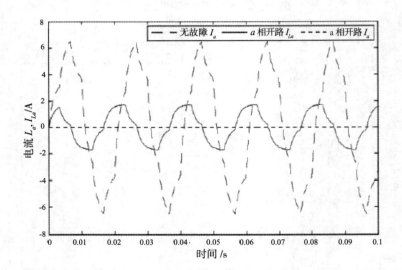

图 4-28　桥臂 $a$ 输出电流和负载 $L_a$ 电流时域波形

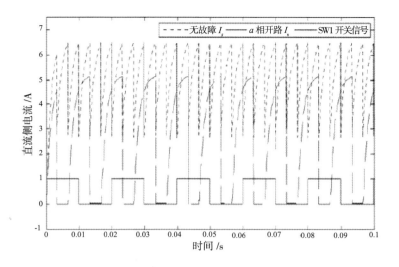

图 4-29　直流侧母线电流 $I_s$ 时域波形

### 4.3.2.3 故障特征提取

　　根据图 4-21 所示的变流器的原理图，对于 IGBT 管的故障而言，有开路和短路两种，尤其以开路最为常见。由于实际的系统中在运行时多个 IGBT 同时出现故障的可能性较小，因此本节考虑至多有两路桥臂出现故障，此时，故障情况可以分为正常工作（故障类型 1）、单管开路故障（故障类型 2 ~ 7）、同一桥臂两管开路（故障类型 8 ~ 10）、同一极性两管开路（故障类型 11 ~ 16）及交叉两只管开路（故障类型 17 ~ 22），共六大类如表 4-7 所示。为识别电路故障位置，首先要对采集到的电流信号 $i_a$、$i_b$、$i_c$ 进行 EMD 分解，将得到的 IMF 提取其能量熵作为 SVM 的特征输入，采用支持向量机分类器对样本进行训练和检验，从而实现故障位置识别。

　　因 EMD 方法是一种基于信号局部特征的时间尺度，该法把原始信号中若干 IMF 分量提取出来，各个 IMF 分量代表原始信号的分解出来频率从低到高的局部特征，因此对 IMF 分析可准确地掌握原始信号的特征。图 4-30 所示故障类型 1 ~ 4 情况下的 IMF 能量熵，从图中可以看出当电路发生故障时，各个 IMF 的能量会发生变化，也就是各个 IMF 在不同故障情形下的能量变化也不尽相同，由此可知，能量熵可以反映电路的故障信息。因此本节采集各故障类型下的 10 组信号，采用 IMF 能量熵的特征提取，获得了正常和故障状态下的特征向量共 220 组数据。

表4-7  故障类型

| 故障类型 | 故障情况 | 故障类型 | 故障情况 |
|---|---|---|---|
| 故障类型 1 | 正常 | 故障类型 12 | $Q_1$、$Q_5$ 开路 |
| 故障类型 2 | $Q_1$ 开路 | 故障类型 13 | $Q_3$、$Q_5$ 开路 |
| 故障类型 3 | $Q_2$ 开路 | 故障类型 14 | $Q_2$、$Q_4$ 开路 |
| 故障类型 4 | $Q_3$ 开路 | 故障类型 15 | $Q_2$、$Q_6$ 开路 |
| 故障类型 5 | $Q_4$ 开路 | 故障类型 16 | $Q_4$、$Q_6$ 开路 |
| 故障类型 6 | $Q_5$ 开路 | 故障类型 17 | $Q_1$、$Q_4$ 开路 |
| 故障类型 7 | $Q_6$ 开路 | 故障类型 18 | $Q_1$、$Q_6$ 开路 |
| 故障类型 8 | $Q_1$、$Q_2$ 开路 | 故障类型 19 | $Q_3$、$Q_2$ 开路 |
| 故障类型 9 | $Q_3$、$Q_4$ 开路 | 故障类型 20 | $Q_3$、$Q_6$ 开路 |
| 故障类型 10 | $Q_5$、$Q_6$ 开路 | 故障类型 21 | $Q_5$、$Q_2$ 开路 |
| 故障类型 11 | $Q_1$、$Q_3$ 开路 | 故障类型 22 | $Q_5$、$Q_4$ 开路 |

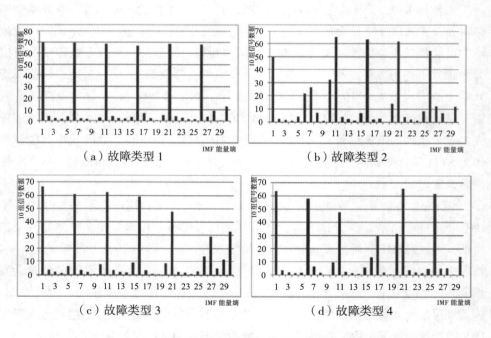

（a）故障类型 1　　　　（b）故障类型 2

（c）故障类型 3　　　　（d）故障类型 4

图 4-30　故障类型 1 ~ 4 能量熵 $M$ 分布的柱状分布图

# 第 5 章　基于混杂系统模型的电力电子电路故障诊断

## 5.1　基于混杂系统理论的电力电子电路建模

### 5.1.1 电力电子电路的混杂特性

电力电子电路通常包含有三部分：直流或交流电源、功率开关器件和电感电容等线性元件。其中，功率开关器件的导通和关断，动态地改变着电路的工作模态，使得电力电子电路具有多个工作模态，每一个工作模态代表电路的一个拓扑结构，那么这个工作模态就代表着电路的一个离散事件。如果在这个离散事件中各开关保持导通或者关断状态不变，在这个模态下，电路中的各状态变量是由状态方程来进行描述的，这便体现了电路的连续特性，状态变量随着时间的改变而连续变化，这代表着电路的一个连续事件。一方面，随着电路中不同离散事件的跳变，电路中相对应的开关器件改变了原来的开关状态，这样，电路将工作在一种新的拓扑结构下，电路的各状态变量也会由新的状态方程描述，这表明系统变迁到了一个新的离散事件，电路的工作模态也相应地发生变迁，从而使电路呈现出了离散事件动态特性。另一方面，电路的每一个工作模态中的状态变量（如电压、电流等）随着时间和外部状态的变化也在不断地发生改变，这样，电路又体现出连续时间动态特性。离散事件动态特性和连续时间动态特性的交替发生和二者之间的相互影响、相互作用，使整个电力电子电路在运行过程中展现出典型的混杂系统动态特征，所以可以用混杂系统模型来描述电力电子电路。

### 5.1.2 典型电力电子电路的混杂系统理论模型

虽然电力电子电路和一般的模拟电路、数字电路有许多的不同之处，但它也是电路的一种，所以可以应用基尔霍夫电压定律来对它进行分析。本书在对电力电子电路进行建模的时候，把电路中的开关器件看作理想器件。所谓理想器件，是指器件的开关时间为零，且只有导通和关断两种状态。在电力电子电路中，由于电感电流和电容两端的电压这两个量中包含着电路中 $L$、$C$、$R$ 等元件的参数信息，所以可以选择电感电流、电容两端的电压作为状态变量，但实际电路中，电容两端的电压一般不容易测得，所以采用输出电压和电感电流作为状态变量，以此对电路进行分析，即可推导出含有电路元件参数的状态方程组。由于电容的等效串联电阻（ESR）对电路性能有比较大的影响，可以衡量电容是否正常，所以用一个电阻和一个理想电容相串联来表示电容；电感的等效串联电阻对电路影响较小，因此建模时不考虑。下面应用基尔霍夫电流定律和电压定律对典型电力电子电路进行分析，从而总结出电力电子电路的混杂系统模型。

### 5.1.2.1 Boost 电路的混杂系统模型

Boost 电路的基本原理如图 5-1 所示。

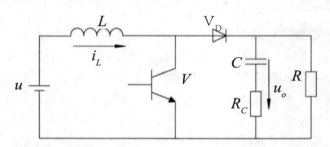

图 5-1 Boost 电路的基本原理图

由图 5-1 可以看出，Boost 电路中含有一个可控开关（即开关管 V）和一个不可控开关（即功率二极管 $V_D$），为了讨论方便，本书用理想开关 $S_1$ 表示可控开关器件，用理想开关 $S_2$ 表示功率二极管，并假设各开关导通时值为 1，截止时值为 0。所谓理想开关器件，就是认为该开关器件的开关时间为零如图 5-2 所示。

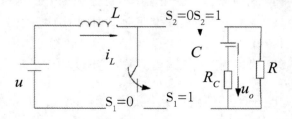

图 5-2 包含理想开关的 Boost 电路的等效电路图

Boost 电路存在两种工作方式：电感电流连续模式和电感电流断续模式，即CCM 和 DCM。当电路处于 CCM 时，存在两个离散模态，即 $S_1=1$、$S_2=0$ 和 $S_1=0$，$S_2=1$；当电路处于 DCM 时，存在三个离散模态，即 $S_1=1$、$S_2=0$、$S_1=0$、$S_2=1$ 和 $S_1=0$、$S_2=0$。下面基于基尔霍夫电压定律和电流定律对这些模态分别列写状态方程。

（1）$S_1=1$，$S_2=0$ 时，电路等效如图 5-3 所示。

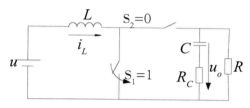

**图 5-3　$S_1=1$ 且 $S_2=0$ 时的等效电路图**

此时有：

$$\begin{cases} u = L\dfrac{\mathrm{d}i_L}{\mathrm{d}t} \\ C\dfrac{\mathrm{d}u_C}{\mathrm{d}t} + \dfrac{u_O}{R} = 0 \end{cases} \tag{5-1}$$

解得

$$\begin{cases} \dot{i}_L = \dfrac{u}{L} \\ \dot{u}_O = \dfrac{1}{C(R+R_C)}u_O \end{cases} \tag{5-2}$$

写成矩阵形式为

$$\begin{bmatrix} \dot{i}_L \\ \dot{u}_O \end{bmatrix} = \begin{bmatrix} 0 & 0 \\ 0 & -\dfrac{1}{C(R+R_C)} \end{bmatrix}\begin{bmatrix} i_L \\ u_O \end{bmatrix} + \begin{bmatrix} \dfrac{u}{L} \\ 0 \end{bmatrix} \tag{5-3}$$

（2）$S_1=0$，$S_2=1$ 时，等效电路如图 5-4 所示。

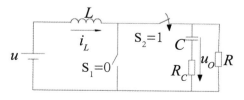

**图 5-4　$S_1=0$ 且 $S_2=1$ 时的等效电路图**

此时有：

$$\begin{cases} u = L\dfrac{\mathrm{d}i_L}{\mathrm{d}t} + u_O \\ i_L = C\dfrac{\mathrm{d}u_c}{\mathrm{d}t} + \dfrac{u_O}{R} \end{cases} \tag{5-4}$$

解得

$$\begin{cases} \dot{i}_L = \dfrac{u}{L} - \dfrac{u_O}{L} \\ \dot{u}_O = \dfrac{R}{C(R+R_C)}i_L - \dfrac{CRR+L}{LC(R+R_C)}u_O + \dfrac{RR_C+L}{L(R+R_C)}u \end{cases} \tag{5-5}$$

写成矩阵形式为

$$\begin{bmatrix} \dot{i}_L \\ \dot{u}_O \end{bmatrix} = \begin{bmatrix} 0 & -\dfrac{1}{L} \\ \dfrac{R}{C(R+R_C)} & -\dfrac{CRR_C+L}{LC(R+R_C)} \end{bmatrix}\begin{bmatrix} i_L \\ u_O \end{bmatrix} + \begin{bmatrix} \dfrac{u}{L} \\ \dfrac{RR_Cu}{L(R+R_C)} \end{bmatrix} \tag{5-6}$$

（3）$S_1=0$，$S_2=0$ 时，等效电路如图 5-5 所示。

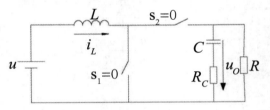

图 5-5　$S_1=0$ 且 $S_2=0$ 时的等效电路图

此时有：

$$C\frac{\mathrm{d}u_c}{\mathrm{d}t} + \frac{u_O}{R} = 0 \tag{5-7}$$

解得

$$\dot{u}_O = -\frac{1}{C(R+R_C)}u_O \tag{5-8}$$

写成矩阵形式为

$$\begin{bmatrix} \dot{i}_L \\ \dot{u}_O \end{bmatrix} = \begin{bmatrix} 0 & 0 \\ 0 & -\dfrac{1}{C(R+R_C)} \end{bmatrix}\begin{bmatrix} i_L \\ u_O \end{bmatrix} \tag{5-9}$$

综合式（5-3）、式（5-6）可以得出一个同时包含这两种离散模态的表达式：

$$\begin{bmatrix} \dot{i}_L \\ \dot{u}_O \end{bmatrix} = \begin{bmatrix} 0 & 0 \\ 0 & -\dfrac{1}{C(R+R_C)} \end{bmatrix} \begin{bmatrix} i_L \\ u_O \end{bmatrix} + S_2 \begin{bmatrix} 0 & -\dfrac{1}{L} \\ \dfrac{R}{C(R+R_C)} & -\dfrac{CRR_C}{LC(R+R_C)} \end{bmatrix} \begin{bmatrix} i_L \\ u_O \end{bmatrix} + S_1 \begin{bmatrix} \dfrac{u}{L} \\ 0 \end{bmatrix}$$

$$+ S_2 \begin{bmatrix} \dfrac{u}{L} \\ \dfrac{RR_C u}{L(R+R_C)} \end{bmatrix} \tag{5-10}$$

式（5-10）中 $S_1$ 和 $S_2$ 不能同时为零，这便是 Boost 电路在电感电流连续模式（CCM）下的混杂系统模型。

综合式（5-3）、式（5-6）、式（5-9）可以得出一个同时包含这三种离散模态表达式：

$$\begin{bmatrix} \dot{i}_L \\ \dot{u}_O \end{bmatrix} = \begin{bmatrix} 0 & 0 \\ 0 & -\dfrac{1}{C(R+R_C)} \end{bmatrix} \begin{bmatrix} i_L \\ u_O \end{bmatrix} + S_2 \begin{bmatrix} \dfrac{u}{L} \\ \dfrac{RR_C u}{L(R+R_C)} \end{bmatrix}_2 \begin{bmatrix} 0 & -\dfrac{1}{L} \\ \dfrac{R}{C(R+R_C)} & -\dfrac{CRR_C}{L(R+R_C)} \end{bmatrix} \begin{bmatrix} i_L \\ u_o \end{bmatrix}$$

$$+ S_1 \begin{bmatrix} \dfrac{u}{L} \\ 0 \end{bmatrix} + S_2 \begin{bmatrix} \dfrac{u}{L} \\ \dfrac{RR_C u}{L(R+R_C)} \end{bmatrix} \tag{5-11}$$

式（5-11）即为推导所得的 Boost 电路在电感电流断续工作模式（DCM）下的混杂系统模型，比较式（5-10）和式（5-11）可以看出，这两个模型表面上是一样的，但实际上相差了开关器件 $S_1$、$S_2$ 同时为零的情况，说明电路在 DCM 时的模型包含 CCM 时的模型。由于理想开关 $S_1$ 和 $S_2$ 的周期性切换导通，电路的混杂模型描述了电路的离散模态变迁特性，同时在每个离散模态下分别含有各自的状态方程，如式（5-3）、式（5-6）、式（5-9），这就描述了电路随时间变化的连续特性，所以说，由推导所得的电路混杂系统模型式（5-11）能够描述电路的混杂特性。

### 5.1.2.2 Buck 电路的混杂系统模型

Buck 电路的等效电路如图 5-6 所示。

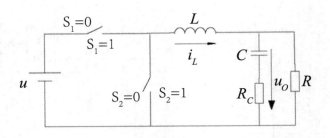

图 5-6　Buck 电路的等效电路图

对比图 5-6 和图 5-5 可以看出，Buck 电路同 Boost 电路一样，含有一个可控开关器件和一个功率二极管，对 Buck 电路进行分析，并把输出电压 $u_O$ 和电感电流 $i_L$ 作为电路的状态变量，可以推导出 Buck 电路的混杂系统模型为

$$\begin{bmatrix} i_L \\ \dot{u}_O \end{bmatrix} = \begin{bmatrix} 0 & 0 \\ 0 & -\dfrac{1}{C(R+R_C)} \end{bmatrix} \begin{bmatrix} i_L \\ u_O \end{bmatrix} + (S_1 + S_2) \begin{bmatrix} 0 & -\dfrac{1}{L} \\ \dfrac{R}{C(R+R_C)} & -\dfrac{RR_C}{L(R+R_C)} \end{bmatrix} \begin{bmatrix} i_L \\ u_O \end{bmatrix}$$

$$+ S_1 \begin{bmatrix} \dfrac{u}{L} \\ \dfrac{RR_C u}{L(R+R_C)} \end{bmatrix} \tag{5-12}$$

假设把式（5-5）、式（5-8）、式（5-11）分别用来表示，便可以采用混杂自动机模型中的图形表示法来描述推导出的 Boost 电路的混杂模型，描述方式如图5-7 和图 5-8 所示。

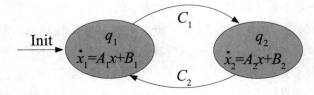

图 5-7　Boost 电路 CCM 下的混杂自动机模型

在图 5-7 中，Init 代表电路的初始状态；$q_1$ 和 $q_2$ 代表电路在 CCM 下的两种离散模态，$q_1$ 对应模态 $S_1=1$ 且 $S_2=0$，$q_2$ 对应模态 $S_1=0$ 且 $S_2=1$，以及分别代表这两个离散模态下的状态方程；箭头代表离散模态的切换方向；$C_1$ 代表从离散模态 $q_1$ 切换到离散模态 $q_2$ 需要满足的条件（condition）；$C_2$ 代表从离散模态 $q_2$ 变迁到离散模态 $q_1$ 时需要满足的条件。

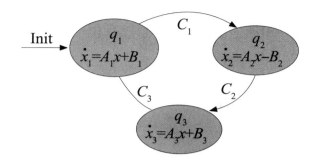

图 5-8　Boost 电路在 DCM 下的混杂自动机模型

图 5-8 所示和图 5-7 所示的区别在于，多了一个离散模态 $q_3$，即 $S_1=0$ 且 $S_1=0$ 时的模态，在 Boost 电路正常工作情况下，不会出现 $S_1$ 和 $S_2$ 同时为 1 的模态，这种模态为故障模态。模型当中的表示状态变量的系数矩阵，在不同的模态下对应着不同的矩阵，矩阵中包含有电路元件参数，这样便在一个模型中把状态和参数联系起来，不同模态间的切换特性描述了电路的离散特性，各模态下的状态方程表现了连续特性，模态间的离散切换促使状态方程从一个状态空间跳变到另一个状态空间，相应的参数矩阵也发生改变，体现出二者之间的联系，从而说明本书推导出的混杂系统建模方法能够很好地描述电路的混杂特性。对于 Boost-buck、Buck 和 Cuk 电路来说，它们的混杂自动机模型和 Boost 电路的混杂模型不同点在于系数矩阵的不同，离散模态情况基本相同，均含有 3 个离散模态，所以混杂自动机模型适用于这几种电路。

## 5.2　基于混杂系统模型的电力电子电路故障诊断方法

电力电子电路的故障包含两方面的内容：结构性故障和参数性故障。结构性故障主要表现为因功率器件的损坏（如开关器件出现短路、断路）而导致的主电路拓扑结构发生变迁的故障，同时也包括因电容、电感等元件短路和开路时引起的电路故障。参数性故障主要表现为电路中 $R$、$L$、$C$ 等元件参数（电阻阻值、电感感值和电容等效电阻阻值等）在电路运行过程中发生偏差，造成电路特性明显偏离正常特性的故障。

本节研究的结构性故障为单故障，即功率开关短路或者断路、二极管短路或者断路，不考虑它们同时发生故障的情况；参数性故障也是单一元件发生故障，针对的是 $R$、$L$、$C$，还有电容等效电阻 $R_c$ 等参数，是通过参数辨识来体现的。

## 5.2.1 电力电子电路结构性故障诊断方法

在电力电子电路中，开关器件一共有 4 个工作状态：稳定导通、稳定关断、由关断切换到导通的过程和由导通切换到关断的过程。其中，前两个为稳态，后两个为暂态。对于电力电子器件来说，暂态的持续时间要远远短于稳态的持续时间。在电力电子电路中，一些状态在电路处于不同模态时会表现出不一样的特性，分析这些稳态阶段的特性即可得出这些状态的变化规律，所以在分析电路时，重点放在分析电路稳定阶段，忽略暂态过程。这样便可以把开关器件近似看作理想开关器件，即开通或者关断时间为零，电路总是切换在不同的稳态阶段。

在电力电子电路中，所有开关器件都具有导通和关断两种状态，将所有器件的开关状态进行排列组合，就形成了电路的离散事件；在这个离散事件中，各电路变量又受到状态方程的约束，随着时间的变化而连续变化，就形成了连续事件；离散事件和连续事件互相交替发生，使电力电子电路体现出混杂系统的特性。结合第四章的混杂自动机建模分析，从离散事件的切换角度，可以把电力电子电路的混杂模型写为

$$\begin{cases} \dot{\boldsymbol{x}}_q(t) = \boldsymbol{A}_q \boldsymbol{x}(t) + \boldsymbol{B}_q \\ \boldsymbol{y}(t) = c\boldsymbol{x}(t) \end{cases} \tag{5-13}$$

其中，$\boldsymbol{x}(t) \in \mathbf{R}^n$，是一个由电路状态变量组成的 $n$ 维状态向量；$\boldsymbol{A}_q$ 和 $\boldsymbol{B}_q$ 表示在离散模态 $q$ 下的参数矩阵；$q=1,2,\cdots,n$，代表第 $q$ 个离散模态。

分析式（5-13）可知，这个混杂自动机模型里面包含描述离散特性的 $q$，也包含描述连续特性的状态方程，但是没有描述离散模态的切换过程，所以需要再添加一个切换序列，用来描述切换变迁过程。假设切换序列为

$$\zeta = \big[(t_0, e_0), (t_1, e_1), \cdots, (t_k, e_k)\big] = (q_1, q_2, \cdots, q_k) \tag{5-14}$$

其中，$k$ 为非负整数，这样便可以完全描述电路的混杂特性及切换过程。

假设电路中有可控开关器件 $n_1$ 个，不可控器件 $n_2$ 个，每个开关的一个导通或者关断的组合代表一个离散事件，也表示这个电路的一个离散拓扑模态，所以电路存在 $2^{(n_1+n_2)}$ 个离散拓扑模态，也可以称为离散事件。这些拓扑模态的集合，就构成了该电路的拓扑全集。假设该集合用 $M$ 表示，则 $M = \left\{ m_1, m_2, \cdots, m_{2^{(n_1+n_2)}} \right\}$，然而这些事件在实际电路中既可能出现，也有可能不出现，也就是说，在实际电路中有些离散事件是不存在的。

如果保持电路中的可控器件处于导通或者关断状态，则可以形成一个可控事

件集合，共有 $2^{n_1}$ 个可控事件集合，这些集合具有以下两条性质。

(1) $M_{Ci} \bigcap M_{Cj} = \phi$

(2) $M_{C1} \bigcup M_{C2} \bigcup \cdots \bigcup M_{C2^{n_1}} = M$

除了可控开关，电路中还含有 $n_2$ 个不可控开关，这些不可控开关的导通和关断状态组成了 $2^{n_2}$ 个离散事件：$M_{B1}, M_{B2}, \cdots, M_{B2^{n_2}}$，把这些离散事件和可控事件集合结合起来就构成了电路的整个拓扑集合。

如果电路中不可控器件发生故障，或者可控集合中的控制变迁切换时间不同，那么可控集合中的事件变迁序列将发生变化。如果只考虑电路出现一个故障的情况，那么产生故障的原因有两方面：一是电路经过切换时刻后应处于离散事件 A，但由于故障，实际的离散事件为 B；二是电路本来不应该发生切换，但由于故障，切换到了另一个离散事件。然而这两种原因有一个共同点：正常离散事件 A 被另一个离散事件 B 取代。

## 5.2.2 电力电子电路的参数性故障诊断方法

5.2.1 节中给出了电力电子电路的结构性故障诊断方法，本节对参数性故障诊断方法进行探讨。参数性故障诊断是在结构性故障诊断结束之后进行的，即当电路没有发生结构性故障时再对电路进行参数性故障诊断。本书采用的参数性故障诊断方法为：首先通过参数辨识算法来估计模型参数值，然后与正常值进行比较，如果发生比较大的偏差，则认为发生参数性故障；如果偏差在允许的范围内，则认为没有参数性故障。参数辨识是通过最小二乘算法来实现的，下面介绍最小二乘算法和最小二乘递推算法。

### 5.2.2.1 最小二乘参数估计法

假设一个有 $n$ 阶的单输入单输出系统，它的输入输出状态方程为

$$y(k) + c_1 y(k-1) + \cdots + c_n y(k-n) = d_0 u(k) + d_1 u(k-1) + \cdots + d_n u(k-n) + e(k) \quad （5-15）$$

写成和函数形式为

$$y(k) = \sum_{i=1}^{n} c_i y(k-i) + \sum_{i=0}^{n} d_i u(k-i) + e(k) \quad （5-16）$$

其中，$u(k-i)$ 为系统输入采样值；$y(k-i)$ 为系统输出采样值；$i = 0, 1 \cdots, n$；$[c_1, \cdots, c_n]$ 和 $[d_0, \cdots, d_n]$ 为待估计的参数矩阵，$e(k)$ 为系统的观测噪声。假设观测次数为 $N(N \gg n)$ 次，通过推导可得

$$\begin{bmatrix} y(n+1) \\ y(n+2) \\ \vdots \\ y(n+N) \end{bmatrix} = \begin{bmatrix} -y(n) & \cdots & -y(1) & u(n+1) & \cdots & u(1) \\ -y(n+1) & \cdots & -y(2) & u(n+2) & \cdots & u(2) \\ \vdots & & \vdots & \vdots & & \vdots \\ -y(n+N-1) & \cdots & -y(N) & u(n+N) & \cdots & u(N) \end{bmatrix} \begin{bmatrix} c_1 \\ \vdots \\ c_n \\ d_0 \\ \vdots \\ d_n \end{bmatrix} + \begin{bmatrix} e(n+1) \\ e(n+2) \\ \vdots \\ e(n+N) \end{bmatrix}$$

$$(5-17)$$

也可以简写为

$$Y = \Phi_n \theta + E \tag{5-18}$$

在式（5-18）中，系统的参数向量：$\theta = [c_1, \cdots, c_n, d_0 \cdots, d_n]^{\mathrm{T}}$；系统的输出向量：$Y = [y(n+1), y(n+2), \cdots, y(n+N)]^{\mathrm{T}}$；系统的误差向量：$E = [e(n+1), e(n+2), \cdots, e(n+N)]^{\mathrm{T}}$。

系统的观测矩阵为

$$\Phi_N = \begin{bmatrix} -y(n) & \cdots & -y(1) & u(n+1) & \cdots & u(1) \\ -y(n+1) & \cdots & -y(2) & u(n+2) & \cdots & u(2) \\ \vdots & & \vdots & \vdots & & \vdots \\ -y(n+N-1) & \cdots & -y(N) & u(n+N) & \cdots & u(N) \end{bmatrix}$$

由式（5-18）可以得到误差的表达式：

$$E = Y - \Phi_N \theta \tag{5-19}$$

评价函数为

$$J = \sum_{k=n+1}^{n+N} e^2(k) = E^{\mathrm{T}} E = (Y - \Phi_N \theta)^{\mathrm{T}} (Y - \Phi_N \theta) \tag{5-20}$$

采用最小二乘法来估计参数 $\theta$，就是寻找一个 $\theta$ 的估计值 $\hat{\theta}$，满足公式：

$$J|_{\theta=\hat{\theta}} = \min \tag{5-21}$$

将式（5-21）对估计值 $\hat{\theta}$ 求一阶偏导数，并且令偏导数为零可得

$$(Y - \Phi_N \theta)^{\mathrm{T}} \Phi_N = 0 \tag{5-22}$$

由式（5-22）可以解得

$$\hat{\theta} = [\Phi_N^{\mathrm{T}} \Phi_N]^{-1} \Phi_N^{\mathrm{T}} Y \tag{5-23}$$

由式（5-23）可以知道，矩阵 $\Phi_N^{\mathrm{T}} \Phi_N$ 存在逆矩阵是实现最小二乘算法的前提条件。如果 $\Phi_N^{\mathrm{T}} \Phi_N$ 不存在逆矩阵，则不能用此方法来求取系统的参数估计值 $\hat{\theta}$，需要用下面将要介绍的最小二乘递推算法来求解参数估计值。

### 5.2.2.2 最小二乘估计算法的递推算法

如果经过 $m$ 次观测后，得到 $m$ 个方程，可以写成以下矩阵形式：

$$\boldsymbol{Y} = \boldsymbol{\Phi}_m \boldsymbol{\theta} \qquad (5-24)$$

假设第 $m$ 次观测时的参数估计值记为 $\hat{\boldsymbol{\theta}}_m$，则在第 $m$ 时刻的参数估计值为

$$\hat{\boldsymbol{\theta}}_m = \left(\boldsymbol{\Phi}_m^{\mathrm{T}} \boldsymbol{\Phi}_m\right)^{-1} \boldsymbol{\Phi}_m^{\mathrm{T}} \boldsymbol{\Phi}_m \qquad (5-25)$$

对于用最小二乘法描述的单输入 / 单输出系统来说，在第（$m+1$）次观测时，即令 $N=m+1$，可以推导出如下公式：

$$y(n+m+1) = -\sum_{i+1}^{n} c_i y(n+m+1-i) \sum_{i=0}^{n} d_i u(n+m+1-i) \qquad (5-26)$$

如果令 $\boldsymbol{\Phi}(m+1) = \left[-y(n+m), \cdots -y(m+1), u(n+m+1), \cdots, u(m+1)\right]^{\mathrm{T}}$，则有

$$\boldsymbol{Y}_{m+1} = \boldsymbol{\Phi}^{\mathrm{T}}{}_{m+1} \boldsymbol{\theta} \qquad (5-27)$$

将式（5-24）和式（5-27）联立，写成一个矩阵方程组的形式，则有

$$\begin{bmatrix} \boldsymbol{Y}_m \\ \boldsymbol{Y}_{m+1} \end{bmatrix} = \begin{bmatrix} \boldsymbol{\Phi}_m \\ \boldsymbol{\Phi}^{\mathrm{T}}{}_{m+1} \end{bmatrix} \qquad (5-28)$$

即

$$\boldsymbol{Y}_{m+1} = \boldsymbol{\Phi}_{m+1} \boldsymbol{\theta} \qquad (5-29)$$

这样便可以得到第（$m+1$）次观测时的最小二乘估计值为

$$\hat{\boldsymbol{\theta}}_{m+1} = \left(\boldsymbol{\Phi}_{m+1}^{\mathrm{T}} \boldsymbol{\Phi}_{m+1}\right)^{-1} \boldsymbol{\Phi}_{m+1}^{\mathrm{T}} \boldsymbol{Y}_{m+1} \qquad (5-30)$$

如果令 $\boldsymbol{q}_{m+1} = \left(\boldsymbol{\Phi}_m^{\mathrm{T}} \boldsymbol{\Phi}_m\right)^{-1}$，则有

$$\boldsymbol{q}_{m+1} = \left(\boldsymbol{\Phi}_{m+1}^{\mathrm{T}} \boldsymbol{\Phi}_{m+1}\right)^{-1} = \left[\boldsymbol{q}^{-1}{}_m + \boldsymbol{\Phi}_{m+1} \boldsymbol{\Phi}^{\mathrm{T}}{}_{m+1}\right]^{-1} \qquad (5-31)$$

利用矩阵公式：

$$\left(\boldsymbol{A} + \boldsymbol{BCD}\right)^{-1} = \boldsymbol{A}^{-1} - \boldsymbol{A}^{-1} \boldsymbol{B} \left(\boldsymbol{C}^{-1} + \boldsymbol{DA}^{-1} \boldsymbol{B}\right)^{-1} \boldsymbol{DA}^{-1} \qquad (5-32)$$

则有

$$\boldsymbol{q}_{m+1} = \boldsymbol{q}_m - \boldsymbol{q}_m \boldsymbol{\Phi}_{m+1} \left[1 + \boldsymbol{\Phi}^{\mathrm{T}}{}_{m+1} \boldsymbol{q}_m \boldsymbol{\Phi}_{m+1}\right]^{-1} \qquad (5-33)$$

将 $\boldsymbol{q}_{m+1}$ 代入式（5-31）得

$$\hat{\boldsymbol{\theta}}_{m+1} = \boldsymbol{q}_{m+1} \boldsymbol{\Phi}_{m+1}^{\mathrm{T}} \boldsymbol{Y}_{m+1} = \boldsymbol{q}_{m+1} \left[\boldsymbol{\Phi}_{m+1} \boldsymbol{Y}_{m+1}\right] \qquad (5-34)$$

又因为

$$\hat{\boldsymbol{\theta}}_m = \left(\boldsymbol{\Phi}_m^{\mathrm{T}}\boldsymbol{\Phi}_m\right)^{-1}\boldsymbol{\Phi}_m^{\mathrm{T}}\boldsymbol{Y}_m = \boldsymbol{q}_m\boldsymbol{\Phi}_m^{\mathrm{T}}\boldsymbol{Y}_m \qquad (5\text{-}35)$$

联立公式（5-34）、式（5-35）并化简得

$$\hat{\boldsymbol{\theta}}_{m+1} = \hat{\boldsymbol{\theta}}_m + \boldsymbol{q}_m + \boldsymbol{\Phi}_{m+1}\left[1+\boldsymbol{\Phi}^{\mathrm{T}}_{m+1}\boldsymbol{q}_m\boldsymbol{\Phi}_{m+1}\right]^{-1}$$

$$\left[\boldsymbol{Y}_{m+1} - \boldsymbol{\Phi}^{\mathrm{T}}_{m+1}\hat{\boldsymbol{\theta}}_m\right] \qquad (5\text{-}36)$$

综上所述，整理可得最小二乘递推算法的相应公式为

$$\hat{\boldsymbol{\theta}}_{m+1} = \hat{\boldsymbol{\theta}}_m + \boldsymbol{K}_m\left[\boldsymbol{Y}_{m+1} - \boldsymbol{\Phi}^{\mathrm{T}}_{m+1}\hat{\boldsymbol{\theta}}_m\right] \qquad (5\text{-}37)$$

$$\boldsymbol{K}_m = \boldsymbol{q}_m\boldsymbol{\Phi}_{m+1}\left[1+\boldsymbol{\Phi}^{\mathrm{T}}_{m+1}\boldsymbol{q}_m\boldsymbol{\Phi}_{m+1}\right]^{-1} \qquad (5\text{-}38)$$

$$\boldsymbol{q}_{m+1} = \boldsymbol{q}_m - \boldsymbol{K}_m\boldsymbol{\Phi}^{\mathrm{T}}_{m+1}\boldsymbol{q}_m \qquad (5\text{-}39)$$

对式（5-37）、式（5-38）和式（5-39）进行分析可以知道，系统的每一个新的参数估计值都是由系统之前相邻的那个参数估计值和一个过程修正量组成，且由于式（5-38）中的矩阵 $\left[1+\boldsymbol{\Phi}^{\mathrm{T}}_{m+1}\boldsymbol{q}_m\boldsymbol{\Phi}_{m+1}\right]$ 为一个标量，因此不再需要进行矩阵求逆工作，使得计算的速度得以改善，并使得算法适合在线运算。

## 5.3 电力电子电路故障诊断方法的具体应用

### 5.3.1 典型电力电子电路结构性故障诊断方法的应用

假设电力电子电路含有 $k$ 个开关器件，记作：$S_1, S_2, \cdots, S_k$，也可以写为 $S_i$，其中 $i = 1, 2, \cdots, k$。如果用 $S_i$ 表示该开关器件处于导通状态，用 $\overline{S_i}$ 表示该开关器件处于断开状态，那么电路的拓扑结构可以由这 $k$ 个开关器件的开关状态组合来表示，如 $S_1, S_2, \cdots, S_k$ 表示开关器件 $S_2, \cdots, S_k$ 导通，开关器件 $S_1$ 断开时的电路拓扑结构；$S_1, S_2, S_3, S_4, \cdots, S_k$ 表示开关器件 $S_1, S_2, S_4, \cdots, S_k$ 导通，开关器件 $S_3$ 断开时的电路拓扑结构。

Boost 电路的结构性故障诊断分析如下。

由图 5-1 可以知道，Boost 电路同 Buck 电路一样，含有一个可控开关和一个不可控开关，所以 Boost 电路也具有 $2^{1+1}$ 个离散事件，即 4 个离散事件。用分析 Buck 电路的方法来分析 Boost 电路，则可以得到 Boost 电路工作在 CCM 模式和 DCM 模式下的故障诊断规律表，如表 5-1 和表 5-2 所示。

表5-1　Boost电路工作在CCM模式时的故障诊断规律表

| 故障特征 | 故障点 | 故障症状 |
|---|---|---|
| 期望事件 $M_{B21}$ 被实际事件 $M_{B11}$ 所取代 | $S_1$ | 短路 |
| 期望事件 $M_{B11}$ 被实际事件 $M_{B21}$ 所取代 | $S_1$ | 断路 |
| 期望事件 $M_{B11}$ 被实际事件 $M_{B12}$ 所取代 | $S_2$ | 短路 |
| 期望事件 $M_{B21}$ 被实际事件 $M_{B22}$ 所取代 | $S_2$ | 断路 |

表5-2　Boost电路工作在DCM模式时的故障诊断规律表

| 故障特征 | 故障点 | 故障症状 |
|---|---|---|
| 期望事件 $M_{B21}$ 被实际事件 $M_{B11}$ 所取代 | $S_1$ | 短路 |
| 期望事件 $M_{B11}$ 被实际事件 $M_{B21}$ 所取代 | $S_1$ | 断路 |
| 期望事件 $M_{B22}$ 被实际事件 $M_{B21}$ 所取代 | $S_2$ | 短路 |
| 期望事件 $M_{B21}$ 被实际事件 $M_{B22}$ 所取代 | $S_2$ | 断路 |

通过对比可知，Boost 电路在 CCM 和 DCM 模式下的故障诊断规律是一致的，只是具体的离散事件所对应的拓扑结构不同。

## 5.3.2 电力电子电路的参数辨识分析

### 5.3.2.1 Buck 电路的参数辨识分析

由 5.3.1 节推导出的 Buck 电路的混杂系统模型为

$$
\begin{bmatrix} i_L \\ \dot{u}_o \end{bmatrix} = \begin{bmatrix} 0 & 0 \\ 0 & -\dfrac{1}{C(R+R_C)} \end{bmatrix} \begin{bmatrix} i_L \\ u_o \end{bmatrix} + (S_1+S_2) \begin{bmatrix} 0 & -\dfrac{1}{L} \\ \dfrac{R}{C(R+R_C)} & -\dfrac{RR_C}{L(R+R_C)} \end{bmatrix} \begin{bmatrix} i_L \\ u_o \end{bmatrix}
$$

$$
+S_1 \begin{bmatrix} \dfrac{u}{L} \\ \dfrac{RR_C u}{L(R+R_C)} \end{bmatrix}
\tag{5-40}
$$

这个模型里既包含有电路在 CCM 模式下的模型，又包含有电路在 DCM 模式下的模型，二者相差两个开关同时为零的离散模态。下面在这个模型基础上分析 Buck 电路的参数辨识算法实现过程。

把式（5-40）离散化处理可得

$$\begin{bmatrix} \boldsymbol{i}_L(t) \\ \boldsymbol{u}_o(t) \end{bmatrix} = \begin{bmatrix} 1 & 0 \\ 0 & -\dfrac{T}{C(R+R_C)} \end{bmatrix} \begin{bmatrix} \boldsymbol{i}_L(t-1) \\ \boldsymbol{u}_o(t-1) \end{bmatrix} + S_1(t-1) \begin{bmatrix} \dfrac{uT}{L} \\ \dfrac{RR_C uT}{L(R+R_C)} \end{bmatrix} + \left(S_1(t-1)+S_2(t-1)\right)$$

$$\begin{bmatrix} 0 & -\dfrac{T}{L} \\ \dfrac{RT}{C(R+R_C)} & -\dfrac{RR_C T}{L(R+R_C)} \end{bmatrix} \begin{bmatrix} \boldsymbol{i}_L(t-1) \\ \boldsymbol{u}_o(t-1) \end{bmatrix} \tag{5-41}$$

其中，$T$ 为采用周期。

下面对电路模型采用最小二乘参数辨识分析，首先定义相关矩阵

$$\boldsymbol{\varphi}(t) = \big[\, i_L(t-1)\,u_o(t-1)\,(s_1(t-1)+s_2(t-1))\,i_L(t-1)\,(s_1(t-1)+s_2(t-1))$$
$$u_o(t-1)\,s_1(t-1)\,\big]^T \tag{5-42}$$

$$\boldsymbol{\theta}_1 = [\theta_{11},\theta_{12},\,\theta_{13},\,\theta_{14},\,\theta_{15},\,\theta_{16}]^T = \left[1,\,0,\,0,\,-\dfrac{T}{L},\,\dfrac{ET}{L},\,\dfrac{ET}{L}\right]^T \tag{5-43}$$

$$\boldsymbol{\theta}_2 = [\theta_{21},\theta_{22},\,\theta_{23},\,\theta_{24},\,\theta_{25}]^T = \left[0,\,1,\,-\dfrac{T}{C(R+R_C)},\,\dfrac{RT}{C(R+R_C)},\,-\dfrac{RR_C T}{L(R+R_C)},\right.$$
$$\left.\dfrac{uRR_C T}{L(R+R_C)}\right]^T \tag{5-44}$$

$$\boldsymbol{x}_1(t) = \boldsymbol{i}_L(t) = \boldsymbol{\varphi}^T(t)\boldsymbol{\theta}_1 \tag{5-45}$$

$$\boldsymbol{x}_2(t) = \boldsymbol{u}_o(t) = \boldsymbol{\varphi}^T(t)\boldsymbol{\theta}_2 \tag{5-46}$$

$$\boldsymbol{x}_{1N} = \big[\, x_1(1)\ x_1(2)\ \cdots\ x_1(N)\,\big]^T \tag{5-47}$$

$$\boldsymbol{x}_{2N} = \big[\, x_2(1)\ x_2(2)\ \cdots\ x_2(N)\,\big]^T \tag{5-48}$$

$$\boldsymbol{\Phi}_N = \begin{bmatrix} \boldsymbol{\varphi}^T(1) \\ \boldsymbol{\varphi}^T(2) \\ \vdots \\ \boldsymbol{\varphi}^T(N) \end{bmatrix} \tag{5-49}$$

这时，需要判断 $\boldsymbol{\Phi}_N$ 是否为满秩矩阵，如果 $\boldsymbol{\Phi}_N$ 为满秩矩阵，则 $\boldsymbol{\Phi}_N^T\boldsymbol{\Phi}_N$ 是可逆阵，

可以通过公式 $\hat{\theta}=\left[\boldsymbol{\Phi}_N^{\mathrm{T}}\boldsymbol{\Phi}_N\right]^{-1}\boldsymbol{\Phi}_N^{\mathrm{T}}\boldsymbol{X}$ 求取参数 $\boldsymbol{\theta}$ 的估计值 $\hat{\boldsymbol{\theta}}$；如果 $\boldsymbol{\Phi}_N$ 不是满秩矩阵，则必须需要通过最小二乘递推算法求取 $\hat{\boldsymbol{\theta}}$，下面三个公式即表达了最小二乘参数递推算法：

$$\hat{\boldsymbol{\theta}}_{m+1}=\hat{\boldsymbol{\theta}}_m+\boldsymbol{K}_m\left[\boldsymbol{Y}_{m+1}-\boldsymbol{\Phi}_{m+1}^{\mathrm{T}}\hat{\boldsymbol{\theta}}_m\right] \tag{5-50}$$

$$\boldsymbol{K}_m=\boldsymbol{q}_m\boldsymbol{\Phi}_{m+1}\left[1+\boldsymbol{\Phi}_{m+1}^{\mathrm{T}}\boldsymbol{q}_m\boldsymbol{\Phi}_{m+1}\right]^{-1} \tag{5-51}$$

$$\boldsymbol{q}_{m+1}=\boldsymbol{q}_m-\boldsymbol{K}_m\boldsymbol{\Phi}_{m+1}^{\mathrm{T}}\boldsymbol{q}_m \tag{5-52}$$

$\boldsymbol{\theta}_1$ 和 $\boldsymbol{\theta}_2$ 的参数估计值都可以代入式（5-50）中求解。

下面对此时的 $\boldsymbol{\Phi}_N$ 进行分析，看 $\boldsymbol{\Phi}_N$ 是否为满秩矩阵，从而判断究竟用哪种算法来实现电路的参数辨识。

（1）电路工作在 CCM 时

电路工作在 CCM 模式时，电路只存在两个离散模态，分别为 $S_1=1$、$S_2=0$ 和 $S_1=0$、$S_2=1$。假设 $N$ 个采样点全部在一个开关周期内，并且在初始状态时（即 $t=0$ 时）电路工作在第一个离散模态，即可控开关导通状态，这时有 $S_1=1$、$S_2=0$，假设电路在第（$k+1$）点时开始工作在第二个离散模态，即二极管导通状态，这时有 $S_1=0$、$S_2=1$。这样，状态矩阵可以写成如下形式：

$$\boldsymbol{\Phi}_N=\begin{bmatrix} i_L(0) & u_o(0) & i_L(0) & u_o(0) & 1 \\ \vdots & \vdots & \vdots & \vdots & \vdots \\ i_L(k-1) & u_o(k-1) & i_L(k-1) & u_o(k-1) & 1 \\ i_L(k) & u_o(k) & i_L(k) & u_o(k) & 0 \\ \vdots & \vdots & \vdots & \vdots & \vdots \\ i_o(N-1) & u_o(N-1) & i_o(N-1) & u_o(N-1) & 0 \end{bmatrix} \tag{5-53}$$

在式（5-53）中，$t$ 从 0 开始，至（$k-1$）的过程中，电路工作在 $S_1=1$、$S_2=0$ 这个模态；当 $t$ 从 $k$ 开始，变化到（$N-1$）的过程中，电路工作在 $S_1=0$、$S_2=1$ 这个模态。这里只分析了一个周期的情况，如果有多个周期，每个周期都是这样重复工作。由式（5-53）可以看出，在矩阵 $\boldsymbol{\Phi}_N$ 中，有两组列向量对应相等，分别为第一列和第三列、第二列和第四列，所以矩阵 $\boldsymbol{\Phi}_N$ 不是满秩的；对于矩阵 $\boldsymbol{\Phi}_N^{\mathrm{T}}\boldsymbol{\Phi}_N$ 来说，有两组行向量对应相等，分别为第一行和第三行、第二行和第四行，所以矩阵 $\boldsymbol{\Phi}_N^{\mathrm{T}}\boldsymbol{\Phi}_N$ 也不是满秩的，所以不可逆，不能用公式 $\hat{\boldsymbol{\theta}}=\left[\boldsymbol{\Phi}_N^{\mathrm{T}}\boldsymbol{\Phi}_N\right]^{-1}\boldsymbol{\Phi}_N^{\mathrm{T}}\boldsymbol{X}$ 来求取 $\hat{\boldsymbol{\theta}}$。但是可以回归到最初的公式 $\boldsymbol{\Phi}_N^{\mathrm{T}}\boldsymbol{\Phi}_N\hat{\boldsymbol{\theta}}=\boldsymbol{\Phi}_N^{\mathrm{T}}\boldsymbol{X}$ 中来求取参数估计值 $\hat{\boldsymbol{\theta}}$，这样就把求估计值问题转化为一个解矩阵方程问题，可以从矩阵的角度对方程进行求解。

先分析状态变量 $i_L(t)$，用最小二乘估计算法来估计参数 $\boldsymbol{\theta}_1$，则 $\boldsymbol{\theta}_1$ 的估计值

满足公式 $\boldsymbol{\Phi}_N^{\mathrm{T}}\boldsymbol{\Phi}_N\hat{\boldsymbol{\theta}}_1 = \boldsymbol{\Phi}_N^{\mathrm{T}}\boldsymbol{X}_1$，由于矩阵 $\boldsymbol{\Phi}_N^{\mathrm{T}}\boldsymbol{\Phi}_N$ 的第一、三两行向量相同，第二、四两行向量也相同，且矩阵 $\boldsymbol{\Phi}_N^{\mathrm{T}}\boldsymbol{\Phi}_N$ 中的第一个元素的值和第三个元素的值也相等，第二个元素值和第四个元素的值也相等，从矩阵理论的角度来说，在矩阵方程中，未知矩阵 $\hat{\boldsymbol{\theta}}_1$ 前面的系数矩阵同它的增广矩阵是等秩的。由线性代数中解矩阵方程的相关理论可以知道，当待求矩阵的系数矩阵与它的增广矩阵等秩，且小于待求矩阵的维数时，矩阵方程组有无数组解，所以可以推出矩阵方程组的解的形式为 $\hat{\boldsymbol{\theta}}_1 = [n_1 - a\, n_2 - b\, a\, b\, n_5]^{\mathrm{T}}$，其中 $a$、$b$ 为任意实数。

通过最小二乘递推估计算法得到的一组矩阵方程的解为：$\hat{\boldsymbol{\theta}}_1 = \left[\hat{\theta}_{11}, \hat{\theta}_{12}, \hat{\theta}_{13}, \hat{\theta}_{14}, \hat{\theta}_{15}\right]^{\mathrm{T}}$。这组解是方程组解集中的一组解，对比这两种解的形式可以看出，$n_1 - a + a = \hat{\theta}_{11} + \hat{\theta}_{13}$，$\hat{\theta}_{12} + \hat{\theta}_{14} = n_2$，所以当采样点足够多时，即 $N$ 足够大时，参数估计值 $\left(\hat{\theta}_{11} + \hat{\theta}_{13}\right)$、$\left(\hat{\theta}_{12} + \hat{\theta}_{14}\right)$ 和 $\hat{\theta}_{15}$ 将分别收敛于 $\left(\theta_{11} + \theta_{13}\right)$、$\left(\theta_{12} + \theta_{14}\right)$ 和 $\theta_{15}$。

对状态变量 $u_o(t)$ 进行分析，可以得到参数估计值 $\left(\hat{\theta}_{21} + \hat{\theta}_{23}\right)$、$\left(\hat{\theta}_{22} + \hat{\theta}_{24}\right)$ 和 $\hat{\theta}_{25}$ 将分别收敛于 $\left(\theta_{21} + \theta_{23}\right)$、$\left(\theta_{22} + \theta_{24}\right)$ 和 $\theta_{25}$。

（2）电路工作在 DCM 时

在 DCM 模式时，电路有三个离散模态，即 $S_1=1$ 且 $S_2=0$、$S_1=0$ 且 $S_2=1$ 和 $S_1=0$ 且 $S_2=0$。假设在一个开关周期内采样点为 $N$ 个，而且电路在初始状态时（即 $t=0$ 时）工作在第一个离散模态，直到第 $a$ 点；从第（$a+1$）点开始，电路工作在第二个离散模态，到第 $k$ 点结束，这两个模态为电感电流导通模式；假设电路从第（$k+1$）点时开始工作在第三个离散模态，即电感电流截止模式，直到第 $N$ 点结束，这样状态矩阵 $\boldsymbol{\Phi}_N$ 可以写成：

$$\boldsymbol{\Phi}_N = \begin{bmatrix} i_L(0) & u_c(0) & i_L(0) & u_o(0) & 1 \\ \vdots & \vdots & \vdots & \vdots & \vdots \\ i_L(a-1) & u_o(a-1) & i_L(a-1) & u_o(a-1) & 1 \\ i_L(a) & u_o(a) & i_L(a) & u_o(a) & 0 \\ \vdots & \vdots & \vdots & \vdots & \vdots \\ i_L(k-1) & u_o(k-1) & i_L(k-1) & u_o(k-1) & 0 \\ 0 & u_o(k) & 0 & 0 & 0 \\ \vdots & \vdots & \vdots & \vdots & \vdots \\ 0 & u_o(N-1) & 0 & 0 & 0 \end{bmatrix} \tag{5-54}$$

分析式（5-54）可知，$t$ 从 0 开始，到（$a-1$）的过程中，电路工作在 $S_1=1$、$S_2=0$ 这个模态；当 $t$ 从 $a$ 开始，变化到（$k-1$）的过程中，电路工作在 $S_1=0$、$S_2=1$ 这个模态；当 $t$ 从 $k$ 开始，变化到（$N-1$）的过程中，电路工作在 $S_1=0$、$S_2=0$ 这个模态。这里只分析了一个周期的情况，如果有多个周期，每个周期都是这样重复工作。由式（5-54）可以看出，矩阵 $\boldsymbol{\Phi}_N$ 存在一组列向量对应相等，即第一列和第三列，所以矩阵 $\boldsymbol{\Phi}_N$ 不是满秩的，矩阵 $\boldsymbol{\Phi}_N^{\mathrm{T}}\boldsymbol{\Phi}_N$ 也不是满秩的，因此矩阵 $\boldsymbol{\Phi}_N^{\mathrm{T}}\boldsymbol{\Phi}_N$ 不可逆，不能通过公式 $\hat{\boldsymbol{\theta}}=\left[\boldsymbol{\Phi}_N^{\mathrm{T}}\boldsymbol{\Phi}_N\right]^{-1}\boldsymbol{\Phi}_N^{\mathrm{T}}\boldsymbol{X}$ 来求取参数估计值 $\hat{\boldsymbol{\theta}}$。但是可以通过公式 $\boldsymbol{\Phi}_N^{\mathrm{T}}\boldsymbol{\Phi}_N\hat{\boldsymbol{\theta}}=\boldsymbol{\Phi}_N^{\mathrm{T}}\boldsymbol{X}$ 来求取参数估计值 $\hat{\boldsymbol{\theta}}$，这样就把求估计值问题转化为一个解矩阵方程问题，可以从矩阵的角度对方程进行求解。

这里先对状态变量 $u_o(t)$ 进行分析，如果想要求取参数 $\theta_2$ 的估计值，则 $\theta_2$ 的估计值需要满足公式 $\boldsymbol{\Phi}_N^{\mathrm{T}}\boldsymbol{\Phi}_N\hat{\boldsymbol{\theta}}_2=\boldsymbol{\Phi}_N^{\mathrm{T}}\boldsymbol{X}_2$，在公式中，矩阵 $\boldsymbol{\Phi}_N^{\mathrm{T}}\boldsymbol{\Phi}_N$ 的第一、第 3 两行向量相等，且列矩阵 $\boldsymbol{\Phi}_N^{\mathrm{T}}\boldsymbol{X}_2$ 中的第一、第三两个元素值也相等，从矩阵理论的角度来说，在矩阵方程中，未知向量 $\hat{\boldsymbol{\theta}}_2$ 前面的系数矩阵同它的增广矩阵是等秩的。由线性代数中的相关知识可以知道，当待求矩阵的系数矩阵与它的增广矩阵等秩，且小于待求矩阵的维数时，矩阵方程组有无数组解，所以可以推出矩阵方程组的解集为 $\hat{\boldsymbol{\theta}}_2=\left[n_1-an_2an_4n_5\right]^{\mathrm{T}}$，其中 $a$ 为任意实数。

通过最小二乘递推估计算法也可以得到矩阵方程的一组解，$\hat{\boldsymbol{\theta}}_2=[\hat{\theta}_{21},\hat{\theta}_{22},\hat{\theta}_{23},\hat{\theta}_{24},\hat{\theta}_{25}]^{\mathrm{T}}$，这组解是方程组解集中的一组解，对比这两种解的形式可以看出，$\hat{\theta}_{21}+\hat{\theta}_{23}=n_1-a+a$，而且当采样点足够多时，即 $N$ 足够大时，估计值 $\left(\hat{\theta}_{21}+\hat{\theta}_{23}\right)$、$\hat{\theta}_{22}$、$\hat{\theta}_{24}$ 和 $\hat{\theta}_{25}$ 将分别收敛于 $\left(\theta_{11}+\theta_{13}\right)$、$\theta_{22}$、$\theta_{24}$ 和 $\theta_{25}$。

用同样的方法对状态变量 $i_L(t)$ 进行分析，可以得到参数估计值 $\left(\hat{\theta}_{11}+\hat{\theta}_{13}\right)$、$\hat{\theta}_{12}$、$\hat{\theta}_{14}$ 和 $\hat{\theta}_{15}$ 将分别收敛于 $\left(\theta_{11}+\theta_{13}\right)$、$\theta_{12}$、$\theta_{14}$ 和 $\theta_{15}$。

综合以上讨论的两种情况（即 CCM 和 DCM），可以得到以下结论：参数估计值 $\left(\hat{\theta}_{11}+\hat{\theta}_{13}\right)$、$\left(\hat{\theta}_{12}+\hat{\theta}_{14}\right)$、$\hat{\theta}_{15}$、$\left(\hat{\theta}_{21}+\hat{\theta}_{23}\right)$、$\left(\hat{\theta}_{22}+\hat{\theta}_{23}\right)$、$\hat{\theta}_{25}$ 分别收敛于 $\left(\theta_{11}+\theta_{13}\right)$、$\left(\theta_{12}+\theta_{14}\right)$、$\theta_{15}$、$\left(\theta_{21}+\theta_{23}\right)$、$\left(\theta_{22}+\theta_{24}\right)$、$\theta_{25}$。最后把这些估计值用于计算系统的元件参数估计值，则有如下公式：

$$\hat{L}=u\cdot T/\hat{\theta}_{15} \tag{5-55}$$

$$\hat{R}=\left(\hat{\theta}_{21}+\hat{\theta}_{23}\right)\cdot u/\left(\left(1-\left(\hat{\theta}_{22}+\hat{\theta}_{24}\right)\right)\cdot u-\hat{\theta}_{25}\right) \tag{5-56}$$

$$\hat{C}=\left(\hat{R}-\left(\hat{\theta}_{21}+\hat{\theta}_{23}\right)\cdot\hat{L}/\hat{R}-\left(1-\left(\hat{\theta}_{22}+\hat{\theta}_{24}\right)\right)\cdot T\cdot\hat{L}\right)/\left(\hat{\theta}_{21}+\hat{\theta}_{23}\right)\cdot\hat{R} \tag{5-57}$$

$$\hat{R}_C=\hat{\theta}_{25}\cdot\hat{L}\cdot\hat{R}/\left(u\cdot T\cdot\hat{L}-\hat{\theta}_{25}\cdot\hat{L}\right) \tag{5-58}$$

这样就把 Buck 电路的 CCM 模式和 DCM 模式联系起来了，这种方法可以实现这两种模式时的参数估计算法。

### 5.3.2.2 Boost 电路的参数辨识分析

5.3.2.1 节推导出的 Boost 电路混杂系统模型，既包含 CCM 模式又包含 DCM 模式，Boost 电路工作在 CCM 模式下的混杂系统模型为

$$
\begin{bmatrix} \dot{i}_L \\ \dot{u}_o \end{bmatrix} = \begin{bmatrix} 0 & 0 \\ 0 & -\dfrac{1}{C(R+R_C)} \end{bmatrix} \begin{bmatrix} i_L \\ u_o \end{bmatrix} + S_2 \begin{bmatrix} 0 & -\dfrac{1}{L} \\ \dfrac{R}{C(R+R_C)} & -\dfrac{RR_C}{L(R+R_C)} \end{bmatrix} \begin{bmatrix} i_L \\ u_o \end{bmatrix}
$$

$$
+ S_1 \begin{bmatrix} \dfrac{u}{L} \\ 0 \end{bmatrix} + S_2 \begin{bmatrix} \dfrac{u}{L} \\ \dfrac{RR_C u}{L(R+R_C)} \end{bmatrix} \tag{5-59}
$$

可见，Boost 电路在 CCM 模式下的混杂系统模型和在 DCM 模式下的混杂系统模型从公式上来看，表现形式是一样的，实质上相差了当 $S_1 = 0, S_2 = 0$ 时的情况。下面讨论 Boost 电路的参数辨识算法。

将式（5-71）离散化处理，可得

$$
\begin{bmatrix} i_L(t) \\ u_o(t) \end{bmatrix} = \begin{bmatrix} 0 & 0 \\ 0 & 1-\dfrac{T}{C(R+R_C)} \end{bmatrix} \begin{bmatrix} i_L(t-1) \\ u_o(t-1) \end{bmatrix} + S_2(t-1) \begin{bmatrix} 0 & -\dfrac{T}{L} \\ \dfrac{R}{C(R+R_C)} & -\dfrac{RR_C T}{L(R+R_C)} \end{bmatrix} \begin{bmatrix} i_L(t-1) \\ u_o(t-1) \end{bmatrix}
$$

$$
+ S_1(t-1) \begin{bmatrix} \dfrac{uT}{L} \\ 0 \end{bmatrix} + S_2(t-1) \begin{bmatrix} \dfrac{uT}{L} \\ \dfrac{RR_C uT}{L(R+R_C)} \end{bmatrix} \tag{5-60}
$$

其中，$T$ 是采样周期。

首先，定义一下各个矩阵，则有下列矩阵：

$$
\varphi(t)\begin{bmatrix} i_L(t-1) \, u_0(t-1) \, S_2(t-1) i_L(t-1) \, S_2(t-1) u_0(t-1) \, S_1(t-1) \, S_2(t-1) \end{bmatrix} \tag{5-61}
$$

$$
\boldsymbol{\theta}_1 = \begin{bmatrix} \theta_{11}, \theta_{12}, \theta_{13}, \theta_{14}, \theta_{15}, \theta_{16} \end{bmatrix}^T = \begin{bmatrix} 1, \, 0, \, 0, \, -\dfrac{T}{L}, \, \dfrac{uT}{L}, \, \dfrac{uT}{L} \end{bmatrix}^T \tag{5-62}
$$

$$
\boldsymbol{\theta}_2 = \begin{bmatrix} \theta_{21}, \theta_{22}, \theta_{23}, \theta_{24}, \theta_{25}, \theta_{26} \end{bmatrix}^T = \begin{bmatrix} 0, \, 1, \, -\dfrac{T}{C(R+R_C)}, \, \dfrac{RT}{C(R+R_C)}, \, -\dfrac{RR_C T}{L(R+R_C)}, \end{bmatrix}
$$

$$
0, \, \dfrac{uRR_C T}{L(R+R_C)} \Bigg]^T
$$

$$
\tag{5-63}
$$

$$x_1(t) = i_L(t) = \boldsymbol{\varphi}^T(t)\boldsymbol{\theta}_1 \tag{5-64}$$

$$x_2(t) = u_c(t) = \boldsymbol{\varphi}^T(t)\boldsymbol{\theta}_2 \tag{5-65}$$

$$\boldsymbol{x}_{1N} = \left[ x_1(1), \ x_1(2), \ \cdots, \ x_1(N) \right]^T \tag{5-66}$$

$$\boldsymbol{x}_{2N} = \left[ x_2(1), \ x_2(2), \ \cdots, \ x_2(N) \right]^T \tag{5-67}$$

$$\boldsymbol{\Phi}_N = \begin{bmatrix} \boldsymbol{\varphi}^T(1) \\ \boldsymbol{\varphi}^T(2) \\ \vdots \\ \boldsymbol{\varphi}^T(N) \end{bmatrix} \tag{5-68}$$

这时需要判断 $\boldsymbol{\Phi}_N$ 是否为满秩矩阵，如果 $\boldsymbol{\Phi}_N$ 为满秩矩阵，则 $\boldsymbol{\Phi}_N^T\boldsymbol{\Phi}_N$ 是可逆阵，可以通过公式 $\hat{\boldsymbol{\theta}} = \left[\boldsymbol{\Phi}_N^T\boldsymbol{\Phi}_N\right]^{-1}\boldsymbol{\Phi}_N^T\boldsymbol{X}$ 求取 $\boldsymbol{\theta}$ 的估计值 $\hat{\boldsymbol{\theta}}$；如果 $\boldsymbol{\Phi}_N$ 不是满秩矩阵，则需要通过最小二乘递推算法求得 $\hat{\boldsymbol{\theta}}$，最小二乘递推算法如下面 3 个公式表示：

$$\hat{\boldsymbol{\theta}}_{m+1} = \hat{\boldsymbol{\theta}}_m + \boldsymbol{K}_m\left[\boldsymbol{Y}_{m+1} - \boldsymbol{\Phi}^T_{m+1}\hat{\boldsymbol{\theta}}_m\right] \tag{5-69}$$

$$\boldsymbol{K}_m = \boldsymbol{q}_m\boldsymbol{\Phi}_{m+1}\left[1 + \boldsymbol{\Phi}^T_{m+1}\boldsymbol{q}_m\boldsymbol{\Phi}_{m+1}\right]^{-1} \tag{5-70}$$

$$\boldsymbol{q}_{m+1} = \boldsymbol{q}_m - \boldsymbol{K}_m\boldsymbol{\Phi}^T_{m+1}\boldsymbol{q}_m \tag{5-71}$$

$\boldsymbol{\theta}_1$ 和 $\boldsymbol{\theta}_2$ 的估计都可以通过代入式（5-69）中求解出来。同 Buck 电路的分析过程，用最小二乘参数估计算法对 Boost 电路进行分析得出的参数估计值为

$$\hat{L} = u \times T / \hat{\theta}_{15} \tag{5-72}$$

$$\hat{R} = \hat{\theta}_{23} / \left(1 - \hat{\theta}_{22}\right) \tag{5-73}$$

$$\hat{C} = \left(\hat{R} \times T - \hat{\theta}_{26} \times \hat{L} / u\right) / \left(\hat{\theta}_{23} \times \hat{R}\right) \tag{5-74}$$

$$\hat{R}_C = \hat{\theta}_{26} \times \hat{L} / \left(u \times \hat{C} \times \hat{\theta}_{23}\right) \tag{5-75}$$

# 5.4　仿真与实验

## 5.4.1 仿真模型的搭建

MATLAB 仿真软件是美国的 Math Works 公司推出的一款科学计算及仿真软

件，它可以应用于图形仿真、矩阵运算、图像处理和数据处理等方面。MATLAB
软件当中所包含的系统仿真 Simulink 模块，为广大用户提供了一个图形化界面，
它含有一个模型库，这个模型库是由多种线性元器件、非线性元器件、信号源、
连接器件和相关的多种工具箱所组成，并且 MATLAB 从 1998 年开始又推出了一
个电力系统软件包，叫作 sim power systems，如图 5-9 所示，这个电力系统软件
包使得对电力电子电路进行建模仿真变得实用而简单。

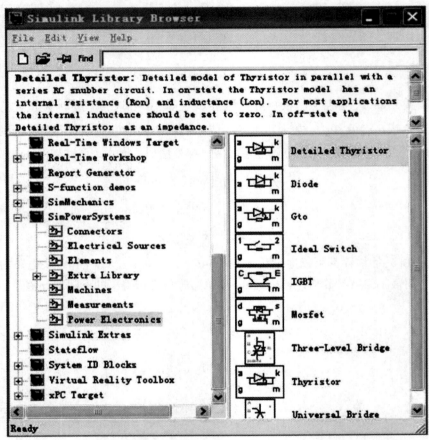

图 5-9　Simulink 里的 sim power systems 软件工具包

　　下面通过电力系统软件包在 Simulink 模块中搭建 Buck 电路和 Boost 电路的
仿真模型，其中选择 Mosfet 作为可控开关器件，功率二极管作为不可控器件，则
Buck 电路的仿真模型如图 5-10 所示，Boost 电路的仿真模型如图 5-11 所示。

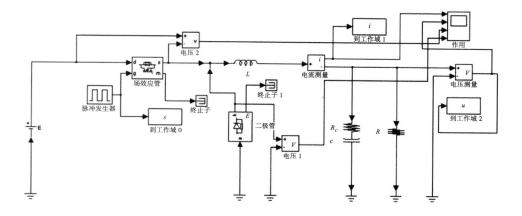

图 5-10  Buck 电路的仿真模型

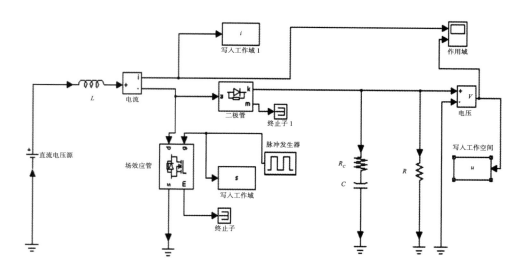

图 5-11  Boost 电路的仿真模型

## 5.4.2 基于仿真模型的参数性故障诊断方法仿真

### 5.4.2.1 Buck 电路的参数性故障诊断方法仿真

模型建立好以后，首先设定仿真模型的相关参数，Buck 电路的相关参数如表 5-3 所示，此时的电路工作于电感电流断续模式下，即 DCM 模式；然后在

Simulink 界面中运行 Buck 电路的仿真模型，设定仿真时间为 0.005 s; 当电路仿真完成后，开关管的控制信号、输出电压及电感电流的采样值会被显示在 MATLAB 中的 Workspace 中，显示的格式为列矩阵，如图 5-12 所示，其中 $u$ 代表输出电压、$i$ 代表电感电流、$s$ 代表开关管的控制信号; 最后应用第 4 章给出的参数辨识估计算法对采样数据进行处理，即可得到元器件参数 $L$、$R$、$C$ 和 $R_c$ 的参数估计值 $\hat{L}$、$\hat{R}$、$\hat{C}$ 和 $\hat{R}_c$，如图 5-13 所示。

表5-3　Buck电路的仿真模型参数

| $E$/V | $f$/Hz | $D$ | $L$/mH | $R$/Ω | $C$/μF | $R_c$/Ω |
|---|---|---|---|---|---|---|
| 30 | 20 | 0.35 | 0.2 | 30 | 70 | 0.19 |

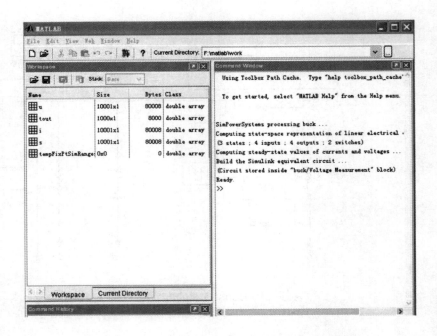

图 5-12　控制信号、输出电压和电感电流的采样列矩阵

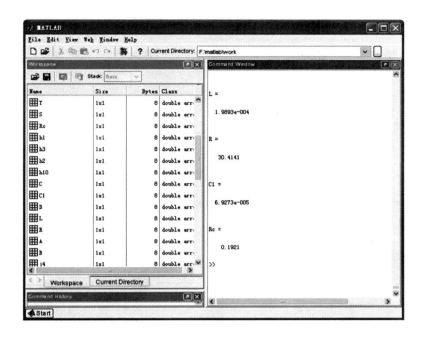

图 5-13　参数辨识算法求出的元器件参数的估计值

表5-4　Buck电路参数辨识估计结果及误差

| 名称 | $L$/mH | $R$/Ω | $C$/μF | $R_c$/Ω |
|---|---|---|---|---|
| 电路相关参数 | 0.2 | 30 | 70 | 0.19 |
| 辨识估计值 | 0.19893 | 30.4141 | 69.927 | 0.1921 |
| 误差 | 0.535% | 0.662% | 0.104% | 1.105% |

由表 5-4 和图 5-13 可以看出，参数估计值和参数原值相差不是太大，说明此时电路中没有故障发生。下面改变一些相应的电路参数，来检验参数辨识算法的有效性。

假设电路的仿真实验条件为：输入电压为 20 V，采样频率为 1 MHz，开关频率设定为 20 kHz，电感值为 0.275 mH，电容值为 300 μF，电容等效电阻值为 0.215 Ω，取多组负载电阻的值，分别为 5 Ω、10 Ω、18 Ω、27 Ω、37 Ω、48 Ω，占空比分别为 0.16、0.5、0.75，分别在这些情况下对 Buck 电路进行参数辨识，辨识结果如表 5-5 至表 5-7 所示。

表5-5　D=0.16时的仿真辨识结果及误差

| f=20 kHz D=0.16 | L/mH | R/Ω | C/μF | $R_C$/Ω |
|---|---|---|---|---|
| 参数原值 | 0.275 | 5 | 300 | 0.215 |
| 参数估计值 | 0.27322 | 5.0328 | 300.47 | 0.2128 |
| 辨识误差 | 0.647% | 0.656% | 0.162% | 1.02% |
| 参数原值 | 0.275 | 10 | 300 | 0.215 |
| 参数估计值 | 0.27360 | 10.0408 | 300.39 | 0.2119 |
| 辨识误差 | 0.509% | 0.408% | 0.13% | 1.44% |
| 参数原值 | 0.275 | 18 | 300 | 0.215 |
| 参数估计值 | 0.27663 | 18.1006 | 299.53 | 0.2173 |
| 辨识误差 | 0.593% | 0.408% | 0.157% | 1.07% |
| 参数原值 | 0.275 | 27 | 300 | 0.215 |
| 参数估计值 | 0.27624 | 27.1520 | 299.47 | 0.2177 |
| 辨识误差 | 0.451% | 0.563% | 0.177% | 1.256% |

表5-6　D=0.5时的辨识结果及误差

| f=20 kHz D=0.5 | L/mH | R/Ω | C/μF | $R_C$/Ω |
|---|---|---|---|---|
| 参数原值 | 0.275 | 10 | 300 | 0.215 |
| 参数估计值 | 0.2733 | 10.0520 | 300.45 | 0.2121 |
| 辨识误差 | 0.618% | 0.52% | 0.15% | 1.35% |
| 参数原值 | 0.275 | 18 | 300 | 0.215 |
| 参数估计值 | 0.273636 | 18.0920 | 299.48 | 0.2167 |
| 辨识误差 | 0.495% | 0.501% | 0.173% | 0.791% |
| 参数原值 | 0.275 | 27 | 300 | 0.215 |
| 参数估计值 | 0.27647 | 27.1687 | 299.57 | 0.2175 |

| f=20 kHz D=0.5 | L/mH | R/Ω | C/μF | $R_C$/Ω |
|---|---|---|---|---|
| 辨识误差 | 0.535% | 0.625% | 0.143% | 1.163% |
| 参数原值 | 0.275 | 37 | 300 | 0.215 |
| 参数估计值 | 0.27342 | 37.2192 | 300.51 | 0.2171 |
| 辨识误差 | 0.575% | 0.592% | 0.17% | 0.977% |

表5-7　D=0.75时的辨识结果及误差

| f=20 kHz D=0.75 | L/mH | R/Ω | C/μF | $R_C$/Ω |
|---|---|---|---|---|
| 参数原值 | 0.275 | 18 | 300 | 0.215 |
| 参数估计值 | 0.2732 | 17.8900 | 300.58 | 0.2131 |
| 辨识误差 | 0.655% | 0.611% | 0.193% | 0.884% |
| 参数原值 | 0.275 | 27 | 300 | 0.215 |
| 参数估计值 | 0.27653 | 27.1494 | 300.50 | 0.2128 |
| 辨识误差 | 0.5564% | 0.553% | 0.167% | 1.023% |
| 参数原值 | 0.275 | 37 | 300 | 0.215 |
| 参数估计值 | 0.27336 | 36.7720 | 300.62 | 0.2119 |
| 辨识误差 | 0.596% | 0.625% | 0.207% | 1.44% |
| 参数原值 | 0.275 | 48 | 300 | 0.215 |
| 参数估计值 | 0.27644 | 48.2750 | 299.42 | 0.2170 |
| 辨识误差 | 0.524% | 0.573% | 0.193% | 0.931% |

通过分析表 5-5、表 5-6、表 5-7 可以得出，元件参数 $L$、$R$、$C$、$R_C$ 的误差最大值分别为 0.647%、0.656%、0.207%、1.44%，误差范围均不是很大，可以实现参数辨识，说明用最小二乘递推参数估计算法来进行参数辨识是可行的。

下面通过参数辨识算法来解释如何实现参数性故障诊断，即对参数出现较大偏差的情况进行仿真并分析，这里讨论的是单个元件发生参数故障的情况，电路仿真参数如表 5-3 所示。

（1）电感 $L$ 发生参数故障

在电路运行过程中，假设某一时刻由于某些原因，电路中电感 $L$ 的值发生了较大偏移，为了方便讨论，假设电感从 0.2 mH 变化到大于 0.21 mH 的某一个值，或者变化到小于 0.19 mH 的某一个值，即辨识误差超过 5% 时，则认为电感发生参数故障，通过参数辨识算法可以得到如表 5-10 所示的辨识结果。

表5-8    电感 $L$ 的值发生参数故障时的参数辨识结果

| 名称 | $L/\text{mH}$ | $R/\Omega$ | $C/\mu\text{F}$ | $R_C/\Omega$ |
|---|---|---|---|---|
| 电路参数 | 0.2 | 30 | 70 | 0.19 |
| 辨识估计值 | 0.21448 | 30.1548 | 69.894 | 0.1921 |
| 辨识误差 | 7.24% | 0.516% | 0.151% | 1.105% |

分析表 5-8 可以知道，参数 $R$、$C$、$R_C$ 的参数辨识结果误差在允许范围内，说明这 3 个参数无故障症状，但是电感感值的辨识误差达到了 7.24%，说明电感参数发生了比较大的偏差，因此可以判断电感发生故障。

（2）电阻 $R$ 的阻值发生偏移

在电路运行过程中，假设某一时刻由于某些原因，电路中电阻的阻值发生了较大偏移，为了方便讨论，假设电阻从 30 Ω 变化到大于 31.5 Ω 的某一个值，或者变换到小于 28.5 Ω 的某一个值，即辨识误差超过 5% 时，则认为电阻发生参数故障，通过参数辨识算法可以得到如表 5-9 所示的辨识结果。

表5-9    电阻 $R$ 的值发生参数故障时的参数辨识结果

| 名称 | $L/\text{mH}$ | $R/\Omega$ | $C/\mu\text{F}$ | $R_C/\Omega$ |
|---|---|---|---|---|
| 电路参数 | 0.2 | 30 | 70 | 0.19 |
| 辨识估计值 | 0.19881 | 33.9743 | 70.096 | 0.1877 |
| 辨识误差 | 0.595% | 13.25% | 0.137% | 1.211% |

分析表 5-9 可知，$L$、$C$、$R_C$ 3 个参数的辨识结果误差并不是很大，说明这 3

个参数还是在正常工作范围内，但是电阻的辨识误差达到了 13.15%，说明电阻阻值发生了比较大的偏差，因此可以判断此时电路中电阻发生了故障。

（3）电容 $C$ 发生参数故障

在电路运行过程中，假设某一时刻由于某些原因，电路中电容 $C$ 的值发生了较大偏移，为了方便讨论，假设电感从 70 μF 变化到大于 73.5 μF 的某一个值，或者小于 66.5 μF 的某一个值，即辨识误差超过 5% 时，则认为电容发生参数故障，通过参数辨识算法可以得到如表 5-10 所示的辨识结果。

表5-10　电容 $C$ 的值发生参数故障时的参数辨识结果

| 名称 | $L$/mH | $R$/Ω | $C$/μF | $R_C$/Ω |
|------|--------|-------|--------|---------|
| 电路参数 | 0.2 | 30 | 70 | 0.19 |
| 辨识估计值 | 0.20107 | 29.8314 | 75.216 | 0.1875 |
| 辨识误差 | 0.535% | 0.562% | 7.451% | 1.316% |

对表 5-10 进行分析可以知道，参数 $L$、$R$、$R_C$ 的参数辨识结果误差不太大，说明这三个参数在正常工作的范围内，但是电容容值的辨识误差达到了 7.451%，说明电容参数发生了较大偏差，因此可以判断出电容发生故障。

（4）电容等效电阻发生参数故障

在电路运行过程中，假设某一时刻由于某些原因，电路中电容等效电阻的值 $R_C$ 发生了较大偏移，为了方便讨论，假设电感从 0.19 Ω 变化到大于 0.1995 Ω 的某一个值，或者小于 0.1805 Ω 的某一个值，即辨识误差超过 5% 则认为电容等效电阻发生参数故障，通过参数辨识算法可以得到如表 5-11 所示的辨识结果。

表5-11　电容等效电阻发生参数故障时的辨识结果

| 名称 | $L$/mH | $R$/Ω | $C$/μF | $R_C$/Ω |
|------|--------|-------|--------|---------|
| 电路参数 | 0.2 | 30 | 70 | 0.19 |
| 辨识估计值 | 0.19885 | 30.1611 | 69.879 | 0.2104 |
| 辨识误差 | 0.575% | 0.537% | 0.173% | 10.74% |

对表 5-11 进行分析可以知道，参数 $L$、$R$、$C$ 的参数辨识结果误差不太大，说明这 3 个参数在正常工作的范围内，但是电容等效电阻的辨识误差达到了

10.74%，说明电容等效电阻的参数发生了较大偏差，因此可以判断出电容等效电阻发生参数故障。

### 5.4.2.2 Boost 电路的参数性故障诊断方法仿真

假设 Boost 电路的仿真参数为：输入电压为 15 V，采样频率为 1 MHz，开关频率设定为 10 kHz，电感值为 0.15 mH，电容值为 120 μF，电容等效电阻值为 0.175 Ω，取多组负载电阻的值，分别为 10 Ω、20 Ω、30 Ω，占空比分别为 0.3、0.5、0.75，分别在这些情况下对 Boost 电路进行参数辨识，辨识结果如表5-12 至表 5-14 所示。

表5-12　$D$=0.3时的辨识结构及误差

| $f$=10 kHz $D$=0.3 | $L$/mH | $R$/Ω | $C$/μF | $R_c$/Ω |
|---|---|---|---|---|
| 参数原值 | 0.15 | 10 | 120 | 0.175 |
| 参数估计值 | 0.1493 | 10.0612 | 120.14 | 0.1731 |
| 辨识误差 | 0.478% | 0.612% | 0.117% | 1.086% |
| 参数原值 | 0.15 | 20 | 120 | 0.175 |
| 参数估计值 | 0.15076 | 20.1172 | 120.16 | 0.1728 |
| 辨识误差 | 0.509% | 0.586% | 0.133% | 1.262% |
| 参数原值 | 0.15 | 30 | 120 | 0.175 |
| 参数估计值 | 0.15088 | 29.8191 | 119.85 | 0.1752 |
| 辨识误差 | 0.589% | 0.603% | 0.125% | 1.14% |

表5-13　$D$=0.5时的参数辨识结果及误差

| $f$=10 kHz $D$=0.5 | $L$/mH | $R$/Ω | $C$/μF | $R_c$/Ω |
|---|---|---|---|---|
| 参数原值 | 0.15 | 10 | 120 | 0.175 |
| 参数估计值 | 0.14923 | 9.9453 | 120.21 | 0.1727 |
| 辨识误差 | 0.513% | 0.547% | 0.175% | 1.314% |

| $f$=10 kHz $D$=0.5 | $L$/mH | $R$/Ω | $C$/μF | $R_C$/Ω |
|---|---|---|---|---|
| 参数原值 | 0.15 | 20 | 120 | 0.175 |
| 参数估计值 | 0.15087 | 20.1234 | 119.83 | 0.1772 |
| 辨识误差 | 0.58% | 0.617% | 0.142% | 1.257% |
| 参数原值 | 0.15 | 30 | 120 | 0.175 |
| 参数估计值 | 0.15085 | 29.8224 | 120.16 | 0.1769 |
| 辨识误差 | 0.567% | 0.592% | 0.133% | 1.07% |

表5-14  $D$=0.75时的参数辨识结果及误差

| $f$=10 kHz $D$=0.75 | $L$/mH | $R$/Ω | $C$/μF | $R_C$/Ω |
|---|---|---|---|---|
| 参数原值 | 0.15 | 10 | 120 | 0.175 |
| 参数估计值 | 0.15083 | 10.0534 | 119.82 | 0.1728 |
| 辨识误差 | 0.552% | 0.534% | 0.150% | 1.257% |
| 参数原值 | 0.15 | 20 | 120 | 0.175 |
| 参数估计值 | 0.14927 | 20.1276 | 120.15. | 0.1769 |
| 辨识误差 | 0.487% | 0.638% | 0.125% | 1.086% |
| 参数原值 | 0.15 | 30 | 120 | 0.175 |
| 参数估计值 | 0.14914 | 29.8509 | 120.19 | 0.1770 |
| 辨识误差 | 0.573% | 0.497% | 0.158% | 1.143% |

通过对比表 5-12 至表 5-14 可以得出，元件参数 $L$、$R$、$C$、$R_C$ 的误差最大值分别为 0.589%、0.638%、0.1755%、1.314%，误差范围均不是很大，说明参数辨识算法可以实现对 Boost 电路元件的参数辨识，进而表明用最小二乘递推参数估计算法来进行参数辨识是可行的。

下面通过参数辨识来解释如何实现对 Boost 电路的参数性故障诊断，即对电路参数出现较大偏差的情况进行仿真并分析，这里讨论的是单个元件发生参数故障的情况，电路仿真参数如表 5-15 所示。

表5-15　Boost 电路仿真参数

| $E$/V | $f$/Hz | $D$ | $L$/mH | $R$/Ω | $C$/μF | $R_c$/Ω |
|---|---|---|---|---|---|---|
| 15 | 10 | 0.3 | 0.15 | 20 | 120 | 0.175 |

（1）电感 L 发生参数故障

在电路运行过程中，假设电感的值从 0.15 mH 变化到大于 0.1575 mH 或者小于 0.1425 mH 的某一个值，即辨识误差超过 5% 时，则认为电感发生参数故障，通过参数辨识算法可以得到如表 5-16 所示的辨识结果。

表5-16　电感 $L$ 的值发生参数故障时的参数辨识结果

| 名称 | $L$/mH | $R$/Ω | $C$/μF | $R_c$/Ω |
|---|---|---|---|---|
| 电路参数 | 0.15 | 20 | 120 | 0.175 |
| 辨识估计值 | 0.13659 | 20.1214 | 119.83 | 0.1727 |
| 辨识误差 | 8.94% | 0.607% | 0.142% | 1.314% |

对表 5-16 进行分析可知，参数 R、C、$R_c$ 的参数辨识误差均在 1.5% 以下，说明这 3 个参数的辨识结果没有较大误差，但是电感感值的辨识误差达到了 8.94%，说明电感参数发生了比较大的偏差，因此可以判定电感发生故障。

（2）电阻 R 发生参数故障

在电路运行过程中，假设电阻阻值从 20 Ω 变化到大于 21 Ω 或者小于 19 Ω 的某一个值，即辨识误差超过 5% 时，则认为电阻发生参数故障，通过参数辨识算法可以得到如表 5-17 所示的辨识结果。

表5-17　电阻 $R$ 的值发生参数故障时的参数辨识结果

| 名称 | $L$/mH | $R$/Ω | $C$/μF | $R_c$/Ω |
|---|---|---|---|---|
| 电路参数 | 0.15 | 20 | 120 | 0.175 |
| 辨识估计值 | 0.15077 | 17.966 | 120.16 | 0.1767 |
| 辨识误差 | 0.513% | 10.17% | 0.133% | 0.971% |

分析表 5-17 可知，$L$、$C$、$R_C$ 3 个参数的辨识结果误差并不是很大，说明这 3 个参数在正常工作范围内，但是电阻的辨识误差达到了 10.17%，说明电阻阻值发生了比较大的偏差，因此可以判断此时电路中电阻发生了故障。

（3）电容 $C$ 发生参数故障

在电路运行过程中，假设电感从 120 μF 变化到大于 126 μF 或者小于 114 μF 的某一个值，即辨识误差超过 5% 时，则认为电容发生参数故障，通过参数辨识算法可以得到如表 5-18 所示的辨识结果。

表5-18　电容$C$的值发生参数故障时的参数辨识结果

| 名称 | $L/\text{mH}$ | $R/\Omega$ | $C/\mu\text{F}$ | $R_C/\Omega$ |
|---|---|---|---|---|
| 电路参数 | 0.15 | 20 | 120 | 0.175 |
| 辨识估计值 | 0.14918 | 20.1142 | 135.29 | 0.1731 |
| 辨识误差 | 0.547% | 0.571% | 12.74% | 1.109% |

对表 5-18 进行分析可以知道，参数 $L$、$R$、$R_C$ 的参数辨识结果误差不太大，说明这 3 个参数在正常工作的范围内，但是电容容值的辨识误差达到了 12.74%，说明电容参数发生了较大偏差，因此可以判定电容发生故障。

（4）电容等效电阻发生参数故障

在电路运行过程中，假设电感从 0.175 Ω 变化到大于 0.18375 Ω 的值或者小于 0.16625 Ω 的某一个值，即辨识误差超过 5% 时，则认为电容等效电阻发生参数故障，通过参数辨识算法可以得到如表 5-19 所示的辨识结果。

表5-19　电容等效电阻发生参数故障时的辨识结果

| 名称 | $L/\text{mH}$ | $R/\Omega$ | $C/\mu\text{F}$ | $R_C/\Omega$ |
|---|---|---|---|---|
| 电路参数 | 0.15 | 20 | 120 | 0.175 |
| 辨识估计值 | 0.15076 | 19.8814 | 119.81 | 0.1963 |
| 辨识误差 | 0.507% | 0.593% | 0.158% | 12.17% |

对表 5-19 进行分析可以知道，参数 $L$、$R$、$C$ 的参数辨识结果误差不太大，说明这 3 个参数的值在正常工作的范围内，但是电容等效电阻的辨识误差达到了

12.17%，说明电容等效电阻的参数发生了较大偏差，因此可以判断出电容等效电阻发生故障。

综上所述，对参数辨识的结果进行分析，一方面可以实现对电路中 $L$、$R$、$C$、$R_c$ 等元件参数进行实时跟踪，另一方面可以通过参数辨识实现对电路中 $L$、$R$、$C$、$R_c$ 等元件参数的参数性故障诊断。

# 第6章 基于容差网络电路的电力电子电路故障诊断方法

## 6.1 含有容差电路的区间分析方法

　　众所周知，电路元器件的容差一直是电路故障诊断分析中难以解决的问题。电路元器件的这些容差主要来源于数据误差、计算误差等，所以人们一直在努力使计算结果保证在所要求的范围内。但是在实际工程中，由于元器件容差的存在，造成计算结果与实际情况不相符。区间数学分析法为解决这一难题提供了一种有效的分析和计算方法。目前，求解区间线性方程组的方法有解析法、穷举法、Gauss 消去法、Hansen 区间迭代法和直接优化法等。然而，解析法仅仅适用于处理区间变化范围较小的简单问题，通过公式运算得到问题的解；穷举法可用于解决单调性问题，它对所有区间数的上端点和下端点值进行穷举组合，在满足解的条件下选择一组最大值或最小值；Gauss 消去法是求解区间线性方程组的一种基本方法。由于区间数在四则运算过程中，一个区间数 $X$ 与本身之差不等于零，所以应用 Gauss 消去法在求解区间线性方程组的过程中易出现区间扩张，使得问题得不到精确的解；Hansen 区间迭代法是目前求解区间线性方程组的另一种计算方法，由于 Hansen 区间迭代法初值选择的范围较宽，所以会对迭代结果造成区间扩张和迭代次数增加等影响。因此，正确选取区间迭代的初值，提高区间计算的精度（减少区间扩张）和减少迭代次数是目前研究这一课题的热点。为此，本书在 Hansen 区间迭代法的基础上进行改进。书中把改进 Hansen 区间迭代法和 Markov 迭代法分别应用于容差网络的电路故障诊断，并对它们的计算结果进行分析比较。

　　假设 $N$ 个独立节点的线性电路，如果考虑元器件的参数值存在容差时，应用电网络理论形成电路节点电压区间方程组。

$$YU_n=I_n \tag{6-1}$$

其中，$Y$ 是电路的节点导纳区间系数矩阵，（$Y$ 中每个元素 $y_{ij}$，$i$、$j=1,2,\cdots,n$），$I_n$ 为区间向量，是已知量；$U_n$（$U_n$ 中每个分量 $U_{ni}$，$i=1,2,\cdots,n$）是节点电压区间向量，是未知量。如果区间系数矩阵 $Y$ 是非奇异矩阵，则式（6-1）方程组有解。下面分别介绍改进 Hansen 迭代法和 Markov 迭代法的计算步骤。

## 6.1.1 区间节点电压方程的计算方法

### 6.1.1.1 改进 Hansen 区间迭代过程和步骤

（1）首先选取点电压方程式（6-1）中 $Y$ 的每个元素的中值组成非奇异矩阵 $G$：

$$G = \begin{bmatrix} m(y_{11}) & m(y_{12}) & \cdots & m(y_{1n}) \\ m(y_{21}) & m(y_{22}) & \cdots & m(y_{2n}) \\ \vdots & \vdots & & \vdots \\ m(y_{n1}) & m(y_{n2}) & \cdots & m(y_{nn}) \end{bmatrix}^{-1} \tag{6-2}$$

（2）构造区间矩阵 $E$：

$$E = I - GY \tag{6-3}$$

（3）按下式计算 $E$ 的范数：

$$\|E\| = \max_i \sum_{j-1}^n |E_{ij}|$$

若 $E$ 的范数 $\|E\| \geq 1$ 时，则调整 $G$ 的元素值，直到 $\|E\| < 1$ 为止。

（4）其次按照下式选取式（6-1）中未知数 $X$ 的初值的 $U_i^{(0)}$（$i=1,2,\cdots,n$）

$$U_i^0 = [-1,1] < GY >^{-1} |GI_n| \tag{6-4}$$

式中，$GY$ 和 $GI_n$ 分别按下列算子计算

$$\langle GY \rangle = \min \left\{ \left| (GY)_{ij}^L \right|, \left| (GY)_{ij}^R \right| \right\}$$

$$|GI_n| = \max \left\{ \left| (GI_n)_{ij}^L \right|, \left| (GI_n)_{ij}^R \right| \right\} \tag{6-5}$$

（5）最后应用 Hansen 迭代算子计算式（6-1）中的变量 $U$ 的解

$$U^{(k+1)} = \left\{ GI_n + EU^{(k)} \right\} \cap U^{(k)} \tag{6-6}$$

式中，$k=0,1,2,\cdots,n$。如果式（6-6）的交集为零，则重新选择初始值 $U^{(0)}$，亦即

重新选择非奇异矩阵 $\boldsymbol{G}$。

当迭代满足 $\boldsymbol{U}_{\mathrm{i}}^{(k+1)} = \boldsymbol{U}_{\mathrm{i}}^{(k)}$ 时，则获得电路节点电压区间方程式的解。

### 6.1.1.2 Markov 区间方程迭代过程和步骤

（1）首先根据节点电压方程式（6-1）中节点导纳矩阵 $\boldsymbol{Y}$ 的元素构造 $\boldsymbol{T}$ 和 $\boldsymbol{T}^{-1}$ 的区间矩阵，即

$$\boldsymbol{T} = \boldsymbol{T}(\boldsymbol{Y}) = \left(t_{ij}\right) = \begin{cases} y_{ii} & i = j \\ 0 & i \neq j \end{cases} \tag{6-7}$$

$$\boldsymbol{T}^{-1} = \boldsymbol{T}^{-1}(\boldsymbol{Y}) = \left(t_{ij}^*\right) = \begin{cases} (1/y_{ii}) & i = j \\ 0 & i \neq j \end{cases} \tag{6-8}$$

（2）然后，应用 Markov 迭代算子求节点电压应为 $U-$ 的区间值，迭代过程为

$$\boldsymbol{U}_i^{(k+1)} = \boldsymbol{T}^{-1} \times \left(\boldsymbol{I}_n - \boldsymbol{D}^{(\boldsymbol{Y}-\boldsymbol{D}^{\mathrm{T}})} \times \boldsymbol{U}^{(k)}\right)$$
$$k = 0, 1, 2, \cdots, n; \; i = 1, 2, \cdots, n \tag{6-9}$$

式中：$k=0, 1, 2, \cdots, n$ ；且 $\boldsymbol{Y}-\boldsymbol{D}^{\mathrm{T}}$ 为

$$\boldsymbol{Y} - \boldsymbol{D}^{\mathrm{T}} = \boldsymbol{Y} - \boldsymbol{T} = \begin{cases} 0 & i = j \\ y_{ij} & i \neq j \end{cases}$$

若方程式（6-1）满足 $\left\| \boldsymbol{T}^{-1} \right\| \left\| \boldsymbol{Y} - \boldsymbol{D}^{\mathrm{T}} \right\| \leqslant q < 1$（$q$ 是一个小于 1 的正数）时，则对于任意给定的初值 $\boldsymbol{U}_{\mathrm{i}}^{(0)}$（$i = 1, 2, \cdots$），式（6-1）都存在唯一解。

（3）当迭代满足 $\boldsymbol{U}_{\mathrm{i}}^{(k+1)} = \boldsymbol{U}_{\mathrm{i}}^{(k)}$ 时，则可获得区间节点电压方程式（6-1）的解。

## 6.1.2 仿真分析实例

本节将改进 Hansen 区间迭代法和 Markov 迭代法分别应用于求解含有容差电路的节点电压区间值，并将两种方法的计算结果列表进行比较。

如图 6-1 所示，是一个具有 5 个独立节点，12 条支路的容差网络电路中各支路元器件参数值见表 6-1。

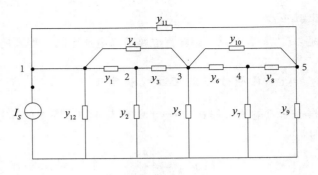

图 6-1　容差网络 N

表6-1　各支路元器件参数值　　　　　　　　　　　单位：s

| 支路号 | $y_1$ | $y_2$ | $y_3$ | $y_4$ | $y_5$ | $y_6$ | $y_7$ | $y_8$ | $y_9$ | $y_{10}$ | $y_{11}$ | $y_{12}$ |
|---|---|---|---|---|---|---|---|---|---|---|---|---|
| 标称值 | 0.5 | 0.25 | 0.2 | 1 | 0.14 | 0.03 | 0.91 | 0.6 | 0.24 | 0.8 | 0.76 | 0.2 |

如果不考虑元器件参数值存在容差时，应用节点电压分析法可算出网络中各节点电压的点值，如表 6-2 所示。

表6-2　无容差时各节点电压值　　　　　　　　单位：V

| 电压 | $U_1$ | $U_2$ | $U_3$ | $U_4$ | $U_5$ |
|---|---|---|---|---|---|
| 节点电压值 | 0.1149 | 0.0789 | 0.0876 | 0.0302 | 0.0731 |

当考虑网络中各元器件参数值存在容差（各支路元器件参数值容差以 ±5% 变化）时，应用改进 Hansen 区间迭代法和 Markov 迭代法，其计算结果如表 6-3 所示。

表6-3　容差网络各节点电压区间值　　　　　　　单位：V

| 电压 | $U_1$ | $U_2$ | $U_3$ | $U_4$ | $U_5$ |
|---|---|---|---|---|---|
| 改进 Hansen 区间迭代法 | −0.0735<br>0.3033 | −0.0833<br>0.2411 | −0.1027<br>0.2779 | −0.0483<br>0.1087 | −0.0923<br>0.2386 |
| Markov 迭代法 | 0.1123<br>0.1186 | 0.0778<br>0.0804 | 0.0868<br>0.0888 | 0.0300<br>0.0305 | 0.0726<br>0.0740 |

为了便于比较，现以表 6-2 和表 6-3 中电压 $U_3$ 的解（改进 Hansen 区间迭代和 Markov 迭代的计算结果）为例，将它的点值和区间值的大小都标在同一数轴上（见图 6-2）。

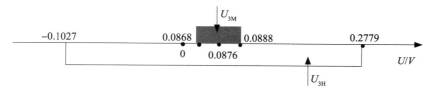

图 6-2 电压区间值

由图 6-2 分析可见，应用 Markov 区间迭代的计算结果的区间宽度比改进 Hansen 区间迭代的计算结果小 $[\omega(X_{2M}) < \omega(X_{2H})]$，且接近于无容差的点值。由此可见，应用 Markov 迭代法计算结果的区间精度较高，它更适合于容差网络的故障分析和诊断。

## 6.2 容差网络故障的区间判定

假设线性容差网络 N，有 $n$ 个独立节点，$b$ 条支路。其节点电压方程为

$$Y_{n0}\,U_n = I_n \qquad (6-10)$$

判别网络 N 是否有故障，在理论上通常是采用可测端点的测量值与无故障时的正常值的偏差量来识别的。在无容差情况下，如果选择可测点满足故障可诊断条件时，这种判别方法是可靠且有效的。然而，当元器件参数存在容差时，这种识别方法已经不能再适用了。这是因为，元器件参数值存在容差会使得可测点的测量值在一定范围内变化，它不是一个点值，它随机落在一个区间值的范围之内。因此判别容差网络是否有故障，关键是怎样来确定可测点的正常区间值。

当网络元器件参数值存在容差时，式（6-10）是一个区间矩阵方程，即

$$\bar{Y}_{n0}U_n = I_n \qquad (6-11)$$

式中，$\bar{Y}_{n0}$ 由两个分量构成：一是无容差网络的节点导纳矩阵；二是容差引起的最大容限导纳矩阵，它们都是已知量。由式（6-11）可求出容差网络无故障时的节点电压 $U_{ni}(i=1,2,\cdots,n)$ 的函数式

$$U_{ni} = f(\boldsymbol{\Phi}_0 + \Delta\boldsymbol{\Phi}_0, \boldsymbol{I}_n) \qquad (6-12)$$

其中，$\boldsymbol{\Phi}_0$ 是网络元器件标称值的导纳矩阵函数，是已知量；$\Delta\boldsymbol{\Phi}_0$ 是由容差引起

的最大值的关系函数。

定义 1　网络中的节点满足下列条件者可选作为可测试点：①可用于测试的端点；②网络节点电压对参数变化的灵敏度不为零。

定义 2　$U_m^{(0)}$ 表示网络中无故障时可测试点的电压计算值；$U_m$ 表示网络中有故障时可测试点的电压测量值。

容差网络诊断判据：容差网络故障的必要且几乎充分条件是，网络中的可测试点电压测量值与无故障时的计算值的交集为空集，即

$$\theta = \bigcup_{i=1}^{g}(U_{mi} \cap U_{mi}^{(0)}) = 0 \qquad (6\text{-}13)$$

式中：$g$ 表示容差网络中可测试端点的总个数。

证明如下。

必要性：由式（6-12）解出可测试点电压计算值 $U_{mi}^{(0)}$（$i = 1, 2, \cdots, n$）的关系函数式为

$$U_{mi}^{(0)} = \xi(\boldsymbol{\Phi}_0 + \Delta\boldsymbol{\Phi}_0, \boldsymbol{I}_n) \qquad (6\text{-}14)$$

由于元器件参数存在容差，引起 $U_{mi}^{(0)}$ 的值在容差范围内变化，所以它不是点值，而是一个区间值，可以通过计算获得。

当容差网络发生故障时，在同一测试点上外加相同的电流源激励，可测试点的电压测量值 $U_{mi}$ 的关系函数式为

$$U_{mi} = \xi(\boldsymbol{\Phi}_0, \boldsymbol{I}_n) \qquad (6\text{-}15)$$

式中，$\boldsymbol{\Phi}_0$ 表示网络元器件参数构成的导纳矩阵关系函数。它除了考虑容差因素之外，还包含有故障因数在内。现在分析下列两种情况。

（1）如果元器件参数变化值不超出最大容差范围时，即 $\boldsymbol{\Phi} \in (\boldsymbol{\Phi}_0 + \Delta\boldsymbol{\Phi}_0)$，则可测试点的电压测量值不会超出无故障时的电压区间值（$U_{mi} \in U_{mi}^{(0)}$）它们的交集不为空集。即

$$U_{mi} \cap U_{mi}^{(0)} \neq 0$$

（2）如果元器件参数变化值超出容差范围时，即 $\boldsymbol{\Phi} \notin (\boldsymbol{\Phi}_0 + \Delta\boldsymbol{\Phi}_0)$。通过比较式（6-14）和式（6-15），则 $U_{mi} \notin U_{mi}^{(0)}$，它们的交集为空集，那么就有

$$U_{mi} \cap U_{mi}^{(0)} = 0$$

则容差网络有故障，必要性得到证明。

充分性：根据网络可测试点的基本条件，网络内部元器件参数发生变化时，在可测端点上的电压变化量不会相互抵消。如果可测端点的电压测量值没有超出正常电压区间值，即满足 $U_{mi} \in U_{mi}^{(0)}$。通过式（6-14）和式（6-15）比较可得

$\boldsymbol{\Phi} \in (\boldsymbol{\Phi}_0 + \Delta\boldsymbol{\Phi}_0)$，即元器件参数变化值不会超出它们允许的容差范围。所以容差网络无故障，充分性证明完毕。

# 6.3 故障识别仿真示例

图 6-3 所示的网络连接图 N 有 7 个独立节点，16 条支路。在节点 3 和参考节点之间外加 0.24 V 的电流源激励。网络元器件参数值的容差按 ±5% 变化。现在应用 6.2 节中介绍的 Markov 迭代法，分别计算图 6-3 所示的容差网络在无故障情况下可测试点（假设网络中所有节点均为可测试点）的电压计算值 $U_{mi}^{(0)}$（$i=1,2,\cdots,7$）和故障时可测试点的电压区间值。各支路的参数值如表 6-4 所示。

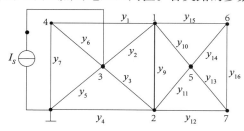

图 6-3 网络连接图 N

表6-4 各支路的参数值　　　　　　　　　　单位：s

| 支路号 | $y_1$ | $y_2$ | $y_3$ | $y_4$ | $y_5$ | $y_6$ | $y_7$ | $y_8$ | $y_9$ | $y_{10}$ | $y_{11}$ | $y_{12}$ | $y_{13}$ | $y_{14}$ | $y_{15}$ | $y_{16}$ |
|---|---|---|---|---|---|---|---|---|---|---|---|---|---|---|---|---|
| 标称值 | 0.4 | 0.7 | 0.5 | 0.9 | 0.45 | 0.2 | 0.8 | 0 | 0.12 | 0.36 | 0.75 | 0.8 | 0.10 | 0.6 | 0.55 | 0.756 |

（1）容差网络无故障时，用 Markov 迭代法可算出各节电压的区间值，如表 6-5 所示。

表6-5 无故障时的电压区间值　　　　　　　　　单位：V

| | $U_1$ | $U_2$ | $U_3$ | $U_4$ | $U_5$ | $U_6$ | $U_7$ |
|---|---|---|---|---|---|---|---|
| 电压区间值 | 0.1103992 0.1220202 | 0.0715494 0.0841712 | 0.1713719 0.1894110 | 0.0560243 0.0619216 | 0.0892511 0.0986460 | 0.0936570 0.1035156 | 0.0849041 0.0938414 |

（2）容差网络发生故障时，今假设网络中 $y_4$ 和 $y_6$ 的参数值分别在下列两种情况下发生变化。

①$y_4$ 从 0.9 s 变为 0.09 s；$y_6$ 从 0.2 s 变为 0.02 s。

②$y_4$ 从 0.9 s 变为 19 s；$y_6$ 从 0.2 s 变为 12 s。

现在用 Markov 区间迭代法分别算出上述两种情况下可测端点上的电压值读数范围（见表 6-6，假设所有节点都是可测点）。由表 6-5 和表 6-6 可知，当网络发生故障时，可测试点的电压值与无故障的电压区间值的交集都为空集。

表6-6　无故障时的电压区间值　　　　　　　　　　单位：V

| 电压 | | $U_1$ | $U_2$ | $U_3$ | $U_4$ | $U_5$ | $U_6$ | $U_7$ |
|---|---|---|---|---|---|---|---|---|
| 故障电压值 | 情况① | 0.2069550 0.2058168 | 0.2189812 0.2179477 | 0.2709648 0.2741430 | 0.0719751 0.0722961 | 0.2135196 0.2141706 | 0.2123266 0.2122555 | 0.2151314 0.2156253 |
| | 情况② | 0.0632008 0.0629396 | 0.0043768 0.0043419 | 0.0974971 0.0989950 | 0.0919027 0.0905448 | 0.0267901 0.0268348 | 0.0343321 0.0344003 | 0.0193680 0.0193513 |

为了直观起见，现将 $U_3$ 在上述两种故障情况下的电压区间值和无故障的电压值分别在同一数轴表示，它们的交集都为空集，如图 6-4 和图 6-5 所示。

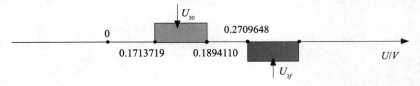

图6-4　$U_3$ 在情况①下的区间值

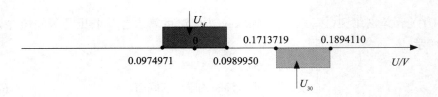

图6-5　$U_3$ 在情况②下的区间值

## 6.4 容差子网络级故障的区间诊断

设图6-6是线性非互易网络N。应用节点撕裂法，在第$i$次交叉撕裂时，将网络N撕裂成$N_1^i$和$\hat{N}_1^i$两个子网络。现将子网络$N_1^i$单独示出，如图6-6所示。

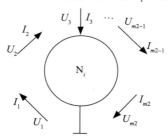

**图6-6 子网络级电路 $N_i$**

如果$N_1^i$与其他的子网络不存在耦合时，其节点电压方程为

$$\boldsymbol{Y}_{1n}\boldsymbol{U}_{1n} = \boldsymbol{I}_m + \begin{bmatrix} \boldsymbol{I}_{ts} \\ 0 \end{bmatrix} \qquad (6\text{-}16)$$

式中：$\boldsymbol{Y}_{1n}$为$N_1^i$的节点导纳矩阵；$\boldsymbol{U}_{1n} = [U_{TT},\ U_{MT},\ U_{GM},\ U_{II}]^{\mathrm{T}}$；$\boldsymbol{I}_m = [0,\ I_{MT},$ $I_{GM},\ 0]^{\mathrm{T}}$；$\boldsymbol{I}_{ts} = [I_{TT},\ I_{SM}]^{\mathrm{T}}$，如果把可及节点的测量值$U_{MT}$、$U_{GM}$、$I_{MT}$和$I_{GM}$代入式（6-16），经过移项整理后可得下列方程式

$$\begin{bmatrix} \boldsymbol{Y}_1 & \boldsymbol{Y}_2 \\ \boldsymbol{Y}_3 & \boldsymbol{Y}_4 \end{bmatrix} \begin{bmatrix} \boldsymbol{U}_m \\ \boldsymbol{U}_i \end{bmatrix} = \boldsymbol{I}_m + \begin{bmatrix} \boldsymbol{I}_{ts} \\ 0 \end{bmatrix} \qquad (6\text{-}17)$$

其中：$\boldsymbol{U}_m = [U_{MT}\ \ U_{GM}]^{\mathrm{T}}$是已知量；$\boldsymbol{U}_i = [U_{TT}\ \ U_{II}]^{\mathrm{T}}$是未知量。当$N_1^i$中选择的可及点满足$m \geqslant m_2$和可诊断拓扑条件时，可将式（6-17）分成下列两个式子。即

$$\boldsymbol{Y}_1\boldsymbol{U}_m + \boldsymbol{Y}_2\boldsymbol{U}_i = \begin{bmatrix} 0 \\ I_{MT} \end{bmatrix} + \boldsymbol{I}_{ts} \qquad (6\text{-}18)$$

$$\boldsymbol{Y}_3\boldsymbol{U}_m + \boldsymbol{Y}_4\boldsymbol{U}_i = \begin{bmatrix} I_{GM} \\ 0 \end{bmatrix} \qquad (6\text{-}19)$$

若不考虑网络元器件参数值存在容差时，式（6-18）和式（6-19）都是点值方程。首先由式（6-19）求出$\boldsymbol{U}_i$的值，然后再代入式（6-18）即可算出撕裂端点的电流$\boldsymbol{I}_{ts}$值。判断子网络$N_1^i$有无故障的依据是应用KCL对$\boldsymbol{I}_{ts}$中的各元素取和来判断。若其和不为零，则$N_1^i$有故障，反之为无故障。即

$$\sum_{j=1}^{m_2} I_{ts_j} = 0 \qquad (6\text{--}20)$$

然而，当考虑网络参数值存在容差时，以上这些方程均为区间线性方程。因此，即使网络无故障，在撕裂端口处的电流之和 [式（6-20）] 也不为零，它存在一个区间量。因此，定义这个区间量的最大值为零电流门限 $D_0$。下面应用 6.2 节介绍的区间分析法来确定容差子网络无故障时的零门限 $D_0$ 的区间值。

由于网络参数值存在容差，所以式（6-18）和式（6-19）都是区间矩阵方程。应用区间迭代法，将无故障时的 $U_m$、$I_m$ 和 $U_{GM}$ 代入式（6-19）求出电压 $U_i$ 的区间值，然后将 $U_i$ 的区间值代入式（6-18），即可算出无故障时撕裂端点的等效电流 $I_{ts}$ 的区间值，亦即可求出零电流门限 $D_0$ 的区间值。即

$$D_0 = \sum_{j=1}^{m_2} I_{ts_j} \qquad (6\text{--}21)$$

判断容差子网络 $N_1^i$ 是否有故障，是将故障时可及点的电压、电流测量值代入式（6-18）和式（6-19）中，然后按上述迭代步骤，即可算出 $N_1^i$ 撕裂端口等效电流 $I_{ts}$ 的区间值。当它的元素区间之和 $D_f$ 的值与零门限 $D_0$ 的交集为空集时，即

$$D_f \bigcap D_0 = 0 \qquad (6\text{--}22)$$

则可判断出子网络 $N_1^i$ 有故障，令逻辑诊断值 $H(N_1^i)$ 为 1；反之无故障，令逻辑诊断值 $H(N_1^i)$ 为 0。用同样的诊断法也可以判断子网络 $\hat{N}_1^i$ 是否有故障，也可以确定它的逻辑诊断值。

# 6.5 子网络级故障交叉撕裂诊断仿真示例

如图 6-7 所示是一个五级信号传输网络 N，网络中各支路元器件参数的标称值如表 6-7 所示。信号激励源 $I_s$ =0.4 A。假设网络中各元器件参数按 ±1% 的容差取值。如果把每一级传输网络作为一个子网络，则网络 N 的撕裂诊断图如图 6-8 所示。

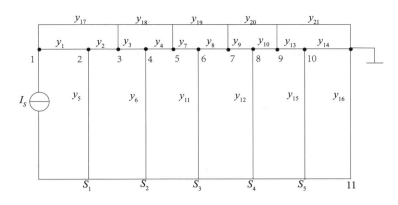

图6-7　五级信号传输网络 N

表6-7　各支路元器件参数的标称值　　　　　　　　　　　　单位：s

| 支路号 | $y_1$ | $y_2$ | $y_3$ | $y_4$ | $y_5$ | $y_6$ | $y_7$ | $y_8$ | $y_9$ | $y_{10}$ | $y_{11}$ | $y_{12}$ | $y_{13}$ | $y_{14}$ | $y_{15}$ | $y_{16}$ |
|---|---|---|---|---|---|---|---|---|---|---|---|---|---|---|---|---|
| 标称值 | 0.9 | 0.15 | 0.5 | 0.45 | 0.5 | 0.26 | 0.7 | 0.1 | 0.9 | 0.4 | 0.3 | 0.65 | 1.0 | 0.4 | 0.2 | 0.6 |
| 支路号 | $y_{17}$ | $y_{18}$ | $y_{19}$ | $y_{20}$ | $y_{21}$ | | | | | | | | | | | |
| 标称值 | 0.7 | 0.21 | 0.2 | 0.55 | 0.75 | | | | | | | | | | | |

　　假设网络 N 中同时发生故障的子网络数不超过两个，即 $f \leq 2$，应用交叉撕裂诊断法，在满足交叉撕裂准则 1 和准则 2 的条件下，可得 $k=4$ 的一种交叉撕裂方案：

$$T_1 : N_1^1 = \{S_4, S_5\}, \hat{N}_1^1 = \{S_1, S_2, S_3\} \qquad T_2 : N_1^2 = \{S_1, S_2\}, \hat{N}_1^2 = \{S_3, S_4, S_5\}$$

$$T_3 : N_1^3 = \{S_1\}, \hat{N}_1^3 = \{S_1, S_2, S_3, S_4, S_5\} \qquad T_4 : N_1^4 = \{S_5\}, \hat{N}_1^4 = \{S_1, S_2, S_3, S_4\}$$

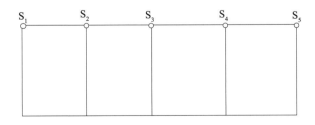

图6-8　网络 N 的撕裂诊断图

如果网络中各元器件参数值容差按 ±1% 变化时，用改进 Hansen 区间迭代法可算出无故障时各节点电压的区间值。当选择合适的可及点电压值代入式（6-18）至式（6-21）后，则可算出容差网络无故障时，各子网络集 $N_1^i$ 和 $\hat{N}_1^i$（$i = 1, 2, 3, 4$）的零电流门限 $D_0$ 的区间值（见表6-8）。

表6-8　无故障时各子网络集零电流门限 $D_0$ 的区间值

|  | $N_1^1$ | $\hat{N}_1^1$ | $N_1^2$ | $\hat{N}_1^2$ | $N_1^3$ | $\hat{N}_1^3$ | $N_1^4$ | $\hat{N}_1^4$ |
|---|---|---|---|---|---|---|---|---|
| $D_0$ 下端点 | −0.0013 | −0.0397 | −0.0183 | −0.0051 | −0.0074 | −0.0176 | −0.0004 | −0.0899 |
| $D_0$ 上端点 | 0.0026 | 0.0508 | 0.0088 | 0.0107 | 0.0248 | 0.0059 | −0.0006 | −0.1191 |

今假设网络中的子网络 $S_2$ 和 $S_3$ 中的元器件发生故障，即 $y_6$ 和 $y_{15}$ 的参数值分别由标称值增加了 50 s 和 70 s 时。用改进 Hansen 区间迭代法可算出各子网络集撕裂端口 $D_f$ 的区间值和逻辑诊断值 $H$，如表 6-9 所示。

表6-9　$D_f$ 的区间值和及逻辑诊断值 $H$

|  | $N_1^1$ | $\hat{N}_1^1$ | $N_1^2$ | $\hat{N}_1^2$ | $N_1^3$ | $\hat{N}_1^3$ | $N_1^4$ | $\hat{N}_1^4$ |
|---|---|---|---|---|---|---|---|---|
| $D_0$ 下端点 | −0.0037 | −0.1031 | −0.061 | −0.0054 | −0.0069 | −0.0232 | −0.0015 | −0.1405 |
| $D_0$ 上端点 | −0.0025 | −0.0276 | −0.0187 | −0.0041 | 0.0097 | 0.0059 | −0.0013 | 0.0360 |
| 逻辑值 $H$ | 1 | 1 | 1 | 1 | 0 | 1 | 1 | 1 |

根据表 6-9 获得的逻辑诊断值 $H$（$N_1^i$）和 $H$（$\hat{N}_1^i$），$i=1, 2, 3, 4$，构造逻辑诊断矩阵 $\boldsymbol{D}_{f1}$ 和 $\boldsymbol{D}_{f2}$。即

$$\boldsymbol{D}_{f1} = \begin{bmatrix} S_1 & S_2 & S_3 & S_4 & S_5 \\ 1 & 1 & 1 & 1 & 1 \\ 1 & 1 & 1 & 1 & 1 \\ 0 & 1 & 1 & 1 & 1 \\ 1 & 1 & 1 & 1 & 1 \end{bmatrix} \qquad \boldsymbol{D}_{f2} = \begin{bmatrix} S_{12} & S_{13} & S_{14} & S_{15} & S_{23} & S_{24} & S_{25} & S_{34} & S_{35} & S_{45} \\ 0 & 0 & 1 & 1 & 0 & 1 & 1 & 1 & 1 & 0 \\ 0 & 1 & 1 & 1 & 1 & 1 & 1 & 0 & 0 & 0 \\ 0 & 0 & 0 & 0 & 1 & 1 & 1 & 1 & 1 & 1 \\ 0 & 0 & 0 & 1 & 0 & 0 & 1 & 0 & 1 & 1 \end{bmatrix}$$

# 6.6　容差网络元器件级故障的区间诊断

　　线性网络 N 中有 $m$ 个可及端口，$b$ 条支路。假设网络中有 $f$（$f<b$）个元器件发生故障，应用等效电源法把 $f$ 个故障元器件的偏差值用等效电流源 $I_f$ 代替。如果把网络中的 $f$ 个故障等效电流源置于网络端口之外，则可构成一个（$m+f$）个端口的无源网络，其等效图如图 6-9 所示，其端口阻抗方程为

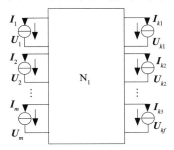

**图 6-9　电网络等效图**

$$\begin{bmatrix} \boldsymbol{U}_m \\ \boldsymbol{U}_f \end{bmatrix} = \begin{bmatrix} \boldsymbol{Z}_{mm} & \boldsymbol{Z}_{mf} \\ \boldsymbol{Z}_{fm} & \boldsymbol{Z}_{ff} \end{bmatrix} \begin{bmatrix} \boldsymbol{I}_m \\ \boldsymbol{I}_f \end{bmatrix} = \boldsymbol{Z}_{\text{co}} \begin{bmatrix} \boldsymbol{I}_m \\ \boldsymbol{I}_f \end{bmatrix} \qquad （6-23）$$

其中，$\boldsymbol{U}_m$ 和 $\boldsymbol{U}_f$ 分别表示可测端口和故障元器件端口的电压向量；$\boldsymbol{I}_m$ 是可测端口的电流源激励，它是已知向量。当网络无故障时，$\boldsymbol{I}_f=0$。其端口电压方程为

$$\begin{bmatrix} \boldsymbol{U}_m \\ \boldsymbol{U}_f \end{bmatrix} = \boldsymbol{Z}_{\text{co}} \begin{bmatrix} \boldsymbol{I}_m \\ 0 \end{bmatrix} \qquad （6-24）$$

　　若将式（6-23）和式（6-24）相减，消去 $\boldsymbol{I}_f$，经移项整理后，可得下列方程

$$[\boldsymbol{Z}_{mf}(\boldsymbol{Z}_{mf}^{\text{T}}\boldsymbol{Z}_{mf})^{-1}\boldsymbol{Z}_{mf}^{\text{T}} - 1]\Delta \boldsymbol{U}_m = 0 \qquad （6-25）$$

其中：$\Delta \boldsymbol{U}_m$ 表示网络发生故障时在可测端口的电压测量值与无故障时的电压测量值之差，它是一个已知向量。R.M.Biemacki 等在文献中指出 ❶，如果网络 N 中元器件参数值不计容差时，$f$ 个元器件都发生故障，则式（6-25）恒为零。但是，当网络元器件参数值计及容差时，上面各式均为区间线性方程，即使网络无故障，式（6-25）也不可能为零，它是一个区间量。定义这个区间量为零门限 $S_0$。要诊断出容差网络的故障元器件，首先需确定无故障时零门限 $S_0$ 的区间值。

---

❶ 蔡金锭 . 电力电子电路及容差电路故障诊断技术 . 北京：机械工业出版社，2016.05.

在工程实际中电网络可能包含有数以万计的元器件，但是实践已经证明，网络中发生故障绝大部分是单支路元器件故障，其次才是双支路元器件故障。因此，首先对容差网络进行单支路故障诊断。即在无故障情况下，依次确定 $b$ 个元器件的零门限 $S_{0i}$（$i=1,2,\cdots,b$），即

$$S_{0i} = [Z_{mi}(Z_{mi}^{\mathrm{T}} X_{mi})^{-1} Z_{mi}^{\mathrm{T}} - 1] \Delta U_m \qquad (6\text{-}26)$$

若要诊断出容差网络故障发生在哪一个元器件时，可将可测端口的电压测量值与无故障时的电压区间值相减之差代入式（6-26）。然后，再依次搜索 $b$ 个元器件端口的区间值 $S_{fi}$（$i=1,2,\cdots,b$）。当且仅当第 $k$ 个元器件的端口区间值 $S_{fk}$ 与之相应的零门限 $S_{0k}$ 的交集逻辑值 $Q_{pk}$ 为 1 时，而其他元器件 $S_{fi}$（$i \neq k$）和与之相应 $S_{0i}$（$i \neq k$）的交集逻辑值 $Q_{pk}$（$i \neq k$）均为零时，则网络中第 $k$ 个元器件就是发生故障的元器件。即

$$Q_{pi} = S_{0i} \bigcap S_{fi} = 1$$
$$i = 1,2,\cdots,b \qquad (6\text{-}27)$$

当且仅当 $Q_{pi}$（$i=1,2,\cdots,b$）均不为 1 时，则容差网络是非单支路故障，则按上述诊断法转入双支路故障进行诊断。

## 6.7 容差网络单支路故障诊断仿真示例

如图 6-10 所示电路有 4 个节点 5 条支路的容差电网络 N，网络 N 中各支路元器件参数标称值 $R_j$（$j=1,2,\cdots,5$）均为 500 Ω。各元器件参数值的容差按 ±5% 考虑。图中 1，2 和 4，2 分别为可测端口。在 1，2 端口处外加 0.1 A 的电流源激励，进行如下分析。

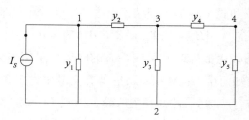

图 6-10　容差电网络 N

若考虑元器件参数值存在容差时，应用 Markov 迭代法可算出式（6-10）网络

无故障时各节点电压（节点 2 为参考点）的区间值；用各元器件的标称值也可以
算出各节点电压的点值。计算结果如表 6-10 所示。

表6-10　容差网络无故障节点电压区间值　　　　　　　单位：V

| 电压 | $U_1$ | $U_3$ | $U_4$ |
|---|---|---|---|
| 电压点值 | 3.1250 | 1.2500 | 0.6250 |
| 电压区间值 | 2.976190，3.289474 | 1.190476,1.315789 | 0.595238，0.657895 |

当网络发生故障时，假设 $R_j$（$j=1, 2, \cdots, 5$）依次发生变化（各元器件参数值
从 50 Ω 增加到 1 kΩ）。应用 Markov 区间迭代法可算出式（6-10）容差网络各个
节点电压的区间值（见表 6-11）。

表6-11　故障情况下节点电压值　　　　　　　　（单位：V）

| 电压 | $U_1$ | $U_3$ | $U_4$ |
|---|---|---|---|
| $R_1$ | 7.326007,8.097166 | 2.930440,3.238864 | 1.465201,1.619433 |
| $R_2$ | 4.542124,5.020243 | 0.146520,0.161943 | 0.073260,0.080971 |
| $R_3$ | 3.514739,3.884671 | 2.267573,2.506265 | 1.133786,1.253133 |
| $R_4$ | 3.510183,3.481781 | 1.538462,1.700405 | 0.073260,0.080972 |
| $R_5$ | 3.510183,3.481781 | 1.538462,1.700405 | 1.465201,1.619433 |

由表 6-10 和表 6-11 比较可见，当容差网络中任何一条支路发生故障，在可
测点的电压测量值均超出无故障时的电压区间值。这也证明了 6.3 节中提出的诊
断判据是正确的。

现假设网络中 $R_5$ 发生故障，阻值从 50 Ω 变化到 500 Ω。按上述诊断法，首先
由式（6-26）算出容差网络无故障时各元器件端口的零门限 $S_{0i}$（$i=1,2,\cdots,5$）的区
间值，判断网络是否发生故障，把可测端口电压测量值的变化量代入式（6-26），
再计算各元器件端口的区间值 $S_{fi}$（$i=1,2,\cdots,5$），用式（6-27）判断出故障元器件
的所在位置。其诊断数据详见表 6-12。

表6-12　容差网络 $S_f$、$S_0$ 和 $Q_p$ 值

| 容差网络 | (1,2) | (1,3) | (2,3) | (3,4) | (2,4) |
|---|---|---|---|---|---|
| $S_f$ | 0.0554 0.2498 −0.8081 −0.6618 | −0.3332 −0.2025 −0.8568 −06915 | 0.1326 0.5113 −0.4946 −0.1109 | −0.5147 −0.2410 −0.1623 −0.0934 | −0.1784 0.1995 −0.1783 0.2182 |
| $S_0$ | −0.0394 0.0420 −0.0675 0.0668 | −0.0434 0.0479 −0.0771 0.0852 | −0.1080 0.1154 −0.1181 0.1103 | −0.1430 0.1581 −0.0501 0.0554 | −0.1518 0.1663 −0.0450 0.0420 |
| $Q_p$ | 0 | 0 | 0 | 0 | 1 |

从诊断结果可见 2、4 节点端口的逻辑值 $Q_p$ 为 1，其余均为零，则可判断出 $R_5$ 发生故障。其诊断结果和原先假设的情况相吻合，即获得支路元器件的故障定位。

## 6.8　非线性容差子网络级故障的区间诊断法

当涉及非线性容差网络时，应用线性诊断的方法就不再适用。当今，研究者们正致力寻找一种能够适用于实际工程的有效诊断法。因此，研究非线性容差网络的故障诊断具有重要的现实意义，也是故障诊断理论和方法走向实际应用的关键。据此，作者提出一种判别非线性且含有容差的子网络故障的方法。

设非线性网络 N 有 $n$ 个独立节点，$b$ 条支路。应用节点撕裂概念，在第 $i$ 次撕裂时将网络 N 撕裂成两个互不耦合的子网络 $N_i^j$ 和 $\hat{N}_i^j$，如图 6-11 所示。如果要判断子网络 $N_i^j$ 是否有故障，首先是根据子网络 $N_i^j$ 的性质和要求，在子网络 $N_i^j$ 的撕裂端点处（与 $\hat{N}_i^j$ 相关联的节点处），适当地加上电流源激励，如图 6-12 所示。然后在子网络 $\hat{N}_i^j$ 中的可测试端点上测量电压值，再根据下列判据来判断 $N_i^j$ 是否发生故障。

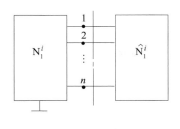
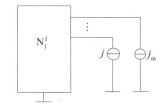

图 6-11　网络 N　　　　　　　　图 6-12　子网络 N

定义 3　网络 $N_1^i$ 中的节点满足下列条件时可作为可测试端点。

（1）在子网络 $N_1^i$ 的撕裂端点加上电流源激励，$N_1^i$ 中可以用于测量电压的节点。

（2）这些节点对于子网络 $N_1^i$ 中所有元器件参数的灵敏度均不为零且任意两个独立故障同时发生时，在这一节点上不会互相抵消。

判据 1　无容差子网络 $N_1^i$（或 $\hat{N}_1^i$）无故障的充分和必要条件是可测试端点的电压测量值等于无故障时的电压计算值，即

$$U_{mi} = U_{mi}^{(0)} (i = 1,2,\cdots,n)$$

其中，$U_{mi}$ 表示在子网络 $N_1^i$ 的撕裂端点处加上电流源激励，当网络内部元器件参数发生变化，在第 $i$ 个可测试端点上的电压测量值；$U_{mi}^{(0)}$ 表示子网络 $N_1^i$ 无故障时，在 $N_1^i$ 的撕裂端点加上与故障测量时相同的电流源激励，在第 $i$ 个可测试端点的电压计算值。如果考虑网络 N 中元器件参数存在容差时，无故障时的电压计算值 $U_{mi}^{(0)}$ 不是点值，它是一个区间值。因此，要判断容差子网络 $N_1^i$ 是否发生故障应采用下列判据。

判据 2　容差子网络 $N_1^i$（或 $\hat{N}_1^i$）故障的充分和必要条件是可测试端点的电压测量值与无故障时的电压计算值的交集为空集。即

$$U_{mi} \bigcap U_{mi}^{(0)} = 0(i = 1,2,\cdots,n)$$

证明：必要性和充分性

假设子网络 $N_1^i$ 无故障时，可测试端点的电压以 $U_{mi}^{(0)}$ 的计算值的函数表达式为

$$U_{mi}^{(0)} = F(\boldsymbol{h}_0 + \Delta \boldsymbol{h}^{(0)}, \boldsymbol{I}_m^{(0)}) \tag{6-28}$$

其中，$h_0$ 表示子网络 $N_1^i$ 中元器件参数标称值的关系函数；$\Delta h^{(0)}$ 表示由网络元器件参数容差引起的最大容限的关系函数，它们都是已知量；$\boldsymbol{I}_m^{(0)}$ 表示在子网络 $N_1^i$ 的撕裂端点处外加电流源激励，它是一个已知向量。考虑元器件参数存在容差时，式（6-28）中的 $U_{mi}^{(0)}$ 不是点值，它是区间值。它可以在测试前通过计算获得。

如果要判断容差子网络 $N_1^i$ 是否有故障，是在它的撕裂端点处加上与无故障时相同的电流源激励，在可测试端点的电压测量值 $U_{mi}$ 的函数表达式为

$$U_{mi} = F(\boldsymbol{h}, \boldsymbol{I}_m^{(0)}) \qquad (6-29)$$

式中，$\boldsymbol{h}$ 表示子网络 $N_1^i$ 中元器件参数当前变化值的关系函数，它是一个未确定量。

式中测试端点的电压测量值 $U_{mi}$ 是点值，它可以通过测量获得。如果子网络 $N_1^i$ 中元器件参数变化量均不超出最大的容差范围，即 $\boldsymbol{h} \in (\boldsymbol{h}_0 + \Delta\boldsymbol{h})$，则子网络 $N_1^i$ 仍然是无故障，可测试端点的电压测量值 $U_{mi}$ 决不会超出无故障时的电压区间值，即 $U_{mi} \subseteq U_{mi}^{(0)}$（亦即 $U_{mi} \bigcap U_{mi}^{(0)} \neq 0$）；若子网络 $N_1^i$ 有故障，网络中的元器件参数值超出正常容差范围，即 $\boldsymbol{h} \in (\boldsymbol{h}_0 + \Delta\boldsymbol{h})$。由式（6-28）和式（6-29）比较可知，可测试端点的电压测量值一定不等于无故障时的电压计算值，它必定超出正常电压区间值，即必要性得到证明。

根据可测端点的基本要求，网络中任意两个元器件同时发生故障时，在可测端点上的电压变化量不会互相抵消。如果可测试端点的电压测量值没有超出正常电压区间值，即 $U_{mi} \subseteq U_{mi}^{(0)}$，那么由式（6-28）和式（6-29）比较可见，网络中的元器件参数变化不可能超出允许的容差范围。即 $\boldsymbol{h} \in (\boldsymbol{h}_0 + \Delta\boldsymbol{h})$，亦即子网络 $N_1^i$ 无故障。充分性得到证明。

### 6.8.1 非线性容差子网络可测端点电压区间值的确定

本节将介绍求解非线性容差网络可测点电压值的 Krawezyk-hansen 区间迭代法。假设非线性容差网络 N 如图 6-11 所示。根据 KCL 和 KVL 可得非线性容差网络方程式

$$Q(\boldsymbol{\zeta}; \boldsymbol{X}) = 0 \qquad (6-30)$$

其中，$Q = Q(\ ;\ )$，它是一个区间方程组；$\boldsymbol{\zeta} = (\ \zeta_i\ ) \in \mathbf{R}$, 它表示容差网络元器件参数的标量函数，它的取值可以在给定的容差范围变动，是已知量；$\boldsymbol{X} = (\ x_i\ ) \in \mathbf{R}^n$，它是网络 N 中的电压或电流向量，是式中待求的未知量，它的每一个分量不是点值，而是一个区间值。求解式（6-30）的未知量可按下列迭代步骤进行。

（1）首先构造式（6-30）的 Jacobi 矩阵 $\boldsymbol{J}(\ \boldsymbol{\zeta}\ , \boldsymbol{X})$：

$$\boldsymbol{J}(\boldsymbol{\zeta}, \boldsymbol{X}) = \begin{bmatrix} \dfrac{\partial q_1}{\partial x_1} & \dfrac{\partial q_2}{\partial x_2} & \cdots & \dfrac{\partial q_1}{\partial x_n} \\ \dfrac{\partial q_2}{\partial x_1} & \dfrac{\partial q_2}{\partial x_2} & \cdots & \dfrac{\partial q_n}{\partial x_n} \\ \vdots & \vdots & & \vdots \\ \dfrac{\partial q_n}{\partial x_1} & \dfrac{\partial q_n}{\partial x_2} & \cdots & \dfrac{\partial q_n}{\partial x_n} \end{bmatrix} \qquad (6-31)$$

（2）令 $\boldsymbol{Y}^{(K)} = m(\boldsymbol{X}^{(k)})$，式中 $m(\boldsymbol{X}^{(k)})$ 表示第 $k$ 次迭代时，$\boldsymbol{X}$ 的中值，即

$$y_i = \frac{1}{2}\left(x_i' + x_i''\right)$$

式中，$x_i'$，$x_i''$分别表示第 $i$ 个未知量 $x_i$ 的上区间和下区间值（$i = 1, 2, \cdots, n$；$k = 1, 2, \cdots, n$）。然后将 $\boldsymbol{Y}^{(K)}$ 代入式（6-31）中求解 $\overline{\boldsymbol{Y}}^{(K)} = \left[\boldsymbol{J}\left(\boldsymbol{Y}^{(K)}\right)\right]^{-1}$ 的值。

（3）用 Krawezyk–hansen 的迭代算子求解式（6-30）中的变量 $\boldsymbol{X}$：

$$\boldsymbol{K}^{(k)} = \boldsymbol{Y}^{(k)} - \overline{\boldsymbol{Y}}^{(k)}Q(\overline{\boldsymbol{Y}}^{(k)}) + \overline{\boldsymbol{Y}}^{(k)}\{[m(\boldsymbol{J}(\boldsymbol{X}^{(k)})] - \boldsymbol{J}(\boldsymbol{X}^{(k)})\}(\boldsymbol{X}^{(k)} - \boldsymbol{Y}^{(k)})x_i^{(k+1)} = x_i^{(k)} \bigcap k_i^{(k)}$$
$$i = 1,2,\cdots, n; \ k = 0,1,2\cdots, n \tag{6-32}$$

在正常情况下，式（6-32）是区间套序列。当迭代满足 $\boldsymbol{X}^{(k+1)} = \boldsymbol{X}^{(k)}$ 时，则获得非线性方程组式（6-30）的解，亦即获得非线性容差网络可测端点的电压区间值。

## 6.8.2 非线性容差子网络故障诊断仿真示例

如图 6-13 所示为第 $i$ 次被撕裂时的非线性子网络 $N_1^i$。子网络中各元器件参数的标称值如表 6-13 所示。其中非线性元器件 $R_p$ 的伏安特性关系为 $i = 3u_3^2$。网络中各元器件参数的变动按 ±5% 容差变化。如果在撕裂端点 $a$-$b$ 处外加电流源激励 $I_1 =0.1$ A，在网络中选择节点 1、2 作为可测量端点，根据式（6-31）和式（6-32）可算出非线性容差子网络无故障时可测量端点的电压区间值。计算结果如表 6-14 所示。

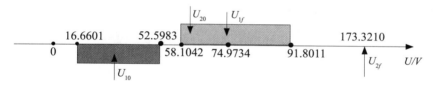

图 6-13 电压区间值

表6-13 各支路元器件参数值 单位：Ω

| 支路元器件 | $R_1$ | $R_2$ | $R_3$ | $R_4$ | $R_5$ |
|---|---|---|---|---|---|
| 元器件参数 | 100 | 50 | 20 | 150 | 200 |

表6-14 无故障时可测端点电压区间值 单位：V

| 可测点 | $U_1$ | $U_2$ |
|---|---|---|
| 电压值 | 16.660  52.5983 | 58.1042  91.8011 |

故障仿真：假设子网络 $N_1^i$ 中的元器件 $R_4$ 发生故障（ $R_4$ 从 150 Ω 变化为 850 Ω ），其余元器件参数均不变。判断子网络 $N_1^i$ 是否发生故障，首先是在撕裂端口 $a\text{-}b$ 处外加与无故障计算时相同的电流源激励。然后，在可测端点上测量电压值。测量结果如表 6-15 所示。

表6-15　可测端点的电压测量值　　　　单位：V

| 可测点 | $U_1$ | $U_2$ |
|---|---|---|
| 电压值 | 74.97 | 173.32 |

通过比较表 6-14 和表 6-15 可见，可测端点的电压测量值均超出无故障时的电压区间值，则它们的交集都为空集。即 $U_{mi} \bigcap U_{mi}^{(0)} = 0$（ $i=1, 2$ ）。所以根据判据 2，则可判断出容差子网络 $N_1^i$ 是有故障的。这与原来的假定是相吻合的。为了方便起见，现将无故障时的电压区间值 $U_{10}$ 和 $U_{20}$ 以及发生故障时的电压测量值 $U_{1f}$ 和 $U_{2f}$ 的值标在同一数轴上，如图 6-13 所示。由图 6-13 可见，它们的交集都为空集，则可判断出容差子网络 $N_1^i$ 发生故障。

以上故障诊断仿真表明，文中提出的非线性容差子网络级故障诊断的判据是正确有效的，它对实际工程网络的故障诊断具有一定的应用价值。

# 第 7 章　基于特征参数的电力电子电路故障预测方法

## 7.1　故障指示参数的构成

　　这里主要考虑的是电力电子电路的参数性故障，即是指电路中的某些元件因为逐渐地退化而导致参数值产生变化，其性能逐渐下降，最终由于元件值的变化超过允许的偏差范围而造成故障。这类故障占有很大的比重，且有一定的规律，可以通过早期的状态数据进行预测和预防。为了在元件级别实现预测，通常选择一个故障指示参数去实时地监控元件的退化，这个参数是在理解电力电子电路退化过程的基础上选择的。

　　对于一个结构复杂的系统，需要通过对关键元件或者子系统的许多参数进行实时监测和处理去完成预测。由于可利用的资源有限，故这在电力电子电路的应用中是难以实现的。为了克服这个难题，于是提出构建一个故障指示参数去代表电路的退化。这个参数的变化趋势可以代表电路的健康状态，又由于电路的退化也意味着电路中任意某个关键元件的退化导致元件值偏离标称值，因此可以通过对此参数未来状态的预测来达到对电路在元件逐渐退化的过程中健康状况的预测。考虑到原始特征数据信息含有冗余并且特征信息不明显，FDA 在数据分类方面具有优势，以及可以最大限度分离各类数据，因此，这里故障指示参数的计算过程是基于前面用到的主成分分析和 HOC 特征提取方法，以及 FDA 辨识方法的。

　　为了进行故障指示参数的计算，首先将测试电路的原始特征数据样本通过两种特征提取方法（主成分分析与 HOC）进行预处理，然后收集到两种特征集，再分别输入 FDA 辨识方法，经过处理后得到各样本投影后组成的判别得分向量集。故障指示参数的计算始于无故障情况下收集的两种特征样本集对应的判别得分向量集，对于这两种判别得分向量集，两个独立的欧式空间通过使用它们的标准化判别得分元素建立。为了计算故障指示参数，具体实施步骤如下。

（1）特征提取。采样测试电路在无故障与故障状态下的输出信号，然后需要对得到的原始特征数据进行特征提取，于是采用前两章使用的特征提取方法，对特征样本进行预处理，即采用主成分分析与 HOC 分别对原始的特征样本数据进行预处理。因此，可以得到两个特征向量集，特征提取的目的是突显各类样本的特征，去除冗余，减少不必要的计算量。

（2）求解判别函数得分向量。将两个特征集分别输入该辨识方法中，求解各个特征样本对应的判别得分向量。FDA 辨识方法的投影向量可以根据求解矩阵特征值来计算，这些特征值对应的特征向量即为通过 FDA 计算得到的投影方向，将数据在它们上面进行投影即可以使各类别的数据在空间上分离，并得到判别函数得分向量。具体过程为：令 $\bar{Z}^1 = \{ z_1^1, z_2^1, \cdots, z_i^1 \}$ 和分别表示主成分分析与 HOC 提取的特征，其中，$Z_1^1$ 为主成分，$i=1, 2, \cdots, l$ 为主成分个数；$z_1^2$，$z_2^2$ 分别为 HOC 处理得到的峭度与偏度。将特征集 $\bar{Z}_j^1$ 与 $\bar{Z}_j^2$（其中，$j=1, 2, \cdots, n$ 为总的观测样本个数）分别输入 FDA 辨识方法中进行计算，得到两种特征样本数据的投影方向组成的向量分别为和，其中，$\bar{K}_m^1$ 为特征集 $\bar{Z}_j^1$ 的第 $m$ 个投影方向，$m=1, 2, \cdots,$ $l$ 为投影方向的个数，所取的投影方向的数量与特征 $\bar{Z}^1$ 的维数相同；$\bar{K}_t^2$ 为特征集 $\bar{Z}_j^2$ 的第 $t$ 个投影方向，$t=1, 2,$ 为投影方向的个数，所取的投影方向的数量与特征 $\bar{Z}^2$ 的维数相同。将得到的两个特征向量集分别在对应的投影方向上进行投影，就可以得到两个判别函数得分向量集，其中的每个元素为

$$p_{mj}^1 = \sum_{i=1}^{l} k_{mj}^1 z_{ij} \qquad p_{tj}^2 = \sum_{i=1}^{l} k_{tj}^1 z_{ij}$$

然后，它们组成的向量为特征集 $\bar{Z}_j^1$ 处理得到的判别函数得分向量，为特征集 $\bar{Z}_j^1$ 处理得到的判别函数得分向量。这样，一个数据集形成了。将其中无故障情况下的 $r$ 个特征样本对应的判别函数得分向量集作为训练数据。

（3）故障指示参数的计算。在得到判别得分向量集后，计算训练数据中判别函数得分向量的每一个元素的均值与标准差，从而可以对无故障清理情况下得到的训练判别函数得分向量集进行归一化：

$$Q_{mj}^1 = \frac{p_{mj}^1 - \bar{p}_m^1}{s_m^1} \qquad Q_{tj}^2 = \frac{p_{tj}^2 - \bar{p}_t^2}{s_t^2}$$

其中，$m=1,2, \cdots, l$；$t=1,2$；$j=1,2, \cdots, r$。

$$\bar{p}_m^1 = \frac{\sum_{j=1}^{r} p_{mj}^1}{r} \qquad \bar{p}_t^2 = \frac{\sum_{j=1}^{r} p_{tj}^2}{r}$$

$$s_m^1 = \sqrt{\frac{\sum_{j=1}^{r} (p_{mj}^1 - \bar{x}_m^1)^2}{r-1}} \qquad s_t^2 = \sqrt{\frac{\sum_{j=1}^{r} (p_{tj}^2 - \bar{x}_t^2)^2}{r-1}}$$

当归一化两种判别函数得分向量集后，无故障情况下的欧氏距离可以通过下列数学表达式计算：

$$D_j^1 = C^{-1}(Q_{mj}^1)'(Q_{mj}^1) \quad D_j^2 = C^{-1}(Q_{tj}^2)'(Q_{tj}^2)$$

其中，$C$ 表示类别的总数，即故障情况与无故障情况的总类别数。

为了验证此欧式空间方法，落在正常（或者）无故障组之外的判别得分数据同样被识别出来，对应的欧氏距离值也会被计算出来。故障组的判别函数得分使用无故障组对应的判别函数得分的均值和标准差进行归一化。如果这个欧式空间被正确建立了，故障情况下的欧氏距离应该比正常组的高。因此，如果在一个二维平面上绘制从两个判别得分向量集获取的欧氏距离的值，故障情况应该和无故障情况是分开的。

然而，只是根据从两个判别得分向量集 $\bar{P}^1$ 和 $\bar{P}^2$ 获取的欧氏距离值 $D^1$、$D^2$ 很难去确定故障的阈值，并且也无法同时对这两个值进行追踪预测，因为它们的变化范围是不同的。为了解决这个问题，考虑构造一个故障指示参数，给予从不同判别得分向量集中获取的欧氏距离相同的权重。

只要这两个判别得分向量集的欧氏距离被计算出来，故障指示参数可以使用下列方程计算：

$$F_j \frac{(D_j^1)^{\frac{1}{n_1}}(D_j^2)^{\frac{1}{n_2}}}{(D_j^1)^{\frac{1}{n_1}} + (D_j^2)^{\frac{1}{n_2}}}, j = 1, 2, \cdots, n$$

其中，$n_1$、$n_2$ 分别表示判别得分向量集 $\bar{P}^1$ 和 $\bar{P}^2$ 中判别得分元素的个数。上述故障指示参数的优点在于可以忽略欧氏距离中的突变，它是通过使用每个判别得分向量集中元素的个数对欧氏距离进行压缩实现的。并且它是对电路的输出端电压提取的特征信号进行处理之后计算得到的，测试点容易检测，避免了对单个元器件参数的检测，也就是减少了对内部节点的测试，因为对于一个复杂的电路来说，可测点是很少的。

在构造好故障指示参数之后，就可以根据此参数的演变趋势了解到元件的退化情况以及电路的健康状态，同时根据该参数过去的和现在的数据通过合适的故障预测方法预测它未来的变化趋势，以此推断出电路未来的健康状态。在应用时，当设置好故障指示参数的故障阈值后，就可以根据预测到的故障发生时刻与当前的时刻，计算元件或电路的剩余有用寿命，便能够在电路发生故障之前采取合理的预防措施。

# 7.2 电力电子电路故障预测算法

## 7.2.1 LSSVM 故障预测算法

最小二乘支持向量机（least square support vector machine,LSSVM）回归预测是 SVM 用于回归预测（support vector regression,SVR）的一种算法，其基本思想是通过非线性映射将输入向量 $x$ 映射到高维特征空间，并在这个空间进行线性回归，通过一个线性约束的二次规划问题得到全局最优解。LSSVM 具有较好的非线性时间序列预测和泛化能力，目前已经被广泛地应用于时间序列预测中。

对于一个给定的训练数据集合（$x_i$，$y_i$），$i=1$，2，$\cdots$，$l$。$l$ 为数据总数；$x_i \in \mathbf{R}^n, y_i \in \mathbf{R}$，则 SVM 回归函数可以表示为

$$y = f(x) = \boldsymbol{w}^{\mathrm{T}} \boldsymbol{\varphi}(x) + b \qquad \boldsymbol{w} \in \mathbf{R}^n, b \in \mathbf{R} \qquad (7-1)$$

其中，$y = f(x)$ 为预测的输出；$\boldsymbol{\varphi}(\ )$ 为非线性函数；$x$ 为输入向量；$w$ 为权值；$\boldsymbol{w}^{\mathrm{T}}$ 为 $w$ 的转置；$b$ 为偏差；$\mathbf{R}^n$ 是 $N$ 维实数空间；$\mathbf{R}$ 为实数集合。由此非线性函数把数据集从输入空间映射到特征空间，以便使输入空间中的非线性拟合问题变成高维特征空间中的线性拟合问题。

根据结构风险最小化原理将式（7-1）极小化，将不等式约束转化成等式约束，变为

$$\begin{cases} \min\limits_{w,b,e} J(w,e) = \dfrac{1}{2}\|w\|^2 + \gamma \sum\limits_{i=1}^{n} e_i^2 \\ y_i = \boldsymbol{w}^{\mathrm{T}} \boldsymbol{\varphi}(x_i) + b + e_i \end{cases} \qquad (7-2)$$

其中，$e_i$ 为误差；$\gamma$ 为常数；$x_i$ 为训练样本输入 $\boldsymbol{x} = (x_1, \cdots, x_i, \cdots, x_n)$ 中第 $i$ 个分量；$y_i$ 为输出样本 $\boldsymbol{Y} = (y_1, \cdots, y_i, \cdots, y_n)$ 中第 $i$ 个分量。

依据对偶定理，建立拉格朗日方程，引入拉格朗日算子 $\alpha_i$，得到：

$$L(\boldsymbol{w}, e, b, \alpha) = J(\boldsymbol{w}, e) - \sum_{i=1}^{n} \alpha_i \{\boldsymbol{w}^{\mathrm{T}} \boldsymbol{\varphi}(x_i) + b + e_i - y_i\} \qquad (7-3)$$

根据 Karush-KuHn-Tucker 定理，最终可得 LSSVM 回归函数如式（7-4）所示：

$$f(x) = \sum_{i=1}^{n} \alpha_i K(x_i, x) + b \qquad (7-4)$$

空间映射过程是通过核函数 $k(x, y) = \varphi(x) \cdot \varphi(y)$ 实现的，核函数是满足 Mercer 条件的内积核函数，常用的有线性核函数、多项式核函数、径向基核

函数、Sigmoid 核函数等。利用 LSSVM 进行预测的函数主要有回归训练 trainlssvm 函数和预测 simlssvm 函数。函数的主要输入参数为训练样本、预测样本、核函数 kernel、调整参数 gam 和核参数 sig2。

## 7.2.2 粒子滤波故障预测算法

### 7.2.2.1 粒子滤波算法简介

粒子滤波（particle filter, PF）又称序贯蒙特卡洛方法，是一种基于蒙特卡洛方法和递推贝叶斯估计的统计滤波方法，依据大数定理，采用蒙特卡洛方法来求解贝叶斯估计中的积分运算。基本粒子滤波算法首先依据系统状态向量的经验条件分布在状态空间产生一组随机样本的集合，然后根据观测量不断地调整粒子的权重和位置，通过调整后粒子的信息修正最初的经验条件分布，即通过采用在状态空间中传播的随样本近似概率密度函数 $p(x_k|z_k)$，以样本均值代替繁冗的积分运算，进而获得状态最小方差估计的过程。对于基本粒子滤波算法而言，随着迭代次数增加，粒子会逐步丧失多样性。为克服这一缺点，逐步衍生了两大类粒子滤波算法。

①基于重要密度函数选择的粒子滤波算法

该类方法主要对粒子滤波算法中的重要密度函数进行改进，主要包括高斯粒子滤波算法、UPF 算法、交互多模型算法和 EKPF 算法等。此类方法通过选择不同的建议分步抽取粒子，具有很强的针对性，对于具体问题可以克服粒子退化问题，然而选择一种恰当的建议分布需要对问题有深刻的理解，需要综合分析状态噪声统计特性和量测噪声统计特性对粒子滤波性能的影响。

②基于重采样技术的粒子滤波算法

基于重采样的粒子滤波算法减少低权值粒子，复制高权值粒子，在每次重采样过程中，对粒子赋予不同权值。常用的重采样算法有分区重采样、分层重采样和多项式重采样等。此类方法通用性较强，可以改善样本集的多样性，提高粒子滤波算法的估计与跟踪能力，但是通常会增加计算复杂度。

### 7.2.2.2 粒子滤波故障预测算法

当前对故障预测问题的基本解决方案是采用基于对象故障演化模型进行状态估计，其基本思想为：将对象系统的故障演化过程用模型表述，即模型中存在着包含故障演化信息的状态变量（通常称为系统故障指征），这些状态变量与系统的故障演化过程之间有着某种对应关系，通过对系统状态变量在未来一段时间内变化情况的预测，结合一定的判别准则，可以预知对象系统的故障情况和剩余使用寿命。针对该问题，粒子滤波方法适用于任何能用状态空间模型表示的非高斯背景的非线性随机系统，完全突破了传统卡尔曼滤波框架，对系统的过程噪声和量测噪声没有任何限制，可适用于任何非线性系统，精度可以逼近最优估计，是一种很有效的非线性滤波技术，已经被广泛地应用于数字通信、金融领域数据分析、统计学、图像处理、自适应估计、机器学习和目标跟踪等各方面。

设研究对象故障演化过程如下描述：

$$x(t) = f\left[x(t-1), u(t-1), \bar{\omega}(t-1), \theta_{k-1}\right] \tag{7-5}$$

$$y(t) = h\left[x(t), \theta_k, e(t)\right] \tag{7-6}$$

其中，式（7-5）为系统状态方程；式（7-6）为量测方程；$x(t)$ 为 $t$ 时刻状态；$u(t)$ 为控制量；$\theta_k$ 为 $k$ 时刻的系统参数；$\bar{\omega}(t)$ 和 $e(t)$ 分别为系统噪声和观测噪声；$y(t)$ 为观测输出。

因此系统的故障预测问题可转化为下述问题：已知某系统从某起始时刻（记为 0 时刻）至当前时刻（记为 $k$ 时刻）的观测序列为 $\{y(1), y(2), \cdots, y(k)\}$，同时，在系统存在未知缓变参数 $\theta$ 的前提条件下，对未来某一时刻（$k+p$）（$p>0$）系统状态变量 $x_{k+p}$ 的状态估计问题。

粒子滤波预测算法的思路如下。

①对当前时刻 $k$ 的状态变量进行估计。依据式（7-5）估计当前系统状态，其中参数 $\theta_k$ 为前次参数估计的期望值；

②对（$k+p$）时刻系统状态变量进行预测。假设系统未知参数 $\theta_k$ 保持 $k$ 时刻期望值不变的条件下，采用 $k$ 时刻对象系统的状态方程 [式（7-5）]，以初始样本粒子迭代采样出（$k+p$）时刻原系统状态变量的样本粒子 $x_{k+p}^i$，同时保持其对应的权值不变，则（$k+p$）时刻的原系统变量的概率密度表示为

$$P(x_{k+p}|y_{1:k}) \approx \sum_{i=1}^{N} w_k^i \delta(x_{k+p} - y_{k+p}^i) \tag{7-7}$$

其中，$\delta$ 为狄利克雷函数。则（$k+p$）时刻系统故障概率可以写作

$$\text{prob}(x_{k+p}) = \sum_{i=1}^{s} w_k^i \tag{7-8}$$

其中，$s$ 为满足故障判据的状态变量 $x$ 的个数。

（$k+p$）时刻状态变量的期望可以表示为

$$E(x_{k+p}) = \sum_{i=1}^{n} x_{k+p}^i w_k^i \tag{7-9}$$

③量测更新。重采样返回步骤①进行下一步迭代。

### 7.2.3 改进的粒子滤波故障预测算法

PF 预测算法基于在故障演化过程中模型缓变参数（ $k+1$ ）时刻与（ $k+p$ ）时刻保持不变的前提，然而现有的这种假设通常难以符合实际情况，因此采用该算法的主要缺陷为预测结果滞后。为解决该问题，本书将 LSSVM 与粒子滤波两种预测算法结合，以 LSSVM 算法拟合系统模型的缓变趋势以代替缓变参数短时间内不变的假设。具体解决思路如下：首先将电路正常工作时采集到的电感电流及输出电压信号进行去噪处理，通过进行参数辨识得到过去及当前时刻的系统参数；然后通过 LSSVM 对该参数向量进行处理获得预测特征向量序列；最后将观测特征向量序列和预测得到的特征向量序列传送给粒子滤波程序进行滤波及预测，得到未来时刻的预测值，将多步预测值与正常值比较，通过偏离程度的大小就可确知电路现有状态及未来一段时间的状态，从而给出故障概率值并实现电路的故障预测。该方法克服了普通 PF 算法预测结果滞后的缺点，多步预测结果更精确。

假设系统在 $k$ 时刻之前发生缓变故障但整体尚未失效，同时系统 $k$ 时刻之前运行数据可测，本书故障预测步骤如下。

（1）实时辨识系统参数。依据系统状态方程 [ 式（7-5）]，采用参数辨识算法，估算系统在 0—$k$ 时刻参数值，并建立参数矩阵 $A = \{ A_0, A_1, \cdots, A_k \}$。

（2）采用 LSSVM 算法对已知参数矩阵 $A$ 进行拟合外推，得到未来的参数变化趋势组合： $A' = \{ A_{k+1}, A_{k+2}, \cdots, A_{k+n} \}$ ， $n$ 为预测步骤。

（3）修正系统方程，同时在 $k$ 时刻依据重点密度抽样，从 $x(k-1)$ 时刻抽取 $N_s$ 个粒子构成初始粒子集 $\{ x_k^i, i=1,2, \cdots, N_s \}$，其中， $N_s$ 为粒子数目。

（4）更新。由（ $k-1$ ）时刻的 $x_{k-1}^i$ 根据系统状态方程，计算 $k$ 时刻 $N_s$ 个粒子的状态 $x_k^i$ ：

$$x_k^i = f \left[ (x_{k-1}^i), u(k), w(k) \right] \tag{7-10}$$

（5）根据观测方程式（7-6），由 $x_k^i$ 得到 $y_k^i$ 。

（6）加权。计算 $N_s$ 个粒子 $x_k^i$ 的权值 $w_k^i$ ，

$$w_k^i = w_{k-1}^i \cdot P(y_k^i | x_k^i) \tag{7-11}$$

$$P(z_k^i | y_k) = \sum_{i=1}^{n} w_k^i N(x_k^i, \upsilon P_k^i) \tag{7-12}$$

$$\upsilon = 0.5 N_s^{-2/d} \tag{7-13}$$

其中， $P(y_k^i | x_k^i)$ 表示在参数 $x_k^i$ 条件下 $y_k^i$ 的分布密度； $P_k^i$ 表示样本方差。由于任意连续随机变量的分布密度均可采用一组高斯混合模型近似描述，即对于变量 $x_k^i$

的一组随机测度 $<x_k^i, w_k^i>$，$w_k^i$ 为对应变量的权值，$x_k^i$ 的样本均值 $\bar{x}^i$ 和方差 $P_k^i$ 可以表示为

$$\bar{x}^i = \sum_{i=1}^n x_k^i w_k^i \tag{7-14}$$

$$P_k^i = \sum_{i=1}^n w_k^i (x_k^i - \bar{x}^i)(x_k^i - \bar{x}^i)^{\mathrm{T}} \tag{7-15}$$

$N(\ )$ 表示函数，形如：

$$N(\boldsymbol{X}, \boldsymbol{B}) = \frac{1}{(2\pi)^{N_s/2} |\boldsymbol{B}^{1/2}|} \mathrm{e}^{-\frac{1}{2} \boldsymbol{X}^{\mathrm{T}} \boldsymbol{B}^{-1} \boldsymbol{X}} \tag{7-16}$$

其中，$N_s$ 为粒子数；$d$ 为状态变量 $x_k$ 维数。

实际应用中，也可用高斯和逼近计算权值：

$$w_k^i = P(y_k^i | x^i) = \frac{1}{\sqrt{2\pi}\sigma} \mathrm{e}^{-\frac{(\Delta Y^i)^2}{2\sigma^2}} \tag{7-17}$$

其中，$\sigma = 1$；$\Delta Y^i = y_k^i - y_k$。

（7）权值归一化：

$$w_k^i = w_k^i \Big/ \sum_{i=1}^{N_s} w_k^i \tag{7-18}$$

（8）估计 $k$ 时刻的状态：

$$x_k = \sum_{i=1}^{N_s} w_k^i \times x_k^i \tag{7-19}$$

（9）进行 $m$ 步前向预测：

$$x_{k+h|z+h-1}^i = f((x_{k+h-1}^i), u(k+h-1), w_{k+h-1}), h = 1, 2, \cdots, m \tag{7-20}$$

（10）故障预测概率：

$$\mathrm{fault}(m, k) = \sum_{i=1}^{N_p} w_k^i I\left(x_k^i + m | k + m - 1 \in \omega_0\right) \tag{7-21}$$

其中，$\omega_0$ 为系统故障状态 $I(m)$ 为指标函数；$m$ 为真时，$I(m) = 1$，否则 $I(m) = 0$。重采样，返回步骤（2）进行下一步的迭代。

## 7.3 电力电子电路元件级故障预测实验及结果分析

元件级故障指的是元器件的性能发生退化或不能满足特定的功能态，电力电子电路的元件级故障预测技术是以过去和现在的使用数据为基础，预测未来故障种类和可能发生的时间，并发出故障预警，从而评估器件将来的健康状态和剩余

使用寿命。运用故障预测技术可以有效避免电路瘫痪和重大事故发生，达到电力电子系统健康稳定运行的目的。从产品维修的角度讲，故障预测不同于事前维修、事后维修和定时维修等，而是视情维修，即在分析各元件失效机理与系统故障模式的基础上，通过预测算法对反应元件和系统的工作状况以及性能的特征参数历史数据进行处理运算，以此推出未来数据序列，从而实现对系统或元件的健康状态评价以及估计系统的剩余使用寿命。

## 7.3.1 电解电容器等效串联电阻故障预测

电解电容器等效串联电阻 ESR 可作为电解电容的故障特征参数。已知电路历史时刻和当前时刻的电解电容器等效串联电阻 ESR 数据序列，应用预测算法外推 ESR 未来时刻的数据序列，进而和故障阈值进行比较，就可以判断电容器此时的健康状态以及剩余使用寿命。在电容器恒温为 $T$ 时电解电容 ESR 值随时间 $t$ 的变化趋势可以近似用式（7-22）表示：

$$\frac{1}{ESR(t)} = \frac{1}{ESR(0)} \cdot \left[ 1 - k \times t \times e^{-4700/(T+273)} \right] \qquad （7-22）$$

假定电解电容器额定电压为 50 V，初始等效串联电阻 ESR 为 0.11 Ω，初始电容量值为 247 μF，设其工作在 40 ℃环境温度下，当工作时间达到 300 h，电解电容等效串联电阻 ESR 的值上升到 0.33 Ω，那么把这些参数代入式（7-22），就可以得到电解电容器故障特征参数等效串联电阻 ESR 随时间退化趋势为

$$ESR(t) = \frac{0.11}{1 - 2.05 \times 3600 \times t \times e^{-15.01}} (t \neq 0) \qquad （7-23）$$

上式中时间 $t$ 的单位为小时，其退化趋势如图 7-1 所示。设电解电容工作在 40 ℃环境温度下，根据式（7-23）电解电容器等效串联电阻的退化模型，选取预测步长为 15 h，从 $t=1$ h 时刻出发，每隔 15 h 采集一次电解电容等效串联电阻 ESR 值，得到如表 7-1 所示的数据序列。

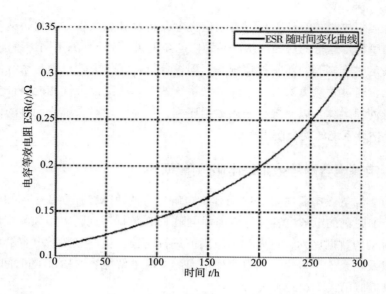

图 7-1　ESR 随工作时间退化曲线

表7-1　电解电容等效串联电阻ESR值数据序列

| 时刻 $\Delta t$ | 1 | 2 | 3 | 4 | 5 |
|---|---|---|---|---|---|
| ESR/m$\Omega$ | 110.24 | 114.01 | 118.05 | 122.38 | 127.05 |
| 时刻 $\Delta t$ | 6 | 7 | 8 | 9 | 10 |
| ESR/m$\Omega$ | 132.08 | 137.53 | 143.45 | 149.9 | 156.96 |
| 时刻 $\Delta t$ | 11 | 12 | 13 | 14 | 15 |
| ESR/m$\Omega$ | 164.72 | 173.28 | 182.78 | 193.38 | 205.30 |
| 时刻 $\Delta t$ | 16 | 17 | 18 | 19 | 20 |
| ESR/m$\Omega$ | 218.77 | 234.14 | 251.83 | 272.41 | 296.66 |

　　从表 7-1 中选用不同历史时刻的数据序列，应用粒子滤波预测模型对 ESR 进行不同初始预测时刻点的预测实验。

　　ESR 的预测结果及分析：分别从第 6、8、10、12 时刻点开始对 ESR 进行时间序列预测，预测至第 20 时刻点结束。表 7-2 至表 7-5 所示为分别从第 6、8、10、12 时刻点开始预测其后面 15 个、13 个、11 个、9 个时刻点得到的预测值和相对误差。图 7-2 所示为分别从不同时刻点开始预测至第 20 时刻点的预测结果。

表7-2　ESR初始预测时刻为6△t的预测结果

| 预测时刻点 /△t | ESR 真实值 /mΩ | ESR 预测值 /mΩ | 相对误差 /% |
|---|---|---|---|
| 6 | 132.08 | 132.1 | 0.0292 |
| 7 | 137.53 | 137.7 | 0.0906 |
| 8 | 143.45 | 143.7 | 0.2011 |
| 9 | 149.9 | 150.5 | 0.3768 |
| 10 | 156.96 | 157.9 | 0.6271 |
| 11 | 164.72 | 166.3 | 0.9633 |
| 12 | 173.28 | 175.7 | 1.3991 |
| 13 | 182.78 | 186.3 | 1.9345 |
| 14 | 193.38 | 198.4 | 2.5702 |
| 15 | 205.30 | 212.1 | 3.2894 |
| 16 | 218.77 | 227.7 | 4.0873 |
| 17 | 234.14 | 245.7 | 4.9218 |
| 18 | 251.83 | 266.3 | 5.7478 |
| 19 | 272.41 | 290.1 | 6.4930 |
| 20 | 296.66 | 317.6 | 7.0539 |

表7-3　ESR初始预测时刻为8△t的预测结果

| 预测时刻点 /△t | ESR 真实值 /mΩ | ESR 预测值 /mΩ | 相对误差 /% |
|---|---|---|---|
| 8 | 143.45 | 143.44 | 0.0046 |
| 9 | 149.9 | 149.87 | 0.0151 |
| 10 | 156.96 | 156.89 | 0.0416 |
| 11 | 164.72 | 164.56 | 0.0936 |
| 12 | 173.28 | 172.97 | 0.1794 |
| 13 | 182.78 | 182.19 | 0.3210 |
| 14 | 193.38 | 192.34 | 0.5394 |

| 预测时刻点 / Δt | ESR 真实值 /mΩ | ESR 预测值 /mΩ | 相对误差 /% |
|---|---|---|---|
| 15 | 205.30 | 203.51 | 0.8714 |
| 16 | 218.77 | 215.84 | 1.3394 |
| 17 | 234.14 | 229.46 | 1.9979 |
| 18 | 251.83 | 244.53 | 2.8971 |
| 19 | 272.41 | 261.23 | 4.1039 |
| 20 | 296.66 | 279.74 | 5.7011 |

表7-4　ESR初始预测时刻为10 $\Delta t$ 的预测结果

| 预测时刻点 / Δt | ESR 真实值 /mΩ | ESR 预测值 /mΩ | 相对误差 /% |
|---|---|---|---|
| 10 | 156.96 | 156.94 | 0.0103 |
| 11 | 164.72 | 164.66 | 0.0373 |
| 12 | 173.28 | 173.13 | 0.0877 |
| 13 | 182.78 | 182.45 | 0.0877 |
| 14 | 193.38 | 192.72 | 0.3395 |
| 15 | 205.30 | 204.07 | 0.5957 |
| 16 | 218.77 | 216.64 | 0.9720 |
| 17 | 234.14 | 230.57 | 1.5222 |
| 18 | 251.83 | 246.05 | 2.2967 |
| 19 | 272.41 | 263.25 | 3.3634 |
| 20 | 296.66 | 282.40 | 4.8072 |

表7-5　ESR初始预测时刻为12 $\Delta t$ 的预测结果

| 预测时刻点 / Δt | ESR 真实值 /mΩ | ESR 预测值 /mΩ | 相对误差 /% |
|---|---|---|---|
| 12 | 173.28 | 173.22 | 0.0351 |
| 13 | 182.78 | 182.6 | 0.0978 |

| 预测时刻点 /Δt | ESR 真实值 /mΩ | ESR 预测值 /mΩ | 相对误差 /% |
|---|---|---|---|
| 14 | 193.38 | 192.96 | 0.2138 |
| 15 | 205.30 | 204.44 | 0.4175 |
| 16 | 218.77 | 217.17 | 0.7293 |
| 17 | 234.14 | 231.32 | 0.7293 |
| 18 | 251.83 | 247.07 | 1.8876 |
| 19 | 272.41 | 264.64 | 2.8526 |
| 20 | 296.66 | 284.247 | 4.1841 |

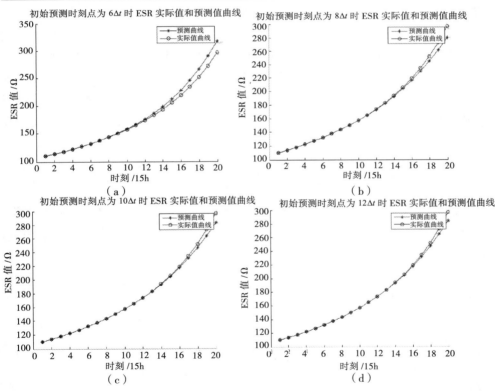

图 7-2　初始预测点分别为 6 Δt 、8 Δt 、10 Δt 和 12 Δt 时的预测曲线

分析表 7-2 至表 7-5 所示和图 7-2 所示可知如下几点。

（1）从同一初始预测时刻点开始，预测精度随着预测步数的增大而减小。如：从第 6 时刻点开始预测，对第 9 时刻点进行 4 步预测的相对误差为 0.3768%，对第 12 时刻点进行 7 步预测的相对误差为 1.3991%，对第 20 时刻点进行 15 步预测的相对误差为 7.0539%。

（2）预测未来同一时刻点时，初始预测时刻点越大，则预测精度越高。如：分别预测第 16 时刻点的 ESR，从第 6 时刻点开始预测的误差为 4.0873%，从第 8 时刻点开始预测的误差为 1.3394%，从第 10 时刻点开始预测的误差为 0.9720%，从第 12 时刻点开始预测的误差为 0.7293%。

根据式（7-23）电解电容等效串联电阻 ESR 的退化模型，理论上 ESR 的寿命可达到 4000 h，但是在实际工作中，通常认为 ESR 值达到初始值的 3 倍时该电容器失效，当电容器失效时，整个系统的运行将会受到严重影响。因此可以认为电容器的失效时间即为电解电容器工作寿命，根据电解电容等效串联电阻 ESR 的退化模型，可知电解电容的寿命为 300 h。在升压 / 降压等电力电子电路中，电容等效串联电阻 ESR 的增大会引起输出电压纹波值的显著增大，造成电路输出电压不满足使用要求。运用预测算法对电解电容器进行故障预测，当某预测时刻点的 ESR 值接近失效阈值时，应该发出故障预警信息并采取更换电容等保障措施，确保系统安全稳定运行。

## 7.3.2 电解电容器电容量故障预测

随着电解电容器性能逐渐退化，电解液耗损越来越多，等效电路模型中的电容量 $C$ 会随之下降，电容量减小百分比可作为电容器的故障预兆参数。电解电容器电容量的退化模型可用电容量减小百分比 $\Delta C(t)$ 来表示：

$$C_{\text{Loss}}(t) = e^{ar} - \beta \tag{7-24}$$

其中，$\alpha$ 和 $\beta$ 为模型参数。对上式两端进行微分可得：

$$\frac{dC_{\text{Loss}}(t)}{dt} = \alpha C_{\text{Loss}}(t) - a\beta \tag{7-25}$$

采用时间间隔 $\Delta t$ 对 $C_{\text{Loss}}(t)$ 进行微分近似，则：

$$\frac{C_{\text{Loss}}(t) - C_{\text{Loss}}(t-\Delta t)}{\Delta t} = aC_{\text{Loss}}(t-\Delta t) - \alpha\beta \tag{7-26}$$

$$C_{\text{Loss}}(t) = (1+\alpha\Delta t)C_{\text{Loss}}(t-\Delta t) - \alpha\beta\Delta t$$

令 $t_k = t$，$t_{k-1} = t - \Delta t$，则可以得到电容量减少百分比的状态平均模型

$$C_{\text{Loss}}(t_k) = (1+\alpha\Delta_k)C_{\text{Loss}}(t_k-1) - \alpha\beta\Delta k \tag{7-27}$$

表 7-6 给出了不同时刻点电容量减小百分比 $C_{Loss}$ 的数据序列。

表7-6　不同时刻点电解电容减小百分比

| 时刻点 | 0 | 1 | 2 | 3 | 4 | 5 | 6 | 7 |
|---|---|---|---|---|---|---|---|---|
| $C_{Loss}$ | 0.0281 | 0.2143 | 0.5654 | 0.9779 | 1.4577 | 2.1199 | 2.9077 | 3.9229 |
| 时刻点 | 8 | 9 | 10 | 11 | 12 | 13 | 14 | 15 |
| $C_{Loss}$ | 5.1783 | 6.7450 | 8.7591 | 11.2583 | 14.4258 | 18.3688 | 23.3353 | 29.5720 |

从表 7-6 中选用不同历史时刻的数据序列，分别应用 Kalman 预测算法和粒子滤波预测算法对电容量减少百分比 $C_{Loss}$ 进行不同初始预测时刻点的预测实验。

$C_{Loss}$ 的预测结果及分析，分别从第 7、10、13 时刻点开始对 $C_{Loss}$ 进行时间序列预测，预测至第 16 时刻点结束。表 7-7 至表 7-9 所示为分别从第 7、10、13 时刻点开始预测其后面 10 个、7 个、4 个时刻点得到的预测值和相对误差，图 7-3 至图 7-5 所示为分别从不同时刻点开始预测至第 16 时刻点的预测结果。

表7-7　$C_{Loss}$ 初始预测时刻为 $7\Delta t$ 的预测结果

| 预测时刻点 / $\Delta t$ | $C_{Loss}$ 真实值 | PF 方法预测值 | 相对误差 /% | Kalman 方法预测值 | 相对误差 /% |
|---|---|---|---|---|---|
| 7 | 2.9077 | 3.0567 | 5.1805 | 2.8313 | 2.6295 |
| 8 | 3.9229 | 4.5101 | 14.9192 | 3.7048 | 5.5586 |
| 9 | 5.1783 | 6.8831 | 32.9033 | 4.7775 | 7.7398 |
| 10 | 6.7450 | 10.9031 | 61.6360 | 6.0948 | 9.6403 |
| 11 | 8.7591 | 17.8722 | 104.0589 | 7.7124 | 11.95 |
| 12 | 11.2583 | 30.1224 | 167.5574 | 9.6988 | 13.8516 |
| 13 | 14.4258 | 51.8293 | 259.3115 | 12.1381 | 15.8582 |
| 14 | 18.3688 | 90.4704 | 392.5054 | 15.1336 | 17.6121 |
| 15 | 23.3353 | 159.4355 | 583.222 | 18.8121 | 19.3836 |
| 16 | 29.5720 | 282.7019 | 855.9353 | 23.3293 | 21.1102 |

表7-8　$C_{\text{Loss}}$ 初始预测时刻为 $10\Delta t$ 的预测结果

| 预测时刻点 / $\Delta t$ | $C_{\text{Loss}}$ 真实值 | PF 方法预测值 | 相对误差 /% | Kalman 方法预测值 | 相对误差 /% |
|---|---|---|---|---|---|
| 10 | 6.7450 | 6.8308 | 1.2649 | 6.5870 | 2.3435 |
| 11 | 8.7591 | 8.9340 | 2.0055 | 8.3168 | 5.0499 |
| 12 | 11.2583 | 11.6428 | 3.1456 | 10.4410 | 7.2592 |
| 13 | 14.4258 | 15.1399 | 4.9585 | 13.0496 | 9.5403 |
| 14 | 18.3688 | 19.6628 | 7.0410 | 16.2528 | 11.5191 |
| 15 | 23.3353 | 25.5211 | 9.3646 | 20.1865 | 13.4938 |
| 16 | 29.5720 | 33.1175 | 11.9844 | 25.0170 | 15.4030 |

表7-9　$C_{\text{Loss}}$ 初始预测时刻为 $13\Delta t$ 的预测结果

| 预测时刻点 / $\Delta t$ | $C_{\text{Loss}}$ 真实值 | PF 方法预测值 | 相对误差 /% | Kalman 方法预测值 | 相对误差 /% |
|---|---|---|---|---|---|
| 13 | 14.4258 | 14.4508 | 0.1789 | 14.0531 | 2.5834 |
| 14 | 18.3688 | 18.4734 | 0.5651 | 17.4853 | 4.8098 |
| 15 | 23.3353 | 23.5617 | 0.9689 | 21.6999 | 7.0084 |
| 16 | 29.5720 | 30.0000 | 1.4504 | 26.8755 | 9.1185 |

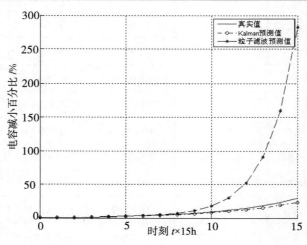

图 7-3　初始预测点为 7 $\Delta t$ 时的预测曲线

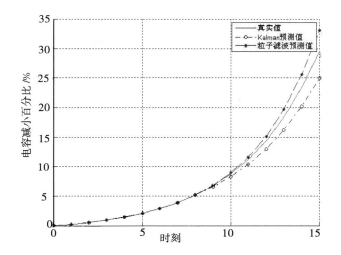

图 7-4　初始预测点为 $10\Delta t$ 时的预测曲线

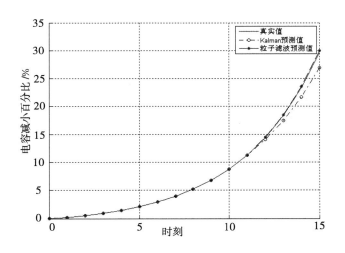

图 7-5　初始预测点为 $13\Delta t$ 时的预测曲线

（1）当训练数据较少时，卡尔曼滤波预测算法比粒子滤波预测算法的预测精度要高，例如：从第 7 时刻点开始预测，卡尔曼滤波预测算法对第 10 时刻点进行 4 步预测的相对误差为 9.6403%，而此时粒子滤波预测算法的相对误差为 61.6360%。

（2）当训练数据较多时，粒子滤波预测算法的预测效果略好于卡尔曼滤波预测算法。例如：从第 10 时刻点开始预测，粒子滤波预测算法对第 14 时刻点进行 5 步预测的相对误差为 7.0410%，而此时卡尔曼滤波预测算法的相对误差为 11.5191%。

（3）当训练数据充足时，粒子滤波预测算法的预测效果显著强于卡尔曼滤波预测算法。例如：从第 13 时刻点开始预测，粒子滤波预测算法对第 15 时刻点进行 3 步预测的相对误差为 0.9689%，而此时卡尔曼滤波预测算法的相对误差为 7.0084%。

综合上述分析，在电解电容器电容量 $C$ 的故障预测中，卡尔曼预测算法更适合历史训练数据较少时的预测，因此其适用于数据采集成本不高的故障预测领域；粒子滤波预测算法更适合于容易获得充足历史和当前数据的场合。总的来讲，粒子滤波的预测效果比卡尔曼滤波的预测好。

## 7.4 基于电路特征性能参数的 Buck 电路故障预测

### 7.4.1 Buck 电路的故障指示参数分析

要成功地进行电路故障预测，建立适当的评价体系与评价指标是必不可少的。电路故障主要来自于器件的失效。从失效机理上说，器件失效基本上是由于金属劣化、键合缺陷和元器件的封装劣化等引起的，DC/DC 转换器失效主要表现为平均输出电压漂移、电路转换效率降低、输出纹波系数增大和负载调整率变大。具体的评价指标需要由电路决定，下文以 Buck 电路为例，分析电路评价指标的确定方法。

建立 Buck 电路运行模型如图 7-6 所示，当 Buck 电路工作在 CCM 时，得到：

$$D = u_O / E \tag{7-28}$$

其中，$u_O$ 为输出电压；$E$ 为输入电压；$D$ 为占空比，则此时输出纹波电压峰-峰值 $U_{pp}$ 可以写作

$$U_{pp} = u_O \cdot (1-D) / 8LCf^2 \tag{7-29}$$

输出电压最大值为

$$U_{o,max} = u_O + U_{pp}/2 \tag{7-30}$$

电感最大电流为

$$i_{L,max} = \frac{u_O}{R_L} + \frac{u_O \cdot (1-D)}{2Lf} \tag{7-31}$$

（1）输出平均电压分析

DC/DC 电源模块的主要作用是将某固定电压转换成输出可调的另一种直流电

压，其主要工作原理为：通过由脉冲信号控制的功率开关管将输入电压转换为交流，再经过输出整流滤波转换为另外一种固定的或可调的直流电压，以实现直流功率变换。输出平均电压是所有电源模块设计参数中最重要的部分，SBD 故障会直接导致平均电压的改变，因此取其作为第一个故障判据。

（2）理想状态下电压纹波分析

纹波电压主要取决于负载的耐压范围，纹波电压超出阈值，将直接导致负载击穿，造成不可逆损坏，因此纹波电压的大小是电源模块的关键设计参数之一。以下分别分析电路在理想工作模式下与故障模式情况下纹波电压情况。

当 Buck 电路工作在连续导电模式 CCM（电感电流连续状态）时输出电压 $u_O$ 和输入电压 $E$ 的关系为 $D=u_O/E$，其中 $D$ 为开关导通比，$D= T_{on} / T_s$；$T_s$ 为开关周期，$T_{on}$ 为开关导通时间，开关频率 $f= 1/ T_s$。

Buck 电路工作在 CCM 与 DCM 的临界电感 $L_C$ 为

$$L_C = \frac{R_L(E - u_O)}{2f \bullet E} \qquad (7-32)$$

当电感 $L > L_C$ 时，电路工作在 CCM 状态，而当电感 $L < L_C$ 时，电路工作在 DCM 状态。当输入电压范围为 $\left[E_{i,\min}, E_{i,\max}\right]$，负载电阻范围为 $\left[R_{L,\min}, R_{L,\max}\right]$，则在负载 – 电压平面上电路的整个动态工作范围对应一个矩形，如图 7-6 所示，根据式（7-32）可画出不同对应的曲线。

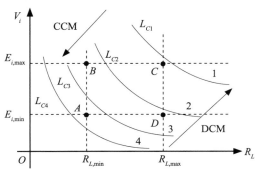

图 7-6　在负载 – 电压平面上的展示 BUCK 电路 CCM 与 DCM 分界

根据式（7-33）得到 $C$、$A$、$B$ 点所对应的 CCM 与 DCM 的临界电感 $L_{CC}$、$L_{CB}$，$L_{CA}$ 分别为

$$L_{CC} = \frac{R_{L,\ \max}(E_{i,\max} - u_O)}{2f \bullet E_{i,\max}} \qquad (7-33)$$

$$L_{CB} = \frac{R_{L,\ \min}(E_{i,\ \max} - u_O)}{2f \bullet E_{i,\max}} \qquad (7-34)$$

$$L_{CA} = \frac{R_{L,\min}(E_{i,\max} - u_O)}{2f \cdot E_{i,\min}}$$ （7-35）

由图 7-8 可见，对于第一种情形 $L > L_{CC}$，电路在整个动态范围内均工作在 CCM 模式（$L_{C1}$），对于第二、三种情形 $L_{CC} > L > L_{CA}$，电路工作在两种模式（$L_{C2}$ 或 $L_{C3}$）下，对于第四种情形，$L < L_{CA}$，电路在整个动态范围内均工作在 DCM 模式（$L_{C4}$）。

电路工作在 CCM 状态下，输出纹波电压为

$$\Delta U_{pp,CCM} = \frac{(E - u_O)u_O}{8LCf^2 E} = \frac{(1 - u_O / E)}{8LCf^2} u_O = \frac{(1 - D)}{8LCf^2} u_O$$ （7-36）

在 CCM 情况下，纹波电压与输出电压为比例关系，其比例系数为与电路设计参数相关的常量。由式（7-36）可以看出，纹波电压不仅仅取决于电路的基本参数，还与输出电压直接相关。考虑到降压之后的电流中包含有脉动成分，因此，本书取输出纹波电压比作为辅助判据，即

$$\delta = \frac{U_{pp}}{u_O}$$ （7-37）

由此得到 Buck 电路在 CCM 下，电压纹波比分别为

$$\delta_{pp,CCM} = \frac{1 - D}{8LCf^2}$$ （7-38）

由式（7-38）可以看出，纹波比主要取决于电容、电感、工作频率与占空比。图 7-7 所示为 ESR=0.2 Ω 时，负载电阻从 5 Ω 变化到 20 Ω 时纹波比随电路输出电压和负载的波动曲线。

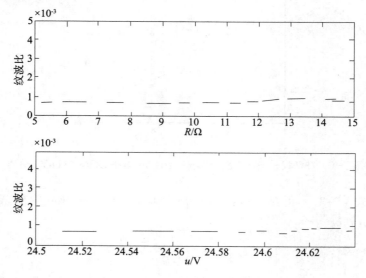

图 7-7　纹波比与电路输出电压、负载电阻的关系曲线

由图7-7所示可以看出纹波比受负载电阻及输出电压的影响很小，与理论分析结果一致。图中电阻超过设计值的2倍（$R = 11\,\Omega$）之后电感电流进入断续状态，开始出现纹波比的波动。由上述可以看出，结合输出电压纹波及纹波比作为Buck电路故障判据，可以准确地反映电路参数的变化。

（3）非理想状态下Buck电路纹波分析

在Buck电路中，对于电感回路，在每个单独的开关周期，输入/输出电压基本没有变化，由此写出导通和关断状态下$L$的电压分别为式（7-40）与式（7-41）。

导通状态：

$$u_{L,\mathrm{on}} = E - u_O - u_{\mathrm{MOSFET}} \tag{7-39}$$

关断状态：

$$u_{L,\mathrm{off}} = -u_O - u_F \tag{7-40}$$

其中：$u_F$ 为二极管导通压降；$u_{\mathrm{MOSFET}}$ 为开关管导通压降。由于 $u_F$ 与 $u_{\mathrm{MOSFET}}$ 相对于 $E$、$u_O$ 极小，近似忽略，由此得到：

$$u_{L,\mathrm{on}} = E - u_O \tag{7-41}$$

$$u_{L,\mathrm{off}} = -u_O \tag{7-42}$$

由此看出，电感两端的电压近似常数，因此可以近似用 $\Delta i / \Delta t$ 代替 $\mathrm{d}i / \mathrm{d}t$，由此得到

$$V_L = \frac{L \cdot \mathrm{d}i}{\mathrm{d}t} = \frac{L\Delta i}{\Delta t} \tag{7-43}$$

然后进一步得到在开关导通电感电流 $i_{\mathrm{on}}$ 和关断情况下的电感电流 $i_{\mathrm{off}}$ 为

$$i_{\mathrm{on}} = (E - u_O) \cdot t_{\mathrm{on}} / L \tag{7-44}$$

$$i_{\mathrm{off}} = -u_O \cdot t_{\mathrm{off}} / L \tag{7-45}$$

又因为电源稳定工作状态下有 $\Delta i_L = i_{\mathrm{on}} = -i_{\mathrm{off}}$，将式（7-44）、式（7-45）代入可得：

$$\frac{t_{\mathrm{on}}}{t_{\mathrm{off}}} = u_O / (E - u_O) \tag{7-46}$$

进而得到：

$$\frac{t_{\mathrm{on}}}{t_{\mathrm{off}} + t_{\mathrm{on}}} = t_{\mathrm{on}} \cdot f = u_O / E \tag{7-47}$$

其中，$f$ 为开关频率。综合整理可得电感电流纹 $\Delta i_L$ 为

$$\Delta i_L = \frac{u_O(1 - u_O / E)}{L \cdot f} \tag{7-48}$$

在电路工作过程中，电感电流 $i_L$ 被分割为两部分，分别为

$$i_L = i_o + i_c \qquad (7\text{-}49)$$

其中，$i_o$ 为负载电流；$i_c$ 为电容支路的电流。

在稳态工作情况下，认为负载电流不变，所以电感电流变化量与电容电流变化量相等，即 $\Delta i_L = \Delta i_c$。

这也是一种近似，因为即使负载恒定不变，由于存在电压纹波的影响，电流也会出现波动，但是这个变化量极小，在此可以忽略。$\Delta i_c$ 在电容上会产生相应的纹波电压，主要可以分为两部分，第一部分是流过理想电容产生的电压变化。

$$\Delta u_c = \int i_c \mathrm{d}t \qquad (7\text{-}50)$$

取积分下限为 $t_{\mathrm{on}}/2$，积分上限为 $t_{\mathrm{off}}/2$，计算积分得

$$\Delta u_c = \frac{\Delta i_L}{8fC} \qquad (7\text{-}51)$$

第二部分主要是由于电容的等效串联电阻和等效串联电感产生，对于电解电容器，由前面的分析可以看出，等效串联电感只在较高频率时起作用，在分析开关频率时可以将其忽略，但必须考虑的是等效串联电阻 ESR，当电流流过时，会在两端产生压降：

$$\Delta u_{\mathrm{ESR}} = \Delta i_c \cdot \mathrm{ESR} \qquad (7\text{-}52)$$

结合式（7-51）、式（7-52）可得非理想状态下纹波为

$$U_{\mathrm{pp},2} = \Delta u_c + \Delta u_{\mathrm{ESR}} = \Delta i_L \left( \mathrm{ESR} + \frac{1}{8fC} \right) = \frac{u_O(1 - u_O/E_i)}{fL} \left( \mathrm{ESR} + \frac{1}{8fC} \right) \quad (7\text{-}53)$$

在 Buck 电路中，$u_O/E$ 连续状态下为占空比，由开关控制电路控制，随着控制理论的不断发展，对占空比的控制已经达到很高的精度，基于此，本书忽略两者对输出电压的影响。图 7-8 中列举了输出电压随各器件参数的变化曲线，与理论分析一致。根据式（7-53）分析影响纹波电压的因素，大致可以分为两部分。

①ESR 的影响。观察括号内 $\mathrm{ESR} + 1/8fC$，通常电路开关频率几十或几百千赫兹，电容通常为几十或几百微法，因此 $1/8fC$ 最大值不超过 $0.1\ \mathrm{m\Omega}$，而通常电容的 ESR 为几十至几百 $\mathrm{m\Omega}$，发展为故障之后甚至可以到达 $1\ \Omega$ 左右。因此可以看出 ESR 是纹波产生的关键因素之一，如图 7-8（a）、（b）所示。因此在电路故障预测模型中仅考虑 ESR 故障，可以使用纹波电压作为故障判据之一。

②电感与电路开关频率的影响。$L$ 或者 $f$ 的增大，均会导致纹波电压的减小，在电路故障情况下电路开关频率不变，因此纹波也可代表电路滤波电感的失效情况，如图 7-8（d）所示。

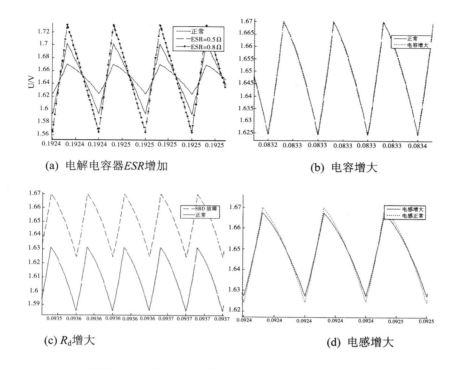

(a) 电解电容器*ESR*增加        (b) 电容增大

(c) $R_d$增大        (d) 电感增大

图 7-8 电路元器件参数变化与电路输出电压的关系曲线

（4）故障概率

对相同电路不同时刻进行预测，计算每一时刻的预测准确度及偏离程度，可以衡量本书方法的通用性及可靠性，因此引入了故障概率的概念：

$$\text{fault\_co}(m, m_{\Sigma}) = \frac{m}{m_{\Sigma}} \qquad （7\text{-}54）$$

其中，fault_co 为预测准确度；$m_{\Sigma}$ 为总预测次数；$m$ 为预测电路出故障的次数。

## 7.4.2 基于粒子滤波算法的 BUCK 电路故障预测实例

（1）Buck 电路故障预测实验

本书采用基于粒子滤波的预测算法对电力电子电路故障进行预测，通过对未来某一时刻 $k$ 进行多次预测，并对多个预测值取加权平均，得到 $k$ 时刻的电力电子电路的故障概率在电路运行过程中，对电路进行实时参数辨识，并将其辨识结果存储，结合 LSSVM 方法与粒子滤波方法对电路缓变参数未来的发展趋势进行拟合修正电路的系统方程，并对电路未来的运行状态进行预测，通过与故障判据的对比，得到对系统未来故障的判断结果，输出故障概率。

该仿真电路模型为开环 Buck 电路（图 7-9），其设计输出参数为 50 V/125 W，输入电压 $E$=100 V，开关频率 $f$=50 kHz，$R$=50 Ω，采样周期 $T$=0.2 μs，采样粒子数目为 500，初始粒子依据每时刻的系统参数值计算，设仿真量测噪声服从分布 $w(t) \sim N(0, 1 \times 10^{-7})$。子滤波算法中最重要的问题是粒子的选取问题，即在电路运行中构造同一状态变量在某一时刻的多个粒子值。电路的开关周期通常为几十 kHz 甚至更高，同时电路往往需要通过几十个甚至几百个 h 才可以发展为故障的，因此在电路运行状态中，相邻的若干个周期可以视为同一状态变量在空间上的延展。因此，将电路工作过程以 $\Delta t$ 为单位进行分段（这里 $\Delta t$ 为一个预测周期，其序号记作 $k$，表示第 $k$ 个时刻），针对每个 $\Delta t$ 采样，每周期采样 100 个点，采样 500 个周期，对采样数据分类，得到每个时刻下不同状态粒子集合，图 7-10 所示为粒子分组示意图。

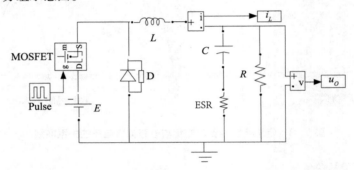

图 7-9　Buck 电路 MATLAB 仿真电路图

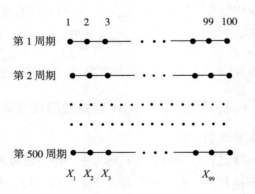

图 7-10　粒子分组示意图

电感 $L$ 及电容 $C$ 的变化由各器件随时间变化趋势的统计寿命曲线间隔 $\Delta t (\Delta t = 10 \text{ h})$ 采样得到，电路参数设置如表 7-10 所示。

表7-10 Buck电路仿真参数设置

| 序号 | C/ μF | $R_C$ | L/ μH | 序号 | C/ μF | $R_C$ | L/ μH |
|---|---|---|---|---|---|---|---|
| 1 | 220 | 0.4500 | 550 | 6 | 209 | 0.5110 | 540 |
| 2 | 218 | 0.4610 | 548 | 7 | 206 | 0.5253 | 538 |
| 3 | 215 | 0.4726 | 546 | 8 | 204 | 0.5404 | 535 |
| 4 | 213 | 0.4847 | 545 | 9 | 201 | 0.5563 | 532 |
| 5 | 211 | 0.4975 | 542 | 10 | 199 | 0.5732 | 529 |

依据分析选取输出纹波系数与平均电压作为系统故障衡量指标，系统故障状态为

$$\phi = \left\{ \frac{\Delta U}{U} > 1\% \bigcup \frac{\bar{U} - U}{U} > 2\% \right\} \tag{7-55}$$

其中，$U$ 为理论上的电压平均值；$\bar{U}$ 为仿真输出的电压平均值；$\Delta U$ 为纹波电压。

粒子滤波的系统方程和量测方程分别如式（7-56）、式（7-57）所示：

$$\begin{bmatrix} i(t) \\ u_0(t) \end{bmatrix} = \begin{bmatrix} \theta_1 & \theta_3 \\ \theta_2 & \theta_4 \end{bmatrix} \begin{bmatrix} i(t-1) \\ u_0(t-1) \end{bmatrix} + \begin{bmatrix} \theta_5 \\ \theta_6 \end{bmatrix} S \tag{7-56}$$

$$\begin{bmatrix} i' \\ u_0' \end{bmatrix} = \begin{bmatrix} i \\ u_0 \end{bmatrix} + w(t) \tag{7-57}$$

式（7-56）中，参数矩阵分别为

$$\begin{bmatrix} \theta_1 & \theta_3 \\ \theta_2 & \theta_4 \end{bmatrix} = \begin{bmatrix} 1 & -T/L \\ \dfrac{T \cdot R}{(R+\mathrm{ESR})C} & 1 - \dfrac{L + R \cdot \mathrm{ESR} \cdot C \cdot T}{(R+\mathrm{ESR})LC} \end{bmatrix}, \begin{bmatrix} \theta_5 \\ \theta_6 \end{bmatrix} = \begin{bmatrix} E \cdot T/L \\ R \cdot \mathrm{ESR} \cdot E \cdot T/(R+\mathrm{ESR}) \cdot L \end{bmatrix}$$

其中，$T$ 为粒子采样周期；$E$ 为输入电压；$D$ 为占空比；$R$ 为负载电阻；ESR 为电容等效串联电阻。

（2）结果及分析

仿真中设置电路起始运行时刻作为 0 时刻（$0\Delta t$），电路参数从该时刻缓变，前 100 h（$10\Delta t$）电路正常工作，当 ESR 变为初始值的 3 倍时电容失效，此时输出电压纹波 $\Delta U \in \varphi$，电路故障。依据电路前 100 h 运行数据，预测电路总体工作情况。

①电路正常工作情况（见图 7-11）

197 基于特征参数的电力电子电路故障预测方法 第7章

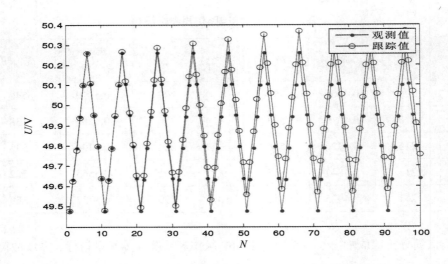

图 7-11    Buck 电路输出电压波形及 PF 法的单步预测波形

图 7-11 所示对比了 Buck 电路输出电压仿真参数与对输出电压进行单步预测的波形。此时电路参数为 $C = 220\,\mu\text{F}$ ，$L = 550\,\mu\text{H}$ ，$\text{ESR} = 0.45\,\Omega$ 。图中横坐标 $N$ 表示采样点，纵坐标 $U$ 表示输出电压。图中预测步长为 $1\Delta t$ ，即对粒子进行单步预测。从图 7-12 中可以看出，输出电压的未来变化趋势预测与实际相吻合，误差较小。表 7-11 所示对比分析了电路正常状态下理论输出值与单步预测值（跟踪值）的误差情况，$q$ 为预测步数，$\gamma$ 为相对误差。由表 7-11 中可以看出，在电路正常运行过程中对电路输出电压做单步预测，可以准确地跟踪电路运行情况，其相对误差均低于 1%。

表7-11    电路正常工作情况下Buck电路输出电压预测值与误差

| $q$ | $\Delta t$ | 理论值 / V | 预测值 / V | $\gamma$ / % | $q$ | $\Delta t$ | 理论值 / V | 预测值 / V | $\gamma$ / % |
|---|---|---|---|---|---|---|---|---|---|
| 40 | 40 | 49.7522 | 49.7634 | 0.0225 | 46 | 46 | 50.0686 | 50.0893 | 0.0413 |
| 41 | 41 | 49.6695 | 49.6806 | 0.0223 | 47 | 47 | 49.9917 | 50.0191 | 0.0548 |
| 42 | 42 | 49.7465 | 49.7581 | 0.0232 | 48 | 48 | 49.9133 | 49.9418 | 0.0570 |
| 43 | 43 | 49.8249 | 49.8438 | 0.0380 | 49 | 49 | 49.8335 | 49.8604 | 0.0540 |
| 44 | 44 | 49.+047 | 49.9259 | 0.0424 | 50 | 50 | 49.7522 | 49.7807 | 0.0571 |
| 45 | 45 | 49.9860 | 50.0055 | 0.0390 | 51 | 51 | 49.6695 | 49.6968 | 0.0549 |

| $q$ | $\Delta t$ | 理论值 / V | 预测值 / V | $\gamma$ / % | $q$ | $\Delta t$ | 理论值 / V | 预测值 / V | $\gamma$ / % |
|---|---|---|---|---|---|---|---|---|---|
| 52 | 52 | 49.7465 | 49.7767 | 0.0606 | 56 | 56 | 50.0686 | 50.0972 | 0.0570 |
| 53 | 53 | 49.8249 | 49.8537 | 0.0579 | 57 | 57 | 50.9917 | 50.0222 | 0.0611 |
| 54 | 54 | 49.9047 | 49.9365 | 0.0636 | 58 | 58 | 49.9133 | 49.9540 | 0.0814 |
| 55 | 55 | 50.9860 | 50.0141 | 0.0562 | 59 | 59 | 49.8335 | 49.8335 | 0.0732 |

②电路出现电容缓变故障的情况（见图 7-12）

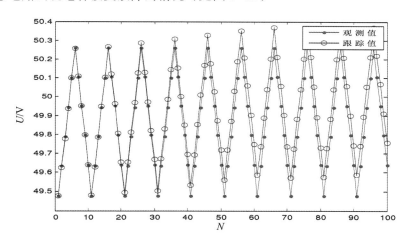

图 7-12　电容缓变故障条件下 Buck 电路输出电压波形与 PF 法单步预测波形

图 7-12 所示为电路出现电解电容器单一故障（ESR 增大）时，输出电压的仿真波形与单步预测波形。由式（7-55）计算得到当纹波电压大于 500 mV 或者平均电压偏离 1000 mV 时，电路故障。在仿真终止时，电路关键器件的参数为 $C$=175 μF，$L$=505 μH，ESR=0.824 Ω。从图 7-12 中可以看出，在电路存在缓变故障时，输出电压纹波波动程度增大，单步预测算法仍能准确地跟踪仿真参数，但是随着时间的增长，其跟踪误差也逐渐变大。表 7-12 所示列举了电路发生故障时从 40 时刻到 59 时刻共计 20 个时刻的输出电压跟踪值，$\gamma$ 为相对误差。表 7-12 中的单步预测误差仍小于 1%。

表7-12　ESR缓变时BUCK电路输出电压预测值与误差

| $q$ | $\Delta t$ | 理论值 / V | 预测值 / V | $\gamma$ / % | $q$ | $\Delta t$ | 理论值 / V | 预测值 / V | $\gamma$ / % |
|---|---|---|---|---|---|---|---|---|---|
| 40 | 40 | 49.6377 | 49.6654 | 0.0558 | 50 | 50 | 49.6377 | 49.6758 | 0.0768 |
| 41 | 41 | 49.4782 | 49.5060 | 0.0562 | 51 | 51 | 49.4782 | 49.5186 | 0.0817 |
| 42 | 42 | 49.6314 | 49.6623 | 0.0622 | 52 | 52 | 49.6314 | 49.6708 | 0.0793 |
| 43 | 43 | 49.7862 | 49.8207 | 0.0693 | 53 | 53 | 49.7862 | 49.8233 | 0.0744 |
| 44 | 44 | 49.9426 | 49.9787 | 0.0722 | 54 | 54 | 49.9426 | 49.9822 | 0.0793 |
| 45 | 45 | 50.1005 | 50.1344 | 0.0677 | 55 | 55 | 50.1005 | 50.1375 | 0.0738 |
| 46 | 46 | 50.2599 | 50.2949 | 0.0698 | 56 | 56 | 50.2599 | 50.2924 | 0.0648 |
| 47 | 47 | 50.1067 | 50.1419 | 0.0703 | 57 | 57 | 50.1067 | 50.1472 | 0.0808 |
| 48 | 48 | 49.9520 | 49.9902 | 0.0766 | 58 | 58 | 49.9520 | 49.9935 | 0.0832 |
| 49 | 49 | 49.7956 | 49.8334 | 0.0785 | 59 | 59 | 49.7956 | 49.8341 | 0.0773 |

　　分析预测过程中的系统误差，主要来自于预测过程中的模型误差与系统误差。其中，模型误差起主导作用。模型误差主要来自于预测所采用的系统方程与实际系统的差别。在本例中采用的系统方程为电力电子电路混合模型，该模型考虑了电力电子电路的混合特性，同时模拟电路的离散和连续工作状态，模型比较精确。系统误差主要来自重采样过程中对低权值粒子的抛弃。在重采样过程中，高权值粒子的影响进一步加剧，而低权值粒子的影响逐步削弱，由此造成系统误差。由以上结果可以看出，粒子滤波算法具有良好的单步预测效果，其预测结果精确（误差小于 1%），适用于短时间、少步骤的预测中。

　　图 7-13 所示为预测步长 $q=10\Delta t$（对粒子进行 10 步预测）之后的输出电压波形与预测波形对比图。

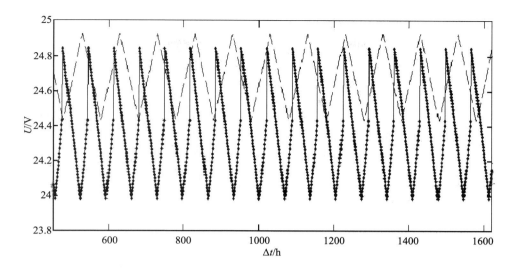

图 7-13　Buck 电路输出电压仿真波形与 PF 算法 10 步预测波形

由图 7-13 可以看出，在预测步数延长之后，常规算法对输出电压的预测明显变差，对纹波电压的预测误差将近 50%。该误差产生的主要原因来自于粒子滤波预测算法中的缺陷。常规的粒子滤波算法在量测更新时，认为相邻两时刻系统参数不变，因此采用 $k$ 时刻的系统参数计算 $k+1$ 时刻系统状态。目标点距离已知点偏离越严重，误差就越大；同时，系统参数变化越快，预测结果就更加滞后。由图 7-11 至图 7-14 分析可以看出，当预测时间增长或者预测步长增加之后，均会导致预测误差增大，无法准确跟踪未来趋势。常规算法在极短时间内预测效果较好，然而实际应用中，往往要求能够有一定的余量，而常规算法很难满足。

### 7.4.3 基于改进粒子滤波算法的 Buck 电路故障预测实例

输入电压 $E$ 取 25 V，其他仿真实验及参数设置如 7.4.2 小节，采用 7.4.2 节中所述的 LSSVM-PF 算法对 Buck 电路进行故障预测。图 7-14 所示为输出电压的仿真波形与采用 LSSVM-PF 算法的预测波形。图中虚线表示仿真输出电压，实线为预测波形。

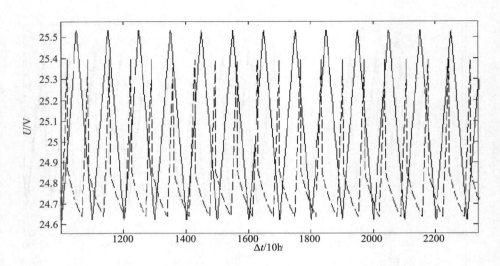

图 7-14　Buck 电路输出电压波形与 LSSVM-PF 法 10 步预测波形

从图 7-14 中可以看出，本节采用的改进算法对每个时刻的电压值预测误差稍大，但是在每个周期内对输出电压纹波与其变化趋势的预测结果与仿真吻合。但是随着预测时间的延长，输出电压预测值逐渐偏离真实值，呈下降趋势。表 7-13 所示列举了预测步长 $q=10\Delta t$ 时，仿真电压与预测电压的对比结果。其中，$U$ 为输出平均电压值；$\Delta U$ 为纹波电压值；$\delta$ 为纹波比；$\delta$ = 纹波 / 平均电压；$\gamma$ 为纹波相对误差；$\gamma$=（预测纹波 – 实际纹波）/ 实际纹波。

表7-13　Buck电路输出电压的LSSVM-PF法预测值

| $q$ | $\Delta t$ | 仿真参数 | | | | LSSVM-PF 预测值 | | | |
|---|---|---|---|---|---|---|---|---|---|
| | | ESR/Ω | $U$/ V | $\Delta U$/mV | $\delta$ /% | $U$/ V | $\Delta U$/mV | $\delta$ /% | $\gamma$ /% |
| 1 | 10 | 0.650 | 24.689 | 467.2 | 1.8 | 26.620 | 529.0 | 2.3 | 13.231 |
| 2 | 20 | 0.811 | 24.678 | 594.7 | 2.4 | 26.943 | 672.7 | 2.5 | 13.115 |
| 3 | 30 | 0.981 | 24.681 | 671.6 | 2.7 | 26.667 | 714.8 | 2.6 | 6.432 |
| 4 | 40 | 1.161 | 24.680 | 774.0 | 3.1 | 26.690 | 760.5 | 2.8 | 1.744 |
| 5 | 50 | 1.350 | 24.680 | 876.4 | 3.5 | 26.620 | 801.7 | 3.1 | 8.5235 |

由理论分析及仿真结果（如表7-12中结果）可知，当电容ESR变化为0.811Ω时（表中20$\Delta t$时刻），电解电容器失效，此仿真电路的$\delta$=2.4，表7-13中预测的$\delta$为预测值2.5，预测结果比正常结果滞后。LSSVM-PF算法计算得到的预测值与仿真参数存在一定的误差，该误差与时间的相关性不大。依照表7-13所示结果与前述理论分析，选取电压纹波比作为电路故障预测的辅助衡量指标。

由于参数辨识及拟合过程与预测算法的误差累计的原因，预测时间增大，误差会逐渐增大。由于书中对输出电压预测值进行加权处理，预测前期在一定程度上削弱累积效果，后期则无法抵消，误差呈现先下降后上升的趋势。时间越长，误差累计越严重，平均电压输出值预测结果越不准确。因此，本书选取纹波电压比作为衡量对象，可以减弱平均输出电压误差对结果的影响，降低了累积误差，预测准确度更高。表7-14中对比了常规算法与LSSVM-PF算法对纹波电压的预测结果。其中，$\Delta U$为纹波电压；$\gamma$为相对误差；$\delta$为纹波比。

表7-14 Buck电路输出电压的LSSVM-PF法与PF法预测值对比表

| $q$ | $\Delta t$ | ESR/Ω | 仿真参数 | PF 算法 | | | LSSVM-PF 方法 | | |
|---|---|---|---|---|---|---|---|---|---|
| | | | $\Delta U$/mV | $\Delta U$/mV | $\gamma$ /% | $\delta$ /% | $\Delta U$/mV | $\gamma$ /% | $\delta$ /% |
| 1 | 10 | 0.6503 | 467.2 | 522.4 | 11.821 | 2.1 | 529.0 | 13.231 | 1.9 |
| 2 | 20 | 0.8118 | 594.7 | 720.9 | 21.223 | 2.9 | 672.7 | 13.115 | 2.5 |
| 3 | 30 | 0.9819 | 671.6 | 876.8 | 30.544 | 3.6 | 714.8 | 6.432 | 2.6 |
| 4 | 40 | 1.1612 | 774.0 | 1084.6 | 40.140 | 3.2 | 760.5 | 1.744 | 2.8 |
| 5 | 50 | 1.3504 | 876.4 | 1247.0 | 42.360 | 5.1 | 801.7 | 8.5235 | 3.1 |

由表7-14可以看出，在第20$\Delta t$时刻两种算法对纹波比的预测结果相差不大，随着时间的延长，常规算法的预测结果误差增大速度更快。分析其原因，主要是由于常规算法默认相邻时刻系统参数不变，随着预测时间的延长，预测值误差逐渐增大。本节采用的LSSVM-PF算法对参数依据其变化趋势进行修正，在多步骤、长时间的预测情况下误差变化不大，预测结果更贴近真实情况，效果更优。将LSSVM与PF结合，既可充分利用LSSVM对特征信号准确预测的能力，又克服了常规粒子滤波预测算法对信号预测结果滞后的缺点，这样有利于捕捉早期微弱的故障状态变化信息，提高故障预测的能力。

在采用该方法进行预测的过程中，模型的精确程度直接影响到后期预测的精度。预测过程的实质是用过去的数据去推测未来数据的过程。在整个预测体系中，建立准确的系统方程是很关键的一环。本节中采用的系统方程为电力电子电路的混合模型，将连续变量离散化建立相应的微分方程，其精度与采样精度紧密相关。

# 第8章　结语与展望

## 8.1　结语

电力电子电路的故障诊断方法在不断地发展，但是由于电力电子电路的强非线性及容差等因素的影响，能够运用的方法较为有限。随着对电力设备可靠性的要求越来越高，故障预测技术也愈加受到重视，它可以在故障发生前就采取措施，避免故障带来不利影响。因此，针对上述情况，本书着重研究了以下几点内容。

（1）基于神经网络的电力电子电路故障诊断方法

尽管 BP 神经网络有着高诊断率、可靠性强和适用范围广等优点，但由于它的训练时间过长以及存在局部极小值的问题，也在一定领域内存在局限。而 RBF 函数便在 BP 神经网络的根基上做了一些改进。其中，BP 神经网络算法采用梯度下降法，而 RBF 网络权值的训练是逐层进行的，使得 RBF 网络的训练速度相比于 BP 网络高很多。不过，RBF 神经网络也不是各个方面都优于 BP 网络，其中 RBF 的适用范围就要比 BP 神经网络的范围小很多。但经过仿真证明两个神经网络都拥有很高的适用价值。

（2）基于主成分分析 HOC 与 FDA 的电力电子电路故障诊断方法

特征提取技术是故障诊断的关键步骤之一，如果可以得到辨识度高的特征信息，将提高辨识的精度。考虑到 HOC 对非线性、非平稳信号优良的处理能力及它对高斯噪声是"盲"的，利用它对原始故障数据进行特征提取，将处理得到的峭度与偏度组合为新的故障特征向量样本。不仅突显了样本的特征信息，且减少了数据维数，降低了计算量。然后将新的特征向量样本一部分作为训练样本，一部分作为测试样本输入基于 FDA 的辨识方法进行辨识分类，得到最终的故障诊断结果。此诊断方法结合了两种处理方法的优势，实例证明，该方法达到了提高故障诊断率的目的，是一种行之有效的方法。

（3）基于键合图的电力电子电路故障诊断

研究基于定量 BG 故障诊断方法，根据电力电子电路的状态和输入／输出变量之间的关系，推导系统的解析冗余关系。在此基础上得到系统的故障特征矩阵，从而可知道各参数的故障可检测性和故障可隔离性。以 PI 调节的闭环机电调速系统为例，建立系统的解析冗余关系及故障特征矩阵，并从三个角度分析系统故障问题，结果表明利用解析冗余关系得到的观测特征，并结合故障特征矩阵进行的故障检测与隔离结果是正确的。解决针对阈值固定和系统中组件参数故障不可隔离的问题，前者考虑系统中组件参数的不确定性，采用统计学理论中的区间估计法估计各个残差的阈值；后者采用线性递减权重的 PSO 算法进一步识别故障不可隔离的多个组件的参数值，从而隔离故障，并将该法与 GA 和 AGA 比较，从结果可推出 PSO 具有较高的精度。

（4）基于混杂系统模型的电力电子电路故障诊断

用 MATLAB 软件搭建了 Buck 电路、Boost 电路的仿真模型，并通过对几组电路的参数进行辨识，说明了参数辨识算法的有效性；然后对参数 $L$、$R$、$C$、$R_C$ 分别进行了仿真故障判断，验证了用参数辨识算法实现参数性故障的有效性；最后通过 DSP2812 和驱动芯片 IR2110 搭建了 Buck 电路，通过对故障波形进行分析，验证了结构性故障诊断的有效性。但由于时间有限，本书研究的内容在理论和实验方法方面均有不足之处，需要进一步研究完善。本书只研究了一个器件发生故障的情况，包括开关管和功率二极管的断路、短路故障；同时，结构性故障还包含电感、电容等器件的开路故障及短路故障，以后会进一步研究这些器件的结构性故障情况。

（5）基于容差网络电路的电力电子电路故障诊断方法

在子网络级电路故障可诊断定理的基础上，把区间数学分析法应用于线性容差和非线性容差子网络级和元器件级电路的故障诊断。本书应用 Markov 分析法揭示了容差与故障之间的内在联系，界定了容差与故障之间的界线，解决了容差网络电路故障的误诊断或无法诊断等问题。如果将这种诊断法与交叉撕裂搜索法结合起来进行故障诊断，可以减小大规模网络电路故障诊断的搜索范围，提高故障诊断速度，降低可测点所需要的数量，提高可测点的重复利用率。

# 8.2 展望

由于电力电子技术的不断发展，电力电子电路的故障诊断和故障预测问题也越来越复杂，因此其方法和理论也在不断地发展。综合考虑现有的研究以及本人的体会，还存在以下几个方面有待改进。

（1）建立精确的故障模型

模型建立的准确性直接影响实际故障预测结果的精度。本书对电力电子装置故障模型的建立在很多地方应用了简化模型，而且模型的建立并没有加入外界温度和压力等干扰因素，对系统控制电路的故障没有深入分析。因此在今后的研究中对系统模型加入控制电路故障和环境负载等故障因素，使系统模型进一步完善是一个需要解决的问题。

（2）加速老化试验的研究

对器件和产品进行加速老化试验可以了解器件或产品的失效机理，建立它们的失效物理模型。目前国外已经对电解电容、功率 MOSFET、IGBT 等进行了电热等应力的加速老化试验，并建立了器件的性能退化模型，国内在这方面的研究较少。因此，开展加速老化试验研究是后续工作的一个重要方面。

（3）组合故障预测算法研究

没有一个完善预测算法能够适用于所有的系统，有的算法适合于短期预测，有的算法适合于长期预测，单一的预测算法不能满足电力电子电路这样一个时变性、非线性的系统。因此，这就要求对多种预测算法进行组合研究，以综合优点，弥补单一预测算法的不足。

# 参 考 文 献

[1] 陈妤 . 电力电子电路参数辨识新方法与故障预测算法研究 [D]. 南京：南京航空航天大学，2012.

[2] Lin C T, Yeh C M, Hsu C F. Fuzzy neural network classification design using support vector machine[C]// International Symposium on Circuits and Systems. DBLP, 2004:724–727.

[3] Zhang Y, Li B, Wang W, et al. Supervised locally tangent space alignment for machine fault diagnosis[J]. Journal of Mechanical Science and Technology, 2014, 28（8）:2971–2977.

[4] 罗黎 . 神经网络在船舶电力推进系统故障诊断中的应用 [J]. 舰船科学技术，2016, 38（12）:97–99.

[5] 刘权 . 电力电子电路智能故障诊断技术研究 [D]. 南京：南京航空航天大学，2007.

[6] Stefatos G, Ben Hamza A. Dynamic independent component analysis approach for fault detection and diagnosis[J]. Expert Systems with Applications, 2010, 37（12）:8606–8617.

[7] 从静 . 电力电子装置故障诊断技术研究 [D]. 哈尔滨：哈尔滨工程大学，2009.

[8] 张经伟，鞠建波，单志超 . 基于 BP 神经网络的电子设备故障诊断技术 [J]. 系统仿真技术，2014, 10（2）：105–109.

[9] 李宁，李颖晖，朱喜华，等 . 混杂系统理论及其在三相逆变电路开路故障诊断中的应用 [J]. 电工技术学报，2014, 29（6）:114–119.

[10] 李宁，李颖晖，朱喜华，等 . 新型容错逆变器的混杂系统建模与故障诊断 [J]. 电机与控制学报，2012, 16（9）:53–58.

[11] Lan H, Liu H D, Yue W J, et al. Intelligent fault diagnosis method in controlled rectifier

based on support vector machines[C]. Power and Energy Engineering Conference （APPEEC）, 2012 Asia-Pacific. IEEE, 2010:1-4.

[12] 蔡金锭 . 电力电子电路及容差电路故障诊断技术 [M]. 北京：机械工业出版社，2016.

[13] 鄢仁武，叶轻舟，周理 . 基于随机森林的电力电子电路故障诊断技术 [J]. 武汉大学学报（工学版），2013, 46（6）:742-746.

[14] 盛艳燕，胡志忠 . 基于小波和马氏距离的电力电子电路故障诊断 [J]. 电子测量技术，2013, 36（2）: 108-112.

[15] 王春暖，李文卿，吴庆朝 . 基于改进 PSO 优化模糊神经网络的数控机床故障诊断技术研究 [J]. 机床与液压，2016, 44（3）:192-197.

[16] 尹新，谭阳红，孙义闯 . 电力电子电路故障的 ST 和 QNN 诊断 [J]. 新能源进展，2011，16（4）:13-18.

[17] 柳凌，钱样忠 . 基于 Matlab 的三相桥式 SPWM 逆变器建模与仿真 [J]. 电子设计工程，2014, 22（14）: 1-4.

[18] 张洪，范训冲，万方华 . 基于 RNS 和 SVM 的断路器故障诊断研究 [J]. 电子设计工程，2015, 23（22）:74-77.

[19] 崔江，王友仁 . 采用基于模糊推理的分类器融合方法诊断电力电子电路参数故障 [J]. 中国电机工程学报 ,2009, 29（18）:54-59.

[20] 陶生桂，徐国卿，邵丙衡 . 电力电子技术 [M]. 北京 : 中国铁道出版社 ,2010:1-9.

[21] 徐德鸿，马睹 . 电力电子装置故障自动诊断 [M]. 北京 : 科学出版社 ,2001:6-8.

[22] Chen Y M, Wu H C, Chou M W, et al. Online failure prediction of electrol-ytic capacitors for LC filter of switching-mode power converters. IEEE Tr ans. Ind. Electron., 2008, 55（1）:400-406.

[23] 张秋菊，张冬梅 . 电子系统故障预测与健康管理技术研究 . 光电技术应用，2012, 27（1）:19-24.

[24] 刘权 . 电力电子电路智能故障诊断技术 [D]. 南京：南京航空航天大学，2007.

[25] 张志学，马皓 . 电力电子变换器主电路的拓扑辨识 [J]. 中国电机工程学报，2006, 26（6）:55-60.

[26] 王格芳，张广喜，吴国庆 . 印刷电路板红外测试系统 [J]. 红外技术，1994，16（6）:35-38.

[27] 于泳,蒋生成,杨荣峰,等.变频器IGBT开路故障诊断方法[J].中国电机工程学报,2011,31(9):30–35.

[28] 崔博文,任章.基于傅里叶变换和神经网络的逆变器故障检测与诊断[J].电工技术学报,2006,21(7):37–43.

[29] 刘庆珍,蔡金锭,涂娟.基于粗糙集理论的电力电子电路故障诊断[J].福建工程学院学报,2004,2(4):422–425.

[30] 盛艳燕,胡志忠.基于小波和马氏距离的电力电子电路故障诊断[J].电子测量技术,2013,36(2):108–112.

[31] 钟建伟.核函数加权FCM聚类算法下的电力电子电路故障诊断[J].湖北民族学院学报(自然科学版),2011,29(3):316–319.

[32] 龙英,何怡刚,张镇,等.基于小波变换和ICA特征提取的开关电流电路故障诊断[J].仪器仪表学报,2015,36(10):2389–2400.

[33] 吴鑫,崔江,陈则王.基于分数阶傅里叶变换的无刷直流电机逆变器故障诊断技术研究[J].机械制造与自动化,2014,43(3):186–188.

[34] 于飞,田玲玲,刘喜梅,等.基于小波多分辨率分析和主元分析的电力电子电路故障诊断[J].华东理工大学学报(自然科学版),2006,32(14):1113–1116.

[35] 王智弘,李东辉.基于小波变换和粗糙集的电力电子电路故障诊断方法[J].电气自动化,2015,37(3):109–111.

[36] 张超,夏立.基于谐波分析的旋转整流器故障检测[J].电机与控制应用,2008,35(11):51–54.

[37] 朱大奇,刘永安.故障诊断的信息融合方法[J].控制与决策,2007,22(12):1321–1328.

[38] 胡清,王荣杰,詹宜巨.基于支持向景机的电力电子电路故障诊断技术[J].中国电机工程学报,2008,28(12)107–111.

[39] 赵文清,张胜龙,牛东晓.多Agent在变压器故障诊断中的研究[J].电力自动化设备,2011,31(1):23–26.

[40] 卞玉涛,李志华.基于专家系统的故障诊断方法的研究与改进[J].电子设计工程,2013,21(16):83–86.

[41] 李敏远,闫淑群.一种二十四脉波可控整流电路的故障在线诊断方法[J].西安理工大学学报,2006,22(4):382–385.

[42] 文小玲，尹项根，谭尚毅．一种电力电子电路故障诊断方法 [J]．电工技术杂志，2003（7）:49–51．

[43] 龙伯华，谭阳红，许慧，等．基于量子神经网络的电力电子电路故障诊断 [J]．电工技术学报，2009, 24（10）: 170–175．

[44] 安茂春．故障诊断专家系统及其发展 [J]．计算机测量与控制，2008, 16（9）:1217–121 9．

[45] 宋芷莹．人工智能在电力电子电路故障诊断中的应用 [J]．现代经济信息，2015（16）: 350．

[46] 张丹红，程丹玲．模式识别在电力电子电路故障诊断中的应用 [J]．基础自动化,2000, 7（4）:36–39．

[47] 张米露．基于分形神经网络的电力电子电路故障诊断 [J]．电气传动自动化，2013, 35（2）:41–44．

[48] 朱宝琳，陈则王，贾云涛．基于 PSO–NGM 模型的电力电子电路故障预测方法 [J]．电气与自动化，2015, 44（5）:155–158．

[49] 胡志坤，桂卫华，何多昌．电力电子电路故障的小波分析检测方法 [J]．控制工程，2008, 15（3）: 337–341．

[50] 李微，谭阳红，彭永进，基于小波分析及网络的电力电子电路故障诊断方法 [J]．电机与控制学报，2005, 9（6）: 554–557．

[51] 李敏远，陈如清．一种基于模式识别的可控整流电路故障诊断方法 [J]．电工技术学报，2004, 19（7）: 53–58．

[52] 张建民，龙佳乐，何怡刚．基于神经网络的整流电路故障诊断 [J]．现代电子技术，2009, 7: 126–128．

[53] 郑炜坚，蔡金锭．基于免疫神经网络的电力电子电路故障诊断 [J]．江苏电器，2008（12）: 35–37．

[54] 刘明先，康勇，侯婷，RBF 网络在电力电子电路故障诊断中的应用 [J]．仪器仪表用户，2006（2）: 64–66．

[55] 乔维德．基于改进粒子群神经网络的电力电子电路故障诊断 [J]．职教与经济研究，2008, 6（4）: 39–43．